工业和信息化部"十四五"规划教材

概率论与数理统计

仝秋娟　主编

罗　亮　谢卫强　李小平　丛伟杰　林椹尠　参编

中国教育出版传媒集团

高等教育出版社·北京

内容简介

　　本书较为系统地介绍了概率论与数理统计的基本概念、基本原理和基本方法，并给出了很多反映现代科技和现实生活特点的应用案例，强调直观性，突出基本思想。除在每节后面配置基础题和提高题供不同层次的学生选用外，还在每章最后配置了综合应用案例。此外，为了帮助学生更好地使用计算机处理实际问题，本书以工程技术和科学研究中普遍使用的MATLAB 为例，给出了相关习题的 MATLAB 调用命令和实验。

　　本书可作为高等学校理工类各专业概率论与数理统计教材，也可供工程技术人员、科技工作者参考。

图书在版编目（ＣＩＰ）数据

　　概率论与数理统计／仝秋娟主编. --北京：高等教育出版社，2023.12
　　ISBN 978－7－04－061447－3

　　Ⅰ.①概…　Ⅱ.①仝…　Ⅲ.①概率论-高等学校-教材②数理统计-高等学校-教材　Ⅳ.①O21

　　中国国家版本馆 CIP 数据核字（2023）第 230682 号

Gailülun yu Shuli Tongji

策划编辑　高　丛		责任编辑　高　丛		封面设计　李卫青		版式设计　杨　树
责任绘图　黄云燕		责任校对　吕红颖		责任印制　田　甜		

出版发行　高等教育出版社	网　　址	http://www.hep.edu.cn
社　　址　北京市西城区德外大街 4 号		http://www.hep.com.cn
邮政编码　100120	网上订购	http://www.hepmall.com.cn
印　　刷　中煤（北京）印务有限公司		http://www.hepmall.com
开　　本　787mm×1092mm　1/16		http://www.hepmall.cn
印　　张　16.25		
字　　数　340 千字	版　　次	2023 年 12 月第 1 版
购书热线　010-58581118	印　　次	2023 年 12 月第 1 次印刷
咨询电话　400-810-0598	定　　价	36.70 元

前言

随着数据科学、现代通信、大数据和人工智能技术的快速发展,概率论与数理统计越来越展现出强劲的生命力。高等学校概率论与数理统计课程教材也需要与时俱进,体现时代特点及其与现代科技、现实生活的密切联系。

本书着重突出以下几个特色:

(1)注重数学思想,突出实际应用。例题与习题的配备贴近应用、贴近专业,对于这些问题的讨论,有利于激发学生的学习兴趣。

(2)融入思政元素,注重价值引领。通过概率论与数理统计的重要成果的发现过程及其向现代科学技术的渗透、融合等内容,培养学生的质疑、批判、探索和创新精神;通过讲述我国科学家在概率统计发展史上的贡献,树立文化自信。

(3)重视问题驱动,激活深思探索。在导入新课环节,通过设置一些富有启发性、触及数学本质的问题,引导学生深思与探索,重现知识的发现过程。

(4)关注科研前沿,体现融合创新。在每章的最后,通过设置一些综合案例,将和该章相关的科研前沿融入教学中,拓宽学生视野。

本书分两个部分。概率论部分(第1章至第5章),作为基础知识,为读者提供必要的理论基础;数理统计部分(第6章至第8章)主要讲述了参数估计和假设检验。本书第1章由全秋娟编写,第2章由罗亮编写,第3章由谢卫强编写,第4章由李小平编写,第5、6章由丛伟杰编写,第7、8章由林椹尠编写,最后由全秋娟和张素梅统纂定稿。

限于作者水平,书中难免存在不足之处,恳请各位专家、读者提出宝贵意见,以便不断完善。

编　者
2023 年 2 月

目录

第1章　随机事件与概率

在自然界和人类社会生活中会出现各种各样的现象,从发生的必然性上区分,可分为确定性现象和不确定性现象.例如,一枚硬币向上抛起后必然下落;两个同性电荷相斥、异性电荷相吸;在相同大气压与温度条件下,气罐内的分子对罐壁的压力是常数等.这类现象的共同特点是,在试验之前就能断定有确定的结果出现,即在一定条件下,重复进行试验,其结果是确定的,且唯一,称之为**确定性现象**.而另一类现象则不能预测其结果.例如,抛一枚质地均匀的骰子所出现的点数、射击时距离目标点的偏差、某路口发生交通违章的次数等.这类现象的共同特点是,可能的结果不止一个,即在相同条件下,重复进行试验,其结果不能事先预知,或出现这种结果,或出现那种结果,呈现出一种偶然性,称之为**不确定性现象**.

人们经过长期实践并深入研究后,发现这类现象在大量重复试验或观察下,试验结果呈现出某种规律性.例如,投掷一枚硬币时,可能出现正面,也可能出现反面,即在每次投掷前,不能确定出现哪一面,但若硬币质地均匀,当试验次数相当多时,就会发现出现正面与出现反面的可能性大致相等.再如,记录一天内到医院就诊的人数,事先并不能预知就诊的确切人数,但就诊人数按照一定的规律分布等.这种在个别试验中其结果不确定,而在大量重复试验中其结果具有某种规律性的现象称为**随机现象**,这种规律称为**统计规律**.正如恩格斯所指出的:"在表面上是偶然性在起作用的地方,这种偶然性始终是受内部的隐蔽着的规律支配的,而问题只是在于发现这些规律."

概率论与数理统计是研究和探索随机现象统计规律性的数学学科里的重要分支学科,在自然科学、社会科学、工程技术以及人们的日常生活中都有着广泛的应用.例如,在通信工程中,可以用于提高信号的抗干扰性和分辨率;在企业生产经营管理中,可以用于优化企业决策方案;在人工智能领域中,为数据的处理与分析、数据的拟合与决策提供重要的理论支撑;在日常生活中,可以帮助人们感受数学知识带给实际生活的好处,正如法国数学家拉普拉斯所言:"生活中最重要的问题,其中绝大多数在实质上只是概率问题."

本章主要介绍随机事件、概率的定义、古典概型与几何概型、条件概率以及事件的独立性等内容.

§1.1　随机试验、样本空间及随机事件

1.1.1　随机试验

在一定条件下,把对自然现象和社会现象进行的观察、测量或实验等称为试验,通常用 E 来表示,例如,

E_1:抛一枚硬币,观察出现正面和反面的情况.

E_2:抛一颗骰子,观察出现的点数.

E_3:记录某公众号某篇文章的被阅读次数.

E_4:在一批电子元器件中任取一只,测试其寿命.

E_5:向平面区域 $D = \{(x,y) \mid x^2+y^2 \leqslant 4\}$ 内随机投掷一点,求落点的坐标(假设落点一定落在区域内).

E_6:记录某地区一昼夜的最低气温 x 和最高气温 y.

上述试验具有如下特点:

(1)可在相同条件下重复进行;

(2)每次试验结果不止一个,但在试验之前能明确所有可能结果;

(3)每次试验前不能预知哪个结果会出现.

我们把具有上述三个特点的试验称为**随机试验**,简称为试验,用 E 来表示.

1.1.2 样本空间

随机试验 E 的所有可能结果组成的集合称为 E 的**样本空间**[①],记为 S.试验的每一个可能结果,即样本空间的每一个元素,称为样本点,记为 e.上述试验 $E_i(i=1,2,3,4,5)$ 的样本空间分别为

$S_1 = \{$正面,反面$\}$.

$S_2 = \{1,2,3,4,5,6\}$.

$S_3 = \{0,1,2,3,\cdots\}$.

$S_4 = \{t \mid t \geqslant 0\}$.

$S_5 = \{(x,y) \mid x^2+y^2 \leqslant 4\}$.

$S_6 = \{(x,y) \mid T_0 \leqslant x < y \leqslant T_1\}$(假定这一地区的气温不会小于 T_0,也不会大于 T_1).

1.1.3 随机事件

进行随机试验时,人们不仅关心试验的单个样本点,也更关心满足某种条件的那些样本点组成的集合.例如,在 E_4 中,若规定元器件的寿命在 2 000 h 以上为合格品,则对每个元器件,我们会关心它的寿命是否在 2 000 h 以上,满足这一条件的样本点组成 S_4 的一个子集 $A = \{t \mid t \geqslant 2\,000\}$,称 A 为试验 E_4 的一个随机事件.显然,当且仅当 A 的一个样本点出现时,有 $t \geqslant 2\,000$,即 A 发生.

一般地,我们称试验 E 的样本空间 S 的子集为 E 的**随机事件**,简称为事件,常用英文大写

---

① 为用现代数学方法描述和研究随机现象,1928 年,奥地利数学家米泽斯(Richard von Mises)引进样本空间这一概念.

字母 $A,B,C,\cdots$ 表示. 在一次试验中, 当且仅当这一子集中的一个样本点出现时, 称这一事件发生.

常用事件如下:

(1) 基本事件: 仅含有一个样本点的事件. 例如, E_1 中含有两个基本事件 {正面} 和 {反面}.

(2) 必然事件: 每次试验中都发生的事件, 用样本空间 S 表示.

(3) 不可能事件: 在每次试验中都不发生的事件, 用空集 $\varnothing$ 表示.

(4) 复合事件: 包含两个及两个以上样本点的事件. 例如, 在 E_2 中, 事件 A "抛得偶数点", 即 $A=\{2,4,6\}$ 是复合事件; 在 E_4 中, 事件 B "电子元器件的寿命大于 2 000 且小于 3 000", 即 $B=\{t\mid 2\ 000<t<3\ 000\}$ 为复合事件.

注: 严格来说必然事件和不可能事件反映了确定性现象, 可以说它们不是随机事件, 只是为了研究问题的方便, 将其称为特殊的随机事件.

1.1.4 事件间的关系与运算

由于事件是样本空间的子集, 因此, 事件间的关系与运算自然也可以按照集合论中集合间的关系与运算来处理. 下面给出这些关系与运算在概率论中的提法.

设试验 E 的样本空间为 $S.A,B,C,A_k(k=1,2,\cdots)$ 是 S 的子集, 则事件间有如下关系及运算.

1. 事件的包含

若事件 A 发生必然导致事件 B 发生, 则称事件 A 包含于 B, 或称事件 B 包含事件 A, 记为 $A\subset B$ 或 $B\supset A$. 见图 1-1.

例如, 在试验 E_2 中, 若记 A 为 "抛得奇数点", 即 $A=\{1,3,5\}$; B 为 "抛得点数不超过 5", 即 $B=\{1,2,3,4,5\}$, 易见 $A\subset B$ (或 $B\supset A$).

显然有

(1) $\varnothing\subset A\subset S$;

(2) 传递性: 若 $A\subset B,B\subset C$, 则 $A\subset C$.

2. 事件的相等

若事件 $A\subset B$ 且 $B\subset A$, 则称事件 A 与 B 相等, 记为 $A=B$.

3. 事件的和

事件 A 与 B 中至少有一个发生的事件, 称为事件 A 与 B 的和事件, 记为 $A\cup B$. 见图 1-2.

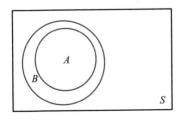

图 1-1

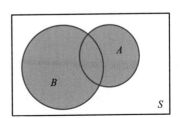

图 1-2

例如,甲、乙两人破译一份密码,事件 A 表示"甲破译成功",事件 B 表示"乙破译成功",则 $A \cup B$ 表示"密码被破译".

类似地,$\bigcup\limits_{k=1}^{n} A_k$ 称为 n 个事件 $A_1, A_2, \cdots, A_n$ 的和事件,$\bigcup\limits_{k=1}^{\infty} A_k$ 为可列个事件 $A_1, A_2, \cdots$ 的和事件.

4. 事件的积

事件 A 与 B 同时发生的事件,称为事件 A 与 B 的积事件,记为 $A \cap B$,简写为 AB.见图 1-3.

例如,某种元件的长度和直径都合格才是合格的,A 表示"长度合格",B 表示"直径合格",则 AB 表示"产品合格".

类似地,$\bigcap\limits_{k=1}^{n} A_k$ 称为 n 个事件 $A_1, A_2, \cdots, A_n$ 的积事件,$\bigcap\limits_{k=1}^{\infty} A_k$ 为可列个事件 $A_1, A_2, \cdots$ 的积事件.

5. 事件的差

事件 A 发生而事件 B 不发生的事件称为事件 A 与 B 的差事件,记为 $A-B$.见图 1-4.

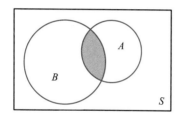

图 1-3

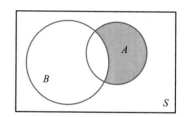

图 1-4

例如,在试验 E_2 中,若记 A 为"抛得奇数点",即 $A = \{1, 3, 5\}$;B 为"抛得点数不超过 4",即 $B = \{1, 2, 3, 4\}$,则 $A-B = \{5\}$.

6. 互不相容事件

若事件 A 与 B 不能同时发生,即 $AB = \varnothing$,则称事件 A 与 B 互不相容(或互斥).见图 1-5.

例如,在试验 E_4 中,事件 A 为"电子元器件寿命不超过 2 500 h"与事件 B 为"电子元器件寿命至少为 3 000 h",则事件 A 与 B 互不相容.

类似地,考虑 $A_1, A_2, \cdots$,若对于任意 $i \neq j, A_i A_j = \varnothing (i, j = 1, 2, \cdots)$,则称 $A_1, A_2, \cdots$ 两两互不相容.

注:基本事件是两两互不相容的.

7. 相互对立事件

若事件 A 与 B 中必有一个发生,且仅有一个发生,即 $A \cup B = S$ 且 $AB = \varnothing$,则称事件 A 与 B 互为对立事件.事件 A 的对立事件记为 $\bar{A}$.见图 1-6.

例如,在 E_2 中,事件 A 为"出现奇数点",即 $A = \{1, 3, 5\}$;事件 B 为"出现偶数点",即 $B = \{2, 4, 6\}$,则 $A \cup B = S$ 且 $AB = \varnothing$,即 A 与 B 为相互对立事件.

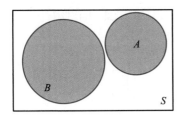

图 1-5

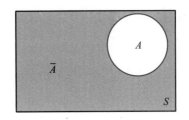

图 1-6

由以上定义易见:

(1) $A-B=A-AB=A\bar{B}$;

(2) $A\cup B=A\cup \bar{A}B$.

8. 完备事件组

若 n 个事件 $A_1,A_2,\cdots,A_n$ 中至少有一个发生,且两两互不相容,即 $\bigcup\limits_{k=1}^{n}A_k=S$,且 $A_iA_j=\varnothing (i\neq j,i,j=1,2,\cdots,n)$,则称事件 $A_1,A_2,\cdots,A_n$ 是样本空间 S 的一个完备事件组或样本空间的一个划分.

9. 事件间的运算律

(1) 交换律:$A\cup B=B\cup A,A\cap B=B\cap A$;

(2) 结合律:$(A\cup B)\cup C=A\cup (B\cup C),(A\cap B)\cap C=A\cap (B\cap C)$;

(3) 分配律:$A\cup (B\cap C)=(A\cup B)\cap (A\cup C),A\cap (B\cup C)=(A\cap B)\cup (A\cap C)$;

(4) 德摩根律:$\overline{A\cup B}=\bar{A}\cap \bar{B},\overline{A\cap B}=\bar{A}\cup \bar{B}$.

德摩根律可以推广到有限个或可列个事件的情形,即

$$\overline{\bigcup_{i=1}^{n}A_i}=\bigcap_{i=1}^{n}\overline{A_i},\quad \overline{\bigcup_{i=1}^{\infty}A_i}=\bigcap_{i=1}^{\infty}\overline{A_i},\quad \overline{\bigcap_{i=1}^{n}A_i}=\bigcup_{i=1}^{n}\overline{A_i},\quad \overline{\bigcap_{i=1}^{\infty}A_i}=\bigcup_{i=1}^{\infty}\overline{A_i}.$$

例 1.1 在标号分别为 $1,2,3,4,5,6,7,8$ 的八张卡片中任取一张,设事件 A 为"标号不小于 2 的卡片",事件 B 为"标号为偶数的卡片",事件 C 为"标号为奇数的卡片",求 $A\cup B,AB$, $\overline{A-B},\overline{B\cup C}$.

解 $A=\{2,3,4,5,6,7,8\},B=\{2,4,6,8\},C=\{1,3,5,7\}$,则

$$A\cup B=\{2,3,4,5,6,7,8\}\cup \{2,4,6,8\}=\{2,3,4,5,6,7,8\},$$

$$AB=\{2,3,4,5,6,7,8\}\cap \{2,4,6,8\}=\{2,4,6,8\},$$

$$A-B=\{2,3,4,5,6,7,8\}-\{2,4,6,8\}=\{3,5,7\},$$

$$\overline{B\cup C}=\overline{\{2,4,6,8\}\cup \{1,3,5,7\}}=\overline{\{1,2,3,4,5,6,7,8\}}=\varnothing.$$

例 1.2 考虑图 1-7 所示的电路,事件 A 表示"信号灯亮",事件 B_1,B_2,B_3 分别表示"断电器 Ⅰ,Ⅱ,Ⅲ闭合",试表示事件 A.

解 图1-7中的信号灯亮当且仅当断电器 I 闭合,且 II 和 III 中至少有一个闭合,由事件的运算可得,

$$A = B_1 \cap (B_2 \cup B_3).$$

例1.3 设 A, B, C 是三个事件,用 A, B, C 的关系及运算表示下列各事件:

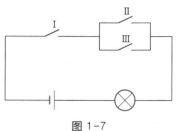

图1-7

(1) A 发生,B, C 不发生;

(2) A, B, C 都不发生;

(3) A, B, C 中至少有一个发生;

(4) A, B, C 中恰有两个发生;

(5) A, B, C 中至少有两个发生;

(6) A, B, C 中不多于一个发生;

(7) A, B, C 中至多有两个发生.

解 (1) A 发生,B, C 不发生: $A\bar{B}\bar{C}$;

(2) A, B, C 都不发生: $\bar{A}\bar{B}\bar{C}$ 或 $\overline{A \cup B \cup C}$;

(3) A, B, C 中至少有一个发生: $A \cup B \cup C$;

(4) A, B, C 中恰有两个发生: $\bar{A}BC \cup A\bar{B}C \cup AB\bar{C}$;

(5) A, B, C 中至少有两个发生: $AB \cup BC \cup AC$;

(6) A, B, C 中不多于一个发生: $\bar{A}\bar{B} \cup \bar{B}\bar{C} \cup \bar{A}\bar{C}$ 或 $\bar{A}\bar{B}\bar{C} \cup A\bar{B}\bar{C} \cup \bar{A}B\bar{C} \cup \bar{A}\bar{B}C$;

(7) A, B, C 中至多有两个发生: $\bar{A}\bar{B}\bar{C} \cup A\bar{B}\bar{C} \cup \bar{A}B\bar{C} \cup \bar{A}\bar{B}C \cup AB\bar{C} \cup A\bar{B}C \cup \bar{A}BC$ 或 $\bar{A} \cup \bar{B} \cup \bar{C}$ 或 $\overline{ABC}$.

习　题　1.1

基　础　题

1. 写出下列随机试验的样本空间:

(1) 生产某产品直至生产出 10 件合格品为止,记录生产的总件数;

(2) 同时掷三颗骰子,记录三颗骰子的总数之和;

(3) 在单位圆内任取一点,记录其坐标;

(4) 记录某班某次考试的平均成绩(以百分制记).

2. 从 n 件产品中任取 k 件,设事件 A 表示"至少有一件为次品",事件 B 表示"至多有一件为次品",问下列运算各表示什么事件:

(1) $\bar{A}$;(2) $\bar{B}$;(3) AB.

3. 一批产品中有合格品和次品,从中有放回地抽取三次,每次取一件.设 $A_i (i = 1, 2, 3)$ 表示事件"第 i 次抽到次品",试用 A_i 的关系及运算表示下列各事件:

(1) 至少有一次抽到次品;

(2) 没有抽到次品;

(3) 只有第一次抽到次品;

(4) 至少有两次抽到次品;

(5) 至多有两次抽到次品.

4. 一名射击手连续射击目标三次,设 $A_i (i = 1, 2, 3)$ 表示第 i 次射击时击中目标.试用文字描述下列各事件:

$A_1 \cup A_2; \overline{A_2}; \overline{A_1 \cup A_2 \cup A_3}; \overline{A_1} \cup A_2 \cup A_3; A_3 - A_2; \overline{A_3} \overline{A_2}; \overline{A_1 \cup A_2}; \overline{A_1} \overline{A_2}; A_1 A_2 \cup A_2 A_3 \cup A_3 A_1.$

提 高 题

1. 设 A, B 是两事件,判断下列命题是否成立并说明理由:

(1) 若 $A \subset B$,则 $\overline{A} \subset \overline{B}$;

(2) 若 A 与 B 互不相容,则 $\overline{A}$ 与 $\overline{B}$ 也互不相容;

(3) 若 A 与 B 相容,则 $\overline{A}$ 与 $\overline{B}$ 也相容;

(4) 若 A 与 B 对立,则 $\overline{A}$ 与 $\overline{B}$ 也对立.

2. 设 A, B 是两事件,证明:

(1) $A - B = A\overline{B} = A - AB$;

(2) $A \cup B = A \cup \overline{A}B$,且 A 与 $\overline{A}B$ 互不相容.

§1.2 随机事件的概率

除必然事件和不可能事件外,任一事件在一次试验中可能发生,也可能不发生,具有偶然性.但是,在相同条件下,进行大量重复的试验,试验的结果具有一定的内在规律性,即事件出现的可能性大小可以用一个数值进行度量.例如,数据传输系统中传输的不同信号,可以用"传输率"度量;两名射击运动员在相同条件下射击,他们命中目标的可能性可以用"命中率"度量.我们希望找到刻画事件在一次试验中发生的可能性大小的数值.为此,我们引入频率的概念.

1.2.1 事件发生的频率

定义 1.1 在相同条件下,将试验重复进行 n 次,在这 n 次试验中,事件 A 发生的次数 n_A

称为事件 A 发生的**频数**,比值 $\dfrac{n_A}{n}$ 称为事件 A 发生的**频率**,记作 $f_n(A)$.

由定义易知频率具有如下基本性质:

(1) 对于任意的事件 A,有 $0 \leqslant f_n(A) \leqslant 1$;

(2) $f_n(S) = 1, f_n(\varnothing) = 0$;

(3) 若 $A_1, A_2, \cdots, A_k$ 是两两互不相容的事件,则

$$f_n(A_1 \cup A_2 \cup \cdots \cup A_k) = f_n(A_1) + f_n(A_2) + \cdots + f_n(A_k).$$

事件 A 的频率表示其发生的频繁程度.一般地,频率越大,事件发生就越频繁,即事件在一次试验中发生的可能性就越大,反之亦然.因此,可否用事件 A 发生的频率表示事件 A 在一次试验中发生的可能性大小? 我们先考察下面的试验.

例 1.4 抛硬币试验.将一枚质地均匀的硬币抛掷 10 次,100 次,1 000 次,重复做 10 次,统计数据见表 1-1(其中 n_H 表示正面出现的频数,$f_n(H)$ 表示正面出现的频率).

表 1-1 正面出现的频率

试验序号	$n = 10$		$n = 100$		$n = 1\,000$	
	n_H	$f_n(H)$	n_H	$f_n(H)$	n_H	$f_n(H)$
1	4	0.4	58	0.58	503	0.503
2	5	0.5	48	0.48	496	0.496
3	3	0.3	55	0.55	482	0.482
4	6	0.6	52	0.52	518	0.518
5	7	0.7	46	0.46	498	0.498
6	6	0.6	42	0.42	516	0.516
7	5	0.5	51	0.51	495	0.495
8	2	0.2	57	0.57	527	0.527
9	9	0.9	45	0.45	476	0.476
10	5	0.5	53	0.53	503	0.503

历史上不少名人做过大量抛硬币的试验,部分结果如表 1-2 所示.

表 1-2 抛硬币试验记录

试验者	n	n_H	$f_n(H)$
德摩根	2 048	1 061	0.518 1
蒲丰	4 040	2 048	0.506 9
威廉·费勒	10 000	4 979	0.497 9
皮尔逊	12 000	6 019	0.501 6
皮尔逊	24 000	12 012	0.500 5
维尼	30 000	14 994	0.499 8

由以上数据可以看出:频率具有随机波动性;抛硬币次数 n 较小时,出现正面的频率 $f_n(\mathrm{H})$ 在 0 与 1 之间随机波动的幅度较大,但随着 n 的增大,频率 $f_n(\mathrm{H})$ 的值呈现出某种稳定性,即当 n 逐渐增大时, $f_n(\mathrm{H})$ 总在 0.5 附近波动,且逐渐稳定于 0.5.

实践表明,随着重复试验次数 n 的逐渐增大,事件 A 的频率 $f_n(A)$ 会逐渐稳定于某个常数.频率在大量重复试验中体现出的这种稳定性即通常所说的统计规律性,揭示了隐藏在随机现象中的规律性.一般地,当试验次数比较大时,用事件发生的频率刻画事件发生的可能性大小是相对合适的,但在实际中,人们很难对每一个事件做大量重复的试验,因此要精确描述频率的稳定值是很难的,于是,人们给出了如下刻画事件发生可能性大小的概率的定义.

1.2.2 事件发生的概率

定义 1.2 设 E 是随机试验, S 是它的样本空间.对于 E 中的每一个事件赋予一个实数,记为 $P(A)$.若 $P(A)$ 满足以下条件,则称 $P(A)$ 为事件 A 发生的概率.

(1) 非负性:对于每一个事件 A,有 $P(A) \geqslant 0$;

(2) 规范性:对于必然事件 S,有 $P(S) = 1$;

(3) 可列可加性:设 $A_1, A_2, \cdots, A_n, \cdots$ 是两两互不相容的事件,即 $A_i A_j = \varnothing$, $i \neq j$, $i, j = 1, 2, \cdots$,有

$$P(A_1 \cup A_2 \cup \cdots \cup A_n \cup \cdots) = P(A_1) + P(A_2) + \cdots + P(A_n) + \cdots.$$

由概率的定义可以推出概率的如下性质:

性质 1 $P(\varnothing) = 0$.

证 令 $A_n = \varnothing (n = 1, 2, \cdots)$,则 $\bigcup_{n=1}^{\infty} A_n = \varnothing$,且 $A_i A_j = \varnothing$, $i \neq j$, $i, j = 1, 2, \cdots$.由概率的可列可加性可得

$$P(\varnothing) = P\left(\bigcup_{n=1}^{\infty} A_n\right) = \sum_{n=1}^{\infty} P(A_n) = \sum_{n=1}^{\infty} P(\varnothing).$$

由概率的非负性可知, $P(\varnothing) \geqslant 0$,故由上式可知 $P(\varnothing) = 0$.

性质 2(有限可加性) 若 $A_1, A_2, \cdots, A_n$ 是两两互不相容的事件,则

$$P\left(\bigcup_{k=1}^{n} A_k\right) = \sum_{k=1}^{n} P(A_k).$$

证 令 $A_{n+1} = A_{n+2} = \cdots = \varnothing$,即有 $A_i A_j = \varnothing$, $i \neq j$, $i, j = 1, 2, \cdots$,由概率的可列可加性及性质 1 可得

$$P\left(\bigcup_{k=1}^{n} A_k\right) = P\left(\bigcup_{k=1}^{\infty} A_k\right) = \sum_{k=1}^{\infty} P(A_k) = \sum_{k=1}^{n} P(A_k) + 0 = \sum_{k=1}^{n} P(A_k).$$

性质 3(逆事件的概率公式) 对任一事件 A,有 $P(\overline{A}) = 1 - P(A)$.

证 因为 $A \cup \overline{A} = S, A \cap \overline{A} = \varnothing$, 由性质 2 得,

$$1 = P(S) = P(A \cup \overline{A}) = P(A) + P(\overline{A}),$$

即有 $P(\overline{A}) = 1 - P(A)$.

性质 4 设 A, B 是两个事件, 若 $A \subset B$, 则 $P(B-A) = P(B) - P(A), P(A) \leqslant P(B)$.

证 由 $A \subset B$ 知 $B = A \cup (B-A)$, 且 $A \cap (B-A) = \varnothing$, 故由性质 2 可得

$$P(B) = P(A) + P(B-A),$$

即 $P(B-A) = P(B) - P(A)$. 又由概率的非负性可得 $P(B-A) \geqslant 0$, 于是

$$P(A) \leqslant P(B).$$

性质 5 对任一事件 A, 有 $P(A) \leqslant 1$.

证 因为 $A \subset S$, 则由性质 4 可得

$$P(A) \leqslant P(S) = 1.$$

性质 6 (加法公式) 对任意两个事件 A, B, 有

$$P(A \cup B) = P(A) + P(B) - P(AB).$$

证 因为 $A \cup B = A \cup (B - AB), A \cap (B - AB) = \varnothing, AB \subset B$, 故由性质 2 和性质 4 可得,

$$P(A \cup B) = P(A) + P(B - AB) = P(A) + P(B) - P(AB).$$

一般地, 对于任意 n 个事件 $A_1, A_2, \cdots, A_n$, 可用数学归纳法将性质 6 推广, 即

$$P\left(\bigcup_{i=1}^{n} A_i \right) = \sum_{i=1}^{n} P(A_i) - \sum_{1 \leqslant i < j \leqslant n} P(A_i A_j) + \sum_{1 \leqslant i < j < k \leqslant n} P(A_i A_j A_k) - \cdots +$$
$$(-1)^{n-1} P(A_1 A_2 \cdots A_n).$$

例 1.5 设 A, B 为两个互不相容的事件, 且 $P(A) = 0.3, P(B) = 0.6$. 求 $P(\overline{A}), P(A \cup B), P(A\overline{B}), P(\overline{AB}), P(\overline{A} \cup \overline{B})$.

解 $P(\overline{A}) = 1 - P(A) = 1 - 0.3 = 0.7$.

因为 A, B 互不相容, 所以 $P(AB) = 0$, 于是

$$P(A \cup B) = P(A) + P(B) - P(AB) = 0.3 + 0.6 - 0 = 0.9,$$
$$P(A\overline{B}) = P[A(S-B)] = P(A - AB) = P(A) - P(AB) = 0.3,$$
$$P(\overline{A}\,\overline{B}) = P(\overline{A \cup B}) = 1 - P(A \cup B) = 1 - 0.9 = 0.1,$$
$$P(\overline{A} \cup \overline{B}) = P(\overline{AB}) = 1 - P(AB) = 1.$$

1.2.3 古典概型

在随机试验中, 有一类最直观、最简单的试验, 它们具有如下两个特征:

（1）有限性：试验的样本空间只包含有限个样本点；

（2）等可能性：每次试验中，各基本事件发生的可能性相同.

具有以上两个特征的随机试验在实际中是大量存在的，称之为等可能概型.它在概率论发展初期就被注意和研究，所以也称其为古典概率概型，简称为**古典概型**.在古典概型中，事件的概率很容易理解和计算.

例如，抛一颗质地均匀的骰子，求出现奇数点数的概率.

该试验的样本空间为 $S=\{1,2,3,4,5,6\}$，含有 6 个样本点，且每个基本事件出现的可能性相同，是一个古典概型.事件"出现奇数点数"可以表示为 $A=\{1,3,5\}$，含有 3 个样本点，则有

$$P(A)=\frac{3}{6}=\frac{1}{2}.$$

即事件 A 发生的概率可以表示为"事件 A 所包含的样本点的总数在样本空间的全部样本点总数中所占的比例".由此可得古典概型中事件的概率计算公式.

定义 1.3 设试验 E 为古典概型，其样本空间 S 包含 n 个样本点，事件 A 包含 k 个样本点，则事件 A 的概率为

$$P(A)=\frac{V_A}{V_S}=\frac{A\ \text{中包含的样本点数}}{S\ \text{中包含的样本点总数}}.$$

法国数学家拉普拉斯曾在 1812 年把上式作为概率的一般定义，现在通常称其为概率的古典定义，因为它只适合于古典概型.这种确定概率的方法称为古典方法.

根据定义 1.3，古典概率的计算问题可转化为样本点的计数问题，计算中，通常要用到加法原理、乘法原理及排列与组合公式.

（1）加法原理

设完成一件事有 n 种方式，其中第一种方式有 m_1 种方法，第二种方式有 m_2 种方法……第 n 种方式有 m_n 种方法，无论通过哪种方法都可以完成这件事，则完成这件事共有 $m_1+m_2+\cdots+m_n$ 种方法.

（2）乘法原理

设完成一件事有 n 个步骤，其中第一个步骤有 m_1 种方法，第二个步骤有 m_2 种方法……第 n 个步骤有 m_n 种方法，完成这件事必须完成每个步骤，则完成这件事共有 $m_1\times m_2\times\cdots\times m_n$ 种方法.

（3）排列公式

从 n 个不同元素中任取 $k(1\leqslant k\leqslant n)$ 个元素的不同排列总数为

$$A_n^k=n(n-1)(n-2)\cdots(n-k+1)=\frac{n!}{(n-k)!}.$$

（4）组合公式

从 n 个不同元素中任取 $k(1\leqslant k\leqslant n)$ 个元素的不同组合总数为

$$C_n^k = \frac{A_n^k}{k!} = \frac{n!}{(n-k)!\,k!}.$$

C_n^k 也记为 $\binom{n}{k}$，称为组合系数.

例 1.6 一个盒子中有 10 个外形相同的手机充电器,其中 3 个有快充功能.从中任取 2 个充电器,在下列两种情况下分别求出 2 个充电器中恰有 1 个有快充功能的概率.

(1) **有放回抽样** 第一次取出 1 个充电器,记录结果后放回盒子中;

(2) **无放回抽样** 第一次取出 1 个充电器,记录结果后不放回盒子中.

解 设事件 A 表示"2 个充电器中恰有 1 个有快充功能".

(1) 在有放回抽样情况下,每次抽取时都有 10 个充电器可供抽取,根据计数法的乘法原理,一共有 10×10 种取法,即 $V_S = 10×10$.

对于事件 A,第一次取到无快充功能且第二次取到有快充功能充电器的取法共有 7×3 种;第一次取到有快充功能且第二次取到无快充功能充电器的取法共有 3×7 种,于是 $V_A = 7×3+3×7$.由概率的古典定义可得

$$P(A) = \frac{V_A}{V_S} = \frac{7×3+3×7}{10×10} = \frac{21}{50}.$$

(2) 在不放回抽样情况下,第一次抽取后不放回盒中,因此第二次抽取时有 9 个充电器可供抽取.根据计数法的乘法原理,此时的样本空间共有 $V_S = 10×9$ 种取法.

对于事件 A,第一次取到无快充功能且第二次取到有快充功能充电器的取法共有 7×3 种;第一次取到有快充功能且第二次取到无快充功能充电器的取法共有 3×7 种,于是 $V_A = 7×3+3×7$.由概率的古典定义可得

$$P(A) = \frac{V_A}{V_S} = \frac{7×3+3×7}{10×9} = \frac{7}{15}.$$

在概率论中,若考虑事件与抽样的顺序无关,则无放回抽样也可看成一次取出若干个样品.在上例中,不放回抽取两个充电器也可看成随机地一次取出 2 个充电器,则由组合公式可得共有 $V_S = C_{10}^2$ 种取法.对于事件 A,取到一个无快充功能充电器和一个有快充功能充电器的取法共有 $V_A = C_7^1 C_3^1$ 种.由概率的古典定义可得

$$P(A) = \frac{V_A}{V_S} = \frac{C_7^1 C_3^1}{C_{10}^2} = \frac{7}{15}.$$

这两种观点下的无放回抽样所得的概率是相等的,但是两种观点下的样本点和样本空间是不同的.

例 1.7(盒子模型) 把 n 只球等可能地放入 $N(n \leqslant N)$ 个不同盒子中的任一个里(盒子容量不限).求下列各事件的概率:

（1）某指定的 n 个盒子中各有一只球；

（2）恰有 n 个盒子中各有一只球；

（3）某指定盒子中恰有 k 只球.

解 因为每个球都可以放入 N 个盒子中的任意一个盒子，每个球有 N 种放法，所以放 n 只球的方式共有 $V_S = N^n$ 种.

（1）设事件 A 表示"某指定的 n 个盒子中各有一只球"，这时 n 只球要放入指定的 n 个盒子中，且每个盒子中各有一只球，第一只球有 n 种放法，第二只球只能放入其余 $n-1$ 个盒子中，故有 $n-1$ 种放法，以此类推，最后一只球只有一种放法，于是 $V_A = n!$，于是

$$P(A) = \frac{V_A}{V_S} = \frac{n!}{N^n}.$$

（2）设事件 B 表示"恰有 n 个盒子中各有一只球"，这时这 n 个盒子可以在 N 个盒子中任选，共有 C_N^n 种方法；再把 n 只球放入这 n 个盒子中，共有 $n!$ 种放法，故 $V_B = C_N^n n! = A_N^n$. 于是

$$P(B) = \frac{V_B}{V_S} = \frac{C_N^n n!}{N^n} = \frac{N!}{N^n(N-n)!}.$$

（3）设事件 C 表示"某指定盒子中恰有 k 只球". 此时这 k 只球可在 n 只球中任选，共有 C_n^k 种选法；其余的 $n-k$ 只球等可能落入其余的 $N-1$ 个盒子中，共有 $(N-1)^{n-k}$ 种放法，故 $V_C = C_n^k(N-1)^{n-k}$，于是

$$P(C) = \frac{V_C}{V_S} = \frac{C_n^k(N-1)^{n-k}}{N^n} = C_n^k\left(\frac{1}{N}\right)^k\left(1-\frac{1}{N}\right)^{n-k}.$$

"盒子模型" 是古典概型中一个非常典型的例子，这个模型可以应用到很多实际问题中. 例如，如果把球解释为"粒子"（这里球是可变的），把盒子理解为相空间中的"小区域"，那么此模型便相应于统计物理学中的"麦克斯韦-玻尔兹曼"统计；如果球是不可变的，那么上述模型对应于"玻色-爱因斯坦"统计；如果球是不可变的，且每个盒子最多只能放一只球，那么此模型讨论的又是"费米-狄拉克"统计问题. 这三种统计在物理学中都有各自的适用范围. "盒子模型"还可以讨论概率论历史上著名的"生日问题".

例 1.8（生日问题） 假设每个人的生日等可能地在 365 天中的任何一天，求 $n(n \leqslant 365)$ 个人中至少有两人生日相同的概率.

解 把 n 个人看成 n 只球，把一年的 365 天看成 $N = 365$ 个盒子. 设事件 A 表示" n 个人的生日各不相同"，即相当于上例中"恰有 n 个盒子中各有一只球"，则有

$$P(A) = \frac{N!}{N^n(N-n)!} = \frac{365!}{365^n(365-n)!}.$$

设事件 B 表示" n 个人中至少有两人生日相同"，则

$$P(B) = 1 - P(A) = 1 - \frac{365!}{365^n(365-n)!}.$$

n 取不同值时的计算结果如下:

n	10	20	23	24	30	40	50	60	100
$P(A)$	0.884	0.589	0.493	0.462	0.294	0.109	0.030	0.006	0.000 000 3
$P(B)$	0.116	0.411	0.507	0.538	0.706	0.891	0.970	0.994	0.999 999 7

上表所列结果也许会让读者感到惊奇,因为"n 个人中至少有两人生日相同"的概率并不如人们直觉中想象得那么小,而是相当大.这个例子告诉我们,"直觉"并不可靠,也同时有力地说明了研究随机现象统计规律的重要性.

从上表还可看出随人数的增多,出现两人生日相同的概率会快速增加.现实生活中,"生日相同"是缘分,是件好事,但是在某些科学研究中,这样的"缘分"未必是好事.例如,在密码学中,经常使用 Hash 函数对明文密码进行加密,该研究即受到生日问题的启发,至今仍是国内外学者关注的热点问题.特别是我国学者王小云教授 2004 年破解了非常著名的 MD5 Hash 函数,使得生日攻击等 Hash 函数安全性问题再次成为研究的热点问题.

另外,人们在长期的实践中总结得到"小概率事件在一次试验中几乎不可能发生"(实际推断原理),因此"100 个人生日各不相同"几乎不可能发生,因为它发生的概率只有约 3×10^{-7}.

例 1.9   某接待站在某一周曾接待过 12 次来访.已知所有这 12 次接待都是在周一和周三进行的.问:是否可以推断接待时间是有规定的?

解   假设接待站的接待时间没有规定,各来访者在一周的任何一天去接待站是等可能的.设事件 A 表示"12 次来访者都在周一和周三",则

$$P(A) = \frac{V_A}{V_S} = \frac{2^{12}}{7^{12}} = 0.000\ 000\ 3.$$

这是一个非常小的概率,由"实际推断原理"可知,"小概率事件在一次试验中几乎不可能发生",但是现在概率很小的事件在一次试验中居然发生了,因此有理由怀疑"接待站的接待时间没有规定"这一假设的准确性,而得出"接待站的接待时间有规定".

1.2.4   几何概型

古典概型要求样本空间是有限的,且每个基本事件发生的可能性相同,但在实际中,等可能概型还有其他类型,如样本空间为一线段、平面区域、立体空间等,我们把这类等可能随机试验的概率模型称为**几何概型**.

定义 1.4(几何概率)   设样本空间 S 是某平面区域,其面积为 $m(S)$,任意点等可能落在 S 中任何区域 A 的可能性只与 A 的面积 $m(A)$ 成正比,与其位置和形状均无关.设事件 A 表示"点落在区域 A",则

$$P(A) = \frac{m(A)}{m(S)}.$$

由上式所确定的概率称为**几何概率**.若样本空间为一线段或空间立体,则定义中的 $m(A)$ 和 $m(S)$ 相应理解为长度或体积.

例 1.10(会面问题) 某通信网络设备公司销售人员与其客户相约 8:00 到 9:00 之间在某地会面,并约定先到者要等候另一个人 10 min,过时即离开.如果每个人可在指定的 1 h 内任意时刻到达,求这两人能会面的概率.

解 记 8:00 为计算时刻的 0 时,以分为单位.设两人到达约会地点的时刻分别为 x,y,事件 A 表示"两人能会面",如图 1-8 所示.由题意可得

样本空间 $S = \{(x,y) \mid 1 \leqslant x \leqslant 60, 1 \leqslant y \leqslant 60\}$,

$A = \{(x,y) \mid |x-y| \leqslant 10, 1 \leqslant x \leqslant 60, 1 \leqslant y \leqslant 60\}$,

于是

$$P(A) = \frac{m(A)}{m(S)} = \frac{60^2 - (60-10)^2}{60^2} = \frac{11}{36}.$$

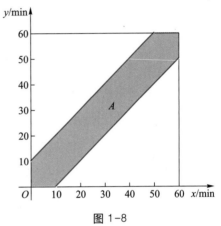

图 1-8

在上例中,设事件 B 表示"两人同时到达约会地点",此时

$B = \{(x,y) \mid x = y, 1 \leqslant x \leqslant 60, 1 \leqslant y \leqslant 60\}$,

则 $m(B) = 0$,故 $P(B) = 0$.但实际生活中,事件 B 是可能发生的,即 $B \neq \varnothing$.这说明,零概率事件未必是不可能事件,类似地,概率为 1 的事件也未必就是必然事件.

习 题 1.2

基 础 题

1. 设 $P(A) = 0.7, P(A-B) = 0.3$,求 $P(\overline{AB})$.

2. **(双 6 问题)** 将一对骰子连续掷 25 次,求出现双 6 与不出现双 6 的概率.

3. 书架上有名称相同的书籍 15 册,其中 12 本来自甲出版公司,3 本来自乙出版公司.现在从书架上随机抽取 2 本书,求这两本书来自同一出版公司的概率.

4. 某大学社团有 5 名一年级新生,2 名二年级学生,3 名三年级学生,2 名四年级学生.试求:

   (1) 在其中任选 4 名学生,求一、二、三、四年级的学生各有 1 名的概率;

   (2) 在其中任选 5 名学生,求一、二、三、四年级的学生均包含在内的概率.

5. 设有 N 件产品,其中有 D 件次品 $(1 \leqslant D \leqslant N)$,从中任取 n 件,求其中恰有 $k(k \leqslant D)$ 件次品的概率.

6. 某实验班有 23 名学生,假设每位同学在一年 365 天中任一天出生都是等可能.求 23 名同学中至少有 2 个人生日在同一天的概率,并用 MATLAB 求解.

7. 袋中有 4 只白球,2 只红球,从中任取两次,每次取一只,考虑有放回和无放回两种取球方式,分别就两种情况求:

（1）两只都是白球的概率;

（2）两球颜色相同的概率;

（3）至少有一只白球的概率.

8. 在区间 $[0,5]$ 上任投一点,求该点的坐标小于 1 的概率.

9. 某市区某路公交车每隔 12 min 发一班车准时运行.假定车到站后每人都能乘上车,求任一乘客在该车站等车时间不超过 4 min 的概率.

提 高 题

1. 设 A,B 是两个事件,证明:

（1）若 $A\overline{B}=\overline{A}B$,则 $A=B$;

（2）事件 A 和 B 恰有一个发生的概率为 $P(A)+P(B)-2P(AB)$.

2. 设 A,B 是两个事件,$P(A)=0.6$,$P(B)=0.7$,试求 $P(AB)$ 的最大值和最小值,并给出 $P(AB)$ 相应满足的条件.

习题 1.2 提高
题第 5 题讲解

习题 1.2 提高
题第 6 题讲解

3. 在 1—2 000 的整数中随机取一个数,求取到的整数既不能被 6 整除,又不能被 8 整除的概率.

4. 将 15 名新生随机地平均分配到三个班级中,其中有 3 名是优秀生.求:

（1）每个班级各分配到 1 名优秀生的概率;

（2）3 名优秀生在同一个班级的概率.

5. （蒲丰投针问题）在平面上画出等距离为 $a(a>0)$ 的一些平行线,向此平行线随机地投掷一枚长度为 $l(l<a)$ 的针,求此针与任一平行线相交的概率.

6. （贝特朗悖论）试讨论在半径为 1 的圆内随机地取一条弦,其长超过该圆内接正三角形边长 $\sqrt{3}$ 的概率.

§1.3 条件概率

1.3.1 条件概率

世界上万事万物都是相互联系、相互影响的,同一随机试验的不同事件间通常会在一定程度上相互影响.在实际问题中,有时需要根据已知的信息对某种现象发生与否进行推断.例如,在信号传输中,已知接收到某个信号,求发出的也是这个信号的概率有多大;在交通事故中,已知天气状况恶劣,求此时交通事故发生的可能性,等等.因此,在随机试验中,除了要考虑事件 A 发生的概率,还需要考虑在已知事件 B 发生的条件下事件 A 发生的概率,这样的概率称之为**条件概率**,记作 $P(A \mid B)$.为讨论条件概率,我们先考察如下例子.

例 1.11 将一枚质地均匀的硬币抛两次,观察其出现正反面的情况.求已知至少有一次为正面的情况下两次掷出同一面的概率.

解 设事件 A 表示"至少有一次为正面",事件 B 表示"两次掷出同一面",用字母 H 表示硬币正面,T 表示其反面.由题意知该问题为古典概型,且

$$S = \{HH, HT, TH, TT\}, \quad A = \{HH, HT, TH\}, \quad B = \{HH, TT\}.$$

已知事件 A 已经发生,因此 $TT =$ "两次均为反面"不可能发生,则此时试验所有可能结果形成的集合即为 A,而事件 B 包含的基本事件只占其中的一个,于是在事件 A 发生的条件下事件 B 发生的概率为

$$P(B \mid A) = \frac{1}{3}.$$

本例中,若不考虑事件已经发生的信息,则事件 B 发生的概率为

$$P(B) = \frac{2}{4} = \frac{1}{2}.$$

即 $P(B) \neq P(B \mid A)$.这是容易理解的,因为在求 $P(B \mid A)$ 时,我们限制了事件 A 已经发生.

另一方面,易知

$$P(A) = \frac{3}{4}, \quad P(AB) = \frac{1}{4}, \quad P(B \mid A) = \frac{1}{3} = \frac{1/4}{3/4},$$

即

$$P(B \mid A) = \frac{P(AB)}{P(A)}.$$

上述关系式具有普遍意义,对于一般的古典概型和几何概型也是成立的.因此,一般地,有如下定义:

定义 1.5 设 A, B 是两个事件,且 $P(A) > 0$,称

$$P(B \mid A) = \frac{P(AB)}{P(A)}$$

为在事件 A 发生的条件下事件 B 发生的条件概率,简称 B 对 A 的**条件概率**.

不难验证,条件概率满足概率的定义 1.2 中的三个条件,即

(1) 非负性:对于任一事件 $B, P(B \mid A) \geqslant 0$;

(2) 规范性:对于必然事件 S,有 $P(S \mid A) = 1$;

（3）可列可加性：设 $B_1, B_2, \cdots, B_n, \cdots$ 是两两互不相容的事件，则

$$P\left(\bigcup_{i=1}^{\infty} B_i \mid A\right) = \sum_{i=1}^{\infty} P(B_i \mid A).$$

由于条件概率也是概率的一种形式，因此，概率的所有性质也适用于条件概率.

根据例 1.11，可以得出计算条件概率的如下两种方法：

（1）**定义法**：即先计算 $P(AB)$ 和 $P(A)$，再用定义求出 $P(B \mid A)$；

（2）**缩减样本空间法**：即在缩减的样本空间 A 中求事件 B 发生的概率，则有

$$P(B \mid A) = \frac{V_{AB}}{V_A}.$$

例 1.12　掷两颗均匀的筛子，已知第一颗掷出 6 点，求掷出点数之和不小于 10 的概率.

解　设事件 A 表示"第一颗掷出 6 点"，事件 B 表示"掷出点数之和不小于 10".

方法一　因为

$$P(A) = \frac{6}{36}, \quad P(AB) = \frac{3}{36},$$

所以

$$P(B \mid A) = \frac{P(AB)}{P(A)} = \frac{3/36}{6/36} = \frac{1}{2}.$$

方法二　通过缩小的样本空间，可得

$$P(B \mid A) = \frac{V_{AB}}{V_A} = \frac{3}{6} = \frac{1}{2}.$$

1.3.2　乘法公式

由条件概率的定义，即可推得如下乘法公式：

定理 1.1（乘法定理）　设 A, B 是两个事件，且 $P(A) > 0$，称

$$P(AB) = P(A)P(B \mid A)$$

为**乘法公式**.

利用该公式可以计算两个事件积事件的概率.

利用数学归纳法，易证上述乘法公式可以推广到任意有限个事件的情形：

若 $A_1, A_2, \cdots, A_n (n \geqslant 2)$ 是 n 个事件，且 $P(A_1 A_2 \cdots A_n) > 0$，则有

$$P(A_1 A_2 \cdots A_n) = P(A_1)P(A_2 \mid A_1) \cdots P(A_n \mid A_1 A_2 \cdots A_{n-1}).$$

例 1.13（传染病模型）　设罐中装有 r 只红球，t 只黑球，每次从罐中任取一只球，观察其

颜色后放回,并再放入 c 只与所取球同色的球.若在罐中连续取球四次,求第一、二次取到红球且第三、四次取到黑球的概率.

解 设事件 A_i 表示"第 i 次取到红球"$(i=1,2,3,4)$,则 $\overline{A_i}$ 表示"第 i 次取到黑球",于是

$$P(A_1 A_2 \overline{A_3}\,\overline{A_4}) = P(A_1)P(A_2 \mid A_1)(\overline{A_3} \mid A_1 A_2)(\overline{A_4} \mid A_1 A_2 A_3)$$

$$= \frac{r}{r+t} \cdot \frac{r+c}{r+t+c} \cdot \frac{t}{r+t+2c} \cdot \frac{t+c}{r+t+3c}.$$

该模型是被波利亚用于描述传染病的数学模型.当 $c>0$ 时,每次取球后会增加下一次取到同色球的概率,即每次发现一个传染病患者,以后都会增加传染的概率.

1.3.3 全概率公式和贝叶斯公式

为计算某些复杂事件的概率,通常需要将该事件分解为若干互不相容且相对简单的事件,分别计算这些事件的概率,求其和可得所求事件的概率.

例 1.14 设有 10 个阄,其中 8 个是空白阄,2 个是"有"字阄.甲、乙两人依次抓取一个,求每人抓到"有"字阄的概率.

解 设事件 A,B 分别表示"甲、乙两人抓到'有'字阄",则 $P(A)=\dfrac{2}{10}$.因为事件 B 在事件 A 或 $\overline{A}$ 发生时才发生,故

$$B = B(A \cup \overline{A}) = BA \cup B\overline{A}.$$

由于 A 与 $\overline{A}$ 互不相容,故 BA 与 $B\overline{A}$ 互不相容(读者可自证).由概率的可加性和乘法公式可得

$$P(B) = P(BA \cup B\overline{A}) = P(BA) + P(B\overline{A})$$

$$= P(A)P(B \mid A) + P(\overline{A})P(B \mid \overline{A})$$

$$= \frac{2}{10} \times \frac{1}{9} + \frac{8}{10} \times \frac{2}{9}$$

$$= \frac{1}{5}.$$

此例题也说明,抓到阄的概率与抓阄的次序无关,读者可以自行证明该问题的一般情形.

在给出全概率公式前,先给出样本空间的划分这一概念.

定义 1.6(样本空间的划分) 设随机试验 E 的样本空间为 $S,A_1,A_2,\cdots,A_n$ 是 E 的一组事件.若

(1) $A_i A_j = \varnothing, i \neq j, i,j=1,2,\cdots,n$;

(2) $A_1 \cup A_2 \cup \cdots \cup A_n = S$,

则称 $A_1, A_2, \cdots, A_n$ 为**样本空间 S 的一个划分**(或**完备事件组**).

利用概率的有限可加性及乘法公式可得如下全概率公式:

定理 1.2(**全概率公式**)　设 S 是随机试验 E 的样本空间,B 是 E 的事件,$A_1, A_2, \cdots, A_n$ 是 S 的一个划分,且 $P(A_i) > 0 (i = 1, 2, \cdots, n)$,则称

$$P(B) = P(A_1)P(B \mid A_1) + P(A_2)P(B \mid A_2) + \cdots + P(A_n)P(B \mid A_n)$$

为**全概率公式**.

　　证　由于 $A_1, A_2, \cdots, A_n$ 是 S 的一个划分,故

$$B = BS = B(A_1 \cup A_2 \cup \cdots \cup A_n) = BA_1 \cup BA_2 \cup \cdots \cup BA_n,$$

且 $P(A_i) > 0 (i = 1, 2, \cdots, n)$,$BA_i \cap BA_j = \varnothing (i \neq j, i, j = 1, 2, \cdots, n)$,故由概率的有限可加性及乘法公式即可得

$$P(B) = P(A_1)P(B \mid A_1) + P(A_2)P(B \mid A_2) + \cdots + P(A_n)P(B \mid A_n).$$

　　例 1.15　某网络设备公司从甲、乙、丙三个联营厂购回同样型号的产品进行销售,这三个厂的产量分别占进货总量的 40%,35%,25%,生产的次品率分别为 0.02,0.01,0.01.现从购回的产品中随机抽取一件进行质检,求该产品是次品的概率.

　　解　设事件 A_1 表示"取得的产品为甲厂生产",事件 A_2 表示"取得的产品为乙厂生产",事件 A_3 表示"取得的产品为丙厂生产",事件 B 表示"取得的产品为次品".显然,A_1, A_2, A_3 是样本空间 S 的一个划分,且

$$P(A_1) = 0.4, \quad P(A_2) = 0.35, \quad P(A_3) = 0.25,$$
$$P(B \mid A_1) = 0.02, \quad P(B \mid A_2) = 0.01, \quad P(B \mid A_3) = 0.01,$$

故由全概率公式可得

$$\begin{aligned}
P(B) &= P(A_1)P(B \mid A_1) + P(A_2)P(B \mid A_2) + P(A_3)P(B \mid A_3) \\
&= 0.4 \times 0.02 + 0.35 \times 0.01 + 0.25 \times 0.01 \\
&= 0.014.
\end{aligned}$$

　　全概率公式是概率论中的一个重要公式,它将一个复杂事件的概率计算化繁为简,为我们提供了计算复杂事件概率的有效途径.如果把样本空间 S 的一个划分 $A_1, A_2, \cdots, A_n$ 理解为引起事件 B 发生的不同"原因",而把事件 B 理解为"结果",则 $P(B \mid A_i)$ 表示各种"原因"A_i 引起"结果"B 出现的可能性大小,$P(A_i)$ 表示各种"原因"出现的可能性大小,全概率公式表示"结果"B 发生的可能性可通过各种"原因"的"贡献"大小确定.现在,我们考虑下面的例子.

　　例 1.16　在上例中,如果随机抽检了一个产品是次品,问该产品来自哪个联营厂的可能性大?

解 由题意可知,这是一个条件概率,即要计算出 $P(A_1 \mid B)$, $P(A_2 \mid B)$ 及 $P(A_3 \mid B)$,并比较大小.

由条件概率公式、乘法公式及全概率公式可以求出

$$P(A_1 \mid B) = \frac{P(A_1 B)}{P(B)} = \frac{P(A_1)P(B \mid A_1)}{P(A_1)P(B \mid A_1) + P(A_2)P(B \mid A_2) + P(A_3)P(B \mid A_3)} = 0.57,$$

同理可得

$$P(A_2 \mid B) = 0.25, \quad P(A_3 \mid B) = 0.18.$$

故该产品来自甲联营厂的可能性大.

将上例中的做法推广到一般情形即可得著名的贝叶斯公式.

定理 1.3(贝叶斯公式) 设 S 是随机试验 E 的样本空间,B 是 E 的事件,$A_1, A_2, \cdots, A_n$ 是 S 的一个划分,且 $P(A_i) > 0 (i = 1, 2, \cdots, n)$,$P(B) > 0$,则称

$$P(A_i \mid B) = \frac{P(A_i B)}{P(B)} = \frac{P(A_i)P(B \mid A_i)}{P(A_1)P(B \mid A_1) + P(A_2)P(B \mid A_2) + \cdots + P(A_n)P(B \mid A_n)}, \quad i = 1, 2, \cdots, n$$

为**贝叶斯公式**,也称为**逆概率公式**.(由英国统计学家贝叶斯(Thomas Bayes)在 1763 年发表的论文中提出.)

贝叶斯公式表示"结果"已经发生,我们要考察该"结果"的发生由各"原因"引起的可能性大小.这些"原因"的概率 $P(A_i)$ 是在不知道试验"结果"的情况下,人们对于各种"原因"发生可能性大小的认识,一般由过去的经验所确定,先于试验,因此,$P(A_i)$ 称为**先验概率**;试验"结果"的出现有助于讨论导致"结果"发生的各种"原因"可能性大小,即 $P(B \mid A_i)$,反映了试验后对各种"原因"发生可能性大小的新认识,称其为**后验概率**.因此,贝叶斯公式常用于解决可靠性问题,如系统的可靠性、某检验的可靠性等.此外,生物学家用贝叶斯公式研究基因的致病机制;基金经理用贝叶斯公式找到投资策略;互联网公司用贝叶斯公式改进搜索功能,帮助用户过滤垃圾邮件;大数据、人工智能和自然语言处理中都大量用到贝叶斯公式.

例 1.17 用血清甲胎蛋白法诊断肝癌.根据临床记录,已知肝癌患者反应呈阳性的概率为 0.95,非肝癌患者反应呈阳性的概率为 0.05.据调查某地区居民的肝癌患病率为 0.000 4.若该地区有一人用此法的检测结果为阳性,求此人患有肝癌的概率.

解 设事件 A 表示"被检测者患有肝癌",事件 B 表示"被检测者的检测结果为阳性",则

$$P(B \mid A) = 0.95, \quad P(B \mid \overline{A}) = 0.05, \quad P(A) = 0.000\ 4,$$

由贝叶斯公式可得

$$P(A \mid B) = \frac{P(A)P(B \mid A)}{P(A)P(B \mid A) + P(\overline{A})P(B \mid \overline{A})}$$

$$= \frac{0.000\,4 \times 0.95}{0.000\,4 \times 0.95 + 0.999\,6 \times 0.05}$$

$$= 0.007\,55.$$

这表明,虽然检测方法相当可靠,但在检测结果为阳性的人中真正患肝癌的可能性却很小,因此,医学上常用复查或其他检查,以便及时给出诊断结果.

习　题　1.3

基　础　题

1. 包装后的玻璃器皿包裹第一次扔下被打破的概率为 0.5,若未打破,第二次扔下被打破的概率为 0.7.求包裹被扔下两次而未被打破的概率.

2. 设 A,B 为两个事件,已知 $P(A) = \dfrac{2}{3}, P(A \mid B) = \dfrac{1}{3}, P(B \mid \overline{A}) = \dfrac{1}{10}$,求 $P(B)$.

3. 某人忘记了电话号码的最后一位数字,因而随意拨打最后一位号码.
   (1) 求其拨号不超过 4 次就接通电话的概率;
   (2) 若已知最后一位数字是奇数,求其拨号不超过 3 次就接通电话的概率.

4. 某公司员工下午 6:00 下班,以往数据如下:

到家时间	6:35~6:39	6:40~6:44	6:45~6:49	6:50~6:54	6:54 之后
乘地铁的概率	0.10	0.25	0.45	0.15	0.05
乘公交的概率	0.30	0.35	0.20	0.10	0.05

一日,他抛硬币决定乘地铁还是公交回家,最后在 6:46 到家.求他乘地铁回家的概率.

5. 有一批芯片中 2% 是有缺陷的,在交付前,要检测每个芯片,但是检测并不完全可靠,其中芯片完好时检测结果为完好的概率为 0.95,芯片有缺陷时检测结果为有缺陷的概率为 0.94,求如果检测结果显示芯片是有缺陷的,该芯片确实有缺陷的概率.

6. 某电路系统由 U, V, W 三类元件构成,各类所占比例分别为 0.2, 0.3, 0.5,发生故障的概率分别为 0.1, 0.3, 0.6.现系统发生了故障,问该先检查哪个元件?

提　高　题

1. 设 A, B 为两个事件,
   (1) 当 $P(\overline{A}) = 0.3, P(B) = 0.4, P(A\overline{B}) = 0.5$ 时,求条件概率 $P(B \mid A \cup \overline{B})$;
   (2) 当 $P(A) = \dfrac{1}{4}, P(B \mid A) = \dfrac{1}{3}, P(A \mid B) = \dfrac{1}{2}$,求 $P(A \cup B)$.

2. 设 A, B 为两个事件,$P(B) > 0$.证明:当 $P(A \mid B) = 1$ 时,$P(A \cup B) = P(A)$.

3. 医学上用一方法检测某种传染性疾病,临床表现为发热、干咳等症状.已知人群中有发热和干咳症状的人感染此种疾病的概率为 0.05;仅有发热症状的人感染此种疾病的概率为 0.03;仅有干咳症状的人感染此种疾病的概率为 0.01;无症状而被确诊为感染此种疾病的概率为 0.000 1.现在对某地区的 25 000 人进行检测,其中有发热和干咳症状的人有 250 人,仅有发热症状的人有 500 人,仅有干咳症状的人有 1 000 人.试求:

(1) 该地区某人感染此种疾病的概率;

(2) 被确诊感染此种疾病的患者为仅有发热症状的概率.

4. 设某公司的诚信度为 $\frac{4}{5}$,诚信时并不可信的概率为 $\frac{1}{10}$,不诚信时不可信的概率为 $\frac{1}{2}$.问该公司多次失信后会产生怎样的后果?

§1.4 事件的独立性

1.4.1 事件的独立性

我们知道,在条件概率的定义中,$P(B \mid A) = \dfrac{P(AB)}{P(A)}$,并由此得到乘法公式 $P(AB) = P(A)P(B \mid A)$.一般来说 $P(B \mid A) \neq P(B)$,即事件 A 的发生影响了事件 B 的发生,但在实际问题中,也会遇到事件 B 的发生不受事件 A 发生的影响,即 $P(B \mid A) = P(B)$.考察如下例子.

例 1.18 袋中有编号为 $1,2,3,4$ 的 4 只球,现从中任取一只球.设事件 A 表示"取到 1 号或 2 号球",事件 B 表示"取到 1 号或 4 号球",求 $P(B \mid A)$ 和 $P(B)$.

解 由古典概率的计算公式可得

$$P(A) = \frac{2}{4} = \frac{1}{2}, \quad P(B) = \frac{1}{2},$$

由题意可知 AB 表示"取到 1 号球",故

$$P(AB) = \frac{1}{4}.$$

于是由条件概率公式得

$$P(B \mid A) = \frac{P(AB)}{P(A)} = \frac{1}{2},$$

即 $P(B \mid A) = P(B)$,表明事件 A 的发生没有改变事件 B 发生的概率.

一般地,若 $P(A) > 0, P(B) > 0$,条件概率 $P(B \mid A) = P(B)$,则

$$P(A \mid B) = \frac{P(AB)}{P(B)} = \frac{P(A)P(B \mid A)}{P(B)} = \frac{P(A)P(B)}{P(B)} = P(A).$$

即若事件 A 的发生不影响事件 B 的发生,则事件 B 的发生也不影响事件 A 的发生.故由乘法公式,当 $P(B \mid A) = P(B)$ 时,$P(AB) = P(A)P(B)$.因此,有如下定义.

定义 1.7 设 A,B 是两个事件,若

$$P(AB) = P(A)P(B),$$

则称事件 A 与事件 B 相互独立,简称 A,B 独立.

两事件相互独立即两事件发生的概率互不影响.

根据以上定义,可知当 $P(A) > 0$,$P(B) > 0$ 时,A,B 相互独立与 A,B 互不相容不能同时成立,且有如下定理:

定理 1.4 设 A,B 是两个事件,且 $P(A) > 0$,则 A 与 B 相互独立的充要条件是

$$P(B \mid A) = P(B).$$

定理 1.5 若事件 A,B 相互独立,则事件 A 与 $\overline{B}$、$\overline{A}$ 与 B、$\overline{A}$ 与 $\overline{B}$ 也相互独立.

证 因为事件 A,B 相互独立,故

$$P(AB) = P(A)P(B).$$

又由事件的运算关系及概率的性质可得

$$P(A\overline{B}) = P(A-B) = P(A-AB) = P(A) - P(AB)$$
$$= P(A) - P(A)P(B) = P(A)[1 - P(B)]$$
$$= P(A)P(\overline{B}),$$

即事件 A 与 $\overline{B}$ 相互独立.

同理可推出 $\overline{A}$ 与 B、$\overline{A}$ 与 $\overline{B}$ 相互独立.

下面将独立性的概念推广到多个事件的情形.

定义 1.8 设 A,B,C 是三个事件,若满足等式

$$\begin{cases} P(AB) = P(A)P(B), \\ P(BC) = P(B)P(C), \\ P(AC) = P(A)P(C), \end{cases}$$

则称 A,B,C **两两独立**.

定义 1.9 设 A,B,C 是三个事件,若满足等式

$$\begin{cases} P(AB) = P(A)P(B), \\ P(BC) = P(B)P(C), \\ P(AC) = P(A)P(C), \\ P(ABC) = P(A)P(B)P(C), \end{cases}$$

则称 A,B,C 相互独立.

由以上定义可知,三个事件相互独立一定是两两独立的,但两两独立未必是相互独立的. 反例如下:

例 1.19 一个均匀的四面体,其中三面分别染上红色、白色和黑色,第四面同时染上这三种颜色.设事件 A,B,C 分别表示"抛一次四面体分别出现红色、白色、黑色",可得

$$P(A) = P(B) = P(C) = \frac{1}{2},$$

$$P(AB) = P(BC) = P(AC) = \frac{1}{4},$$

即 A,B,C 两两独立,但由于

$$P(ABC) = \frac{1}{4}, \quad P(A)P(B)P(C) = \frac{1}{8},$$

即 A,B,C 不相互独立.

另外,仅由等式 $P(ABC) = P(A)P(B)P(C)$ 也不能保证 A,B,C 两两独立.如下例:

例 1.20 一个均匀的八面体,其中第一、二、三、四面染上红色;第一、二、三、五面染上白色;第一、六、七、八面染上黑色.设事件 A,B,C 分别表示"抛一次八面体分别出现红色、白色和黑色",可得

$$P(A) = P(B) = P(C) = \frac{1}{2},$$

$$P(ABC) = \frac{1}{8} = P(A)P(B)P(C),$$

但

$$P(AB) = \frac{3}{8} \neq \frac{1}{4} = P(A)P(B),$$

故 A,B,C 不两两独立.

现在我们定义 $n(n>3)$ 个事件的独立性.

定义 1.10 设 $A_1,A_2,\cdots,A_n$ 是 $n(n>3)$ 个事件,若对其中任意 $k(1<k\leqslant n)$ 个事件的积事件的概率等于各事件概率之积,则称事件 $A_1,A_2,\cdots,A_n$ 相互独立.即对于任意的 $1\leqslant i<j<k<\cdots\leqslant n$,若等式满足

$$\begin{cases} P(A_iA_j) = P(A_i)P(A_j), \\ P(A_iA_jA_k) = P(A_i)P(A_j)P(A_k), \\ \cdots \\ P(A_1A_2\cdots A_n) = P(A_1)P(A_2)\cdots P(A_n), \end{cases}$$

则称事件 $A_1, A_2, \cdots, A_n$ 相互独立.

由定义可得如下结论:

结论 1   若事件 $A_1, A_2, \cdots, A_n (n>3)$ 相互独立,则其中任意 $k(1<k<n)$ 个事件也相互独立.

结论 2   若事件 $A_1, A_2, \cdots, A_n (n>3)$ 相互独立,则将 $A_1, A_2, \cdots, A_n$ 中任意多个事件换成其对立事件,所得的 n 个事件仍相互独立.

在实际应用中,一般根据独立性的直观意义即一个事件的发生与否不影响另一个事件的发生与否,以及问题的实际背景去判断事件的独立性,两事件间如果没有关系或者关系微弱即可认为它们相互独立.例如事件 A,B 表示两人患某种传染疾病,如果两人的活动范围相距遥远,即认为 A,B 独立;如果两人同住一室则不能认为 A,B 独立.

例 1. 21   甲、乙、丙三人独立地破译一份密码.已知三人破译成功的概率分别为 $\frac{1}{5}, \frac{1}{3}$, $\frac{1}{4}$,求密码被破译的概率.

解   设事件 A_1, A_2, A_3 分别表示甲、乙、丙破译成功,事件 B 表示"密码被破译",则 $B=A_1 \cup A_2 \cup A_3$,由事件的独立性及概率的运算性质可得

$$
\begin{aligned}
P(B) = P(A_1 \cup A_2 \cup A_3) &= 1-P(\overline{A_1 \cup A_2 \cup A_3}) \\
&= 1-P(\overline{A_1}\ \overline{A_2}\ \overline{A_3}) \\
&= 1-P(\overline{A_1})P(\overline{A_2})P(\overline{A_3}) \\
&= 1-\left(1-\frac{1}{5}\right) \times \left(1-\frac{1}{3}\right) \times \left(1-\frac{1}{4}\right) \\
&= \frac{3}{5}.
\end{aligned}
$$

此例说明了俗语"三个臭皮匠,赛过诸葛亮"的科学依据.

例 1. 22   由多个元件组成的整体称为系统,元件正常工作的概率称为元件的可靠性,系统正常工作的概率称为系统的可靠性.设四个独立工作的元件按照如图 1-9 的两种方式组成两个系统,记为 R_1 和 R_2.若各元件的可靠性均为 p,且各元件独立工作.求两种组合方式的可靠性.

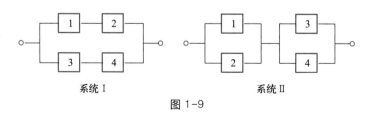

系统 I   系统 II

图 1-9

解   设事件 A_i 表示"第 i 个元件正常工作"$(i=1,2,3,4)$,则有

$$R_1 = A_1 A_2 \cup A_3 A_4, \quad R_2 = (A_1 \cup A_2)(A_3 \cup A_4).$$

由事件的独立性及概率的运算性质可得

$$
\begin{aligned}
P(R_1) &= 1 - P(\overline{R_1}) = 1 - P(\overline{A_1 A_2 \cup A_3 A_4}) \\
&= 1 - P(\overline{A_1 A_2}) P(\overline{A_3 A_4}) \\
&= 1 - [1 - P(A_1 A_2)][1 - P(A_3 A_4)] \\
&= 1 - [1 - P(A_1) P(A_2)][1 - P(A_3) P(A_4)] \\
&= 1 - (1 - p^2)^2 \\
&= p^2 (2 - p^2).
\end{aligned}
$$

也可以直接利用一般加法同时求解.

$$
\begin{aligned}
P(R_2) &= P[(A_1 \cup A_2)(A_3 \cup A_4)] \\
&= P(A_1 \cup A_2) P(A_3 \cup A_4) \\
&= [1 - P(\overline{A_1}\,\overline{A_2})][1 - P(\overline{A_3}\,\overline{A_4})] \\
&= [1 - (1 - p)^2]^2 \\
&= p^2 (2 - p)^2.
\end{aligned}
$$

可以证明, $(2 - p^2) < (2 - p)^2$, 即系统 II 的可靠性更高.

1.4.2 伯努利试验

我们通过在相同条件下大量重复试验考察随机现象的统计规律性. 这种在相同条件下重复试验的数学模型称为重复独立试验, 它在概率论中具有重要的意义.

定义 1.11 将试验 E 进行 n 次, 若在每次试验中, 任一事件发生的概率与其他各次的试验结果无关, 则称这 n 次试验相互独立. 将试验重复进行 n 次的独立试验称为 n **重独立重复试验**. 若每次试验只有两种结果 A 和 $\overline{A}$, 则称这个试验为 n **重伯努利试验**.

在 n 重伯努利试验中, 事件 A 可能发生 $0, 1, 2, \cdots, n$ 次. 如下定理给出了事件 A 恰好发生 k 次的概率.

定理 1.6(伯努利定理) 设在 n 重伯努利试验中, 事件 A 恰好发生 k 次的概率为

$$
P_n(k) = C_n^k p^k (1 - p)^{n-k}, \quad k = 0, 1, 2, \cdots, n,
$$

其中 $P(A) = p$.

证 设事件 B_k 表示事件 A 恰好发生 k 次, 事件 A_i 表示在第 i 次试验中事件 A 发生, $i = 1, 2, \cdots, n$, 则

$$
\begin{aligned}
B_k = &A_1 A_2 \cdots A_k \overline{A_{k+1}} \cdots \overline{A_n} \cup A_1 A_2 \cdots A_{k-1} \overline{A_k} A_{k+1} \overline{A_{k+2}} \cdots \overline{A_n} \cup \cdots \cup \\
&\overline{A_1}\,\overline{A_2} \cdots \overline{A_{n-k}} A_{n-k+1} \cdots A_n.
\end{aligned}
$$

B_k 中的每一项表示事件 A 在指定的 $k(1 \leqslant k \leqslant n)$ 次发生,而在 $n-k$ 次试验中不发生,这种指定的方式共有 C_n^k 种,且它们两两互不相容.由试验的独立性,可得每一项的概率为 $p^k(1-p)^{n-k}$,再由概率的有限可加性可得

$$P_n(k) = P(B_k) = C_n^k p^k (1-p)^{n-k}, \quad k = 0, 1, 2, \cdots, n.$$

上述定理中,$C_n^k p^k (1-p)^{n-k}$ 恰好是二项式 $(p+q)^n (q = 1-p)$ 展开式中出现 p^k 的项,因此也称 $P_n(k)$ 为二项概率公式.

根据伯努利试验和二项概率公式得到的概率模型称为**伯努利概型**,它是概率论中非常重要的数学模型,具有广泛的应用价值.

例 1.23 一张试卷中有 10 道选择题,每题有 4 个答案供选择,但其中只有一个正确答案.某同学投机取巧,随意选择,求他至少选对 6 道题的概率.

解 设事件 B 表示"他至少选对 6 题",每答一道题"选对"的概率为 $P(A) = \dfrac{1}{4}$,故做 10 道题就是 10 重伯努利试验,于是

$$
\begin{aligned}
P(B) &= \sum_{k=6}^{10} P_{10}(k) = \sum_{k=6}^{10} C_{10}^k \left(\frac{1}{4}\right)^k \left(1 - \frac{1}{4}\right)^{10-k} \\
&= C_{10}^6 \left(\frac{1}{4}\right)^6 \left(1 - \frac{1}{4}\right)^4 + C_{10}^7 \left(\frac{1}{4}\right)^7 \left(1 - \frac{1}{4}\right)^3 + \\
&\quad C_{10}^8 \left(\frac{1}{4}\right)^8 \left(1 - \frac{1}{4}\right)^2 + C_{10}^9 \left(\frac{1}{4}\right)^9 \left(1 - \frac{1}{4}\right)^1 \\
&= 0.019\,7.
\end{aligned}
$$

习 题 1.4

基 础 题

1. 设事件 A, B, C 相互独立,$P(A) = 0.3, P(B) = 0.4, P(C) = 0.5$.求
   (1) A, B, C 中至少有一个发生的概率;
   (2) A, B, C 中恰有一个发生的概率.

2. 设事件 A, B, C 相互独立,若 $P(A) = P(B) = P(C) = \dfrac{1}{2}$,求 $P(AC \mid A \cup B)$.

3. 某毕业生向 4 家公司各发了一份求职信,假定这些公司独立开展工作,通知该生参加面试的概率分别为 $\dfrac{1}{3}, \dfrac{1}{4}, \dfrac{1}{5}, \dfrac{1}{6}$.求该毕业生至少有一次面试机会的概率.

4. 设每次试验成功的概率为 p,求在三次重复试验中至少有一次失败的概率.

5. 设某车间里有 5 台车床,每台车床使用电力是间歇性的,平均每小时中约有 6 min 使用电

力.假设工作人员是相互独立开展工作的,求同一时刻:

(1)恰有两台车床被使用的概率;

(2)至少有 3 台车床被使用的概率;

(3)至多有 3 台车床被使用的概率;

(4)至少有 1 台车床被使用的概率.

提 高 题

1. 设事件 A 与 B 相互独立,且 $P(B)=0.6,P(A-B)=0.2$,求 $P(B-A)$.

2. 设构成系统的各元件独立工作,且其可靠性均为 p,分别按图 1-10 的两种方式组成系统,记为 R_1 和 R_2.求两种组成方式的可靠性.

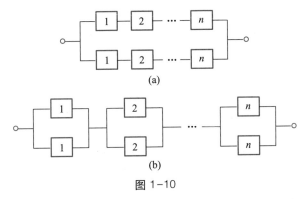

图 1-10

3. 某射击队员训练中向同一目标独立重复射击,每次射击命中目标的概率为 p.求他第四次射击时恰好是第二次命中目标的概率.

4. 设有两事件"一枚均匀骰子抛 4 次,至少 1 次出现 6 点"和"两枚骰子同时抛 24 次,至少 1 次出现双 6 点".有人认为,试验次数与试验所有可能结果总数之比是相等的,即 $\dfrac{4}{6}=\dfrac{24}{36}$,

因此这两个事件的概率是相等的,你认同吗? 请说明理由.

5. 某猎人在距猎物 100 m 处对猎物开第一枪,命中的概率为 0.5;若第一枪未中,猎人继续开第二枪,此时与猎物相距 150 m;若第三枪仍未中,则猎物逃逸.设该猎人命中猎物的概率与距离成反比,求猎物被击中的概率,并用 MATLAB 求解.

习题 1.4 提高题第 5 题程序

6. 某军方组织四组人员各自独立破译地方情报密码.已知前两组能单独破译出的概率均为 $\dfrac{1}{3}$,后两组各自独立破译出的概率均为 $\dfrac{1}{2}$,求密码被破译的概率,并用 MATLAB 求解.

习题 1.4 提高题第 6 题程序

7. 甲、乙两人进行乒乓球比赛,每局中甲胜的概率为 $p,p\geqslant\dfrac{1}{2}$,假定各局胜负是相互独立的.试讨论对甲而言,采用"三局两胜"制有利,还是"五局三胜"制更有利?

§1.5 综合应用

事件的概率在医疗诊断、系统的可靠性、金融保险、信号传输、军事、实际生活等方面有广泛的应用,本节略举几例.

例 1.24(福利彩票问题) 某福利彩票的游戏规则为购买者从 $1\sim35$ 个号码中选 7 个号码作为一注投注,其中 7 个号码中有 6 个为基本号码,1 个为特别号码.奖项设置如下:

一等奖为选 7 中 6+1(不考虑基本号码的排序),二等奖为选 7 中 6,三等奖为选 7 中 5+1,四等奖为选 7 中 5,五等奖为选 7 中 4+1,六等奖为选 7 中 4,七等奖为选 7 中 3+1.求单注中奖概率.

解 彩票游戏可看作不放回摸球游戏,即盒中有 35 个球,其中有 6 个白球,1 个红球,28 个黑球.现在不放回地从盒中取 7 个球,求这 7 个球中恰有 i 个白球和 j 个红球的概率($i=0$, $1,\cdots,6;j=0,1$).

设事件 A_{ij} 表示"恰有 i 个白球、j 个红球",则

$$P(A_{ij})=\frac{C_6^i C_1^j C_{28}^{7-i-j}}{C_{35}^7}, \quad i=0,1,\cdots,6;j=0,1,$$

于是,中一等奖的概率为

$$P_1=P(A_{61})=\frac{C_6^6 C_1^1}{C_{35}^7}=1.49\times10^{-7}.$$

类似地,可以求出

$$P_2=P(A_{60})=\frac{C_6^6 C_1^0 C_{28}^1}{C_{35}^7}=4.16\times10^{-6}.$$

$$P_3=P(A_{51})=\frac{C_6^5 C_1^1 C_{28}^1}{C_{35}^7}=2.50\times10^{-5}.$$

$$P_4=P(A_{50})=\frac{C_6^5 C_1^0 C_{28}^2}{C_{35}^7}=3.37\times10^{-4}.$$

$$P_5=P(A_{41})=\frac{C_6^4 C_1^1 C_{28}^2}{C_{35}^7}=8.43\times10^{-4}.$$

$$P_6=P(A_{40})=\frac{C_6^4 C_1^0 C_{28}^3}{C_{35}^7}=7.31\times10^{-3}.$$

$$P_7=P(A_{31})=\frac{C_6^3 C_1^1 C_{28}^3}{C_{35}^7}=9.74\times10^{-3}.$$

根据以上计算可知偶尔买一次彩票就中大奖是几乎不可能的.

例 1.25(信号传输问题) 一个二进制的通信信道通过 0 和 1 编码传输数据,因通信系统受到干扰,传输的信号 0 收到的可能为 1,传输的信号 1 收到的可能为 0. 设有某信道,假设信号 0 和 1 的传输正确率分别为 0.94 和 0.91,进一步传输信号 0 的概率为 0.45. 当发出信号时,求:

(1) 收到信号 0 的概率;

(2) 收到信号 1 的概率;

(3) 输出信号 1 且收到信号 1 的概率;

(4) 输出信号 0 且收到信号 0 的概率;

(5) 传输错误的概率.

解 设事件 A_0 表示"输出信号 0",事件 B_0 表示"收到信号 0",事件 $A_1 = \overline{A_0}$ 表示"输出信号 1",事件 $B_1 = \overline{B_0}$ 表示"收到信号 1",事件 C 表示"传输错误". 由题意可知,

$$P(B_0 \mid A_0) = 0.94, \quad P(\overline{B_0} \mid \overline{A_0}) = 0.91, \quad P(A_0) = 0.45,$$

则

$$P(B_1 \mid A_0) = P(\overline{B_0} \mid A_0) = 1 - P(B_0 \mid A_0) = 0.06,$$

$$P(B_0 \mid A_1) = P(\overline{B_1} \mid A_1) = 1 - P(B_1 \mid A_1) = 0.09,$$

$$P(A_1) = P(\overline{A_0}) = 1 - P(A_0) = 0.55.$$

(1) 由全概率公式可得

$$P(B_0) = P(B_0 \mid A_0)P(A_0) + P(B_0 \mid A_1)P(A_1)$$
$$= 0.94 \times 0.45 + 0.09 \times 0.55$$
$$= 0.472\ 5.$$

(2) $P(B_1) = P(\overline{B_0}) = 1 - P(B_0) = 0.527\ 5.$

(3) 由贝叶斯公式可得

$$P(A_1 \mid B_1) = \frac{P(A_1 B_1)}{P(B_1)} = \frac{P(B_1 \mid A_1)P(A_1)}{P(B_1)} = \frac{0.91 \times 0.55}{0.527\ 5} = 0.948\ 8.$$

(4) $$P(A_0 \mid B_0) = \frac{P(A_0 B_0)}{P(B_0)} = \frac{P(B_0 \mid A_0)P(A_0)}{P(B_0)} = \frac{0.94 \times 0.45}{0.472\ 5} = 0.895\ 2.$$

(5) 由(3)(4)可得

$$P(A_1 \mid B_0) = P(\overline{A_0} \mid B_0) = 1 - P(A_0 \mid B_0) = 0.104\ 8,$$

$$P(A_0 \mid B_1) = 1 - P(A_1 \mid B_1) = 0.051\ 2,$$

故

$$P(C) = P(A_1B_0) + P(A_0B_1)$$
$$= P(A_1 \mid B_0)P(B_0) + P(A_0 \mid B_1)P(B_1)$$
$$= 0.104\ 8 \times 0.472\ 5 + 0.051\ 2 \times 0.527\ 5$$
$$= 0.076\ 5.$$

例 1.26(敏感问题调查)　在调查大学生考试作弊的人占全体参加考试学生的比例 p 时,如果采用直接问答方式,学生一般不会回答真相.为得到实际的 p 值,我们采用 1965 年华纳(Stanley L.Warner)发明的一种能消除人民抵触情绪的"随机化应答"法.调查人员先请学生任意选定一个整数,记在心里,然后请他在下面的问卷中选择回答"是"或"否".

当你选的最后一位数是偶数时,请回答:你选的是偶数吗?

当你选的最后一位数是奇数时,请回答:你考试中作弊了吗?

假定学生随机选定数字,并按要求回答问题,求回答"是"的概率为 p_1 时 p 的值.

解　设事件 A 表示"选到偶数",事件 B 表示"回答'是'",则

$$P(A) = 0.5, \quad P(B \mid A) = 1, \quad P(B \mid \overline{A}) = p.$$

由全概率公式可得

$$p_1 = P(B) = P(A)P(B \mid A) + P(\overline{A})P(B \mid \overline{A}) = 0.5 + 0.5p,$$

于是

$$p = 2p_1 - 1.$$

在实际问题中,p_1 一般是未知的,需经调查后得到.现假设调查了 n 名学生,其中有 k 人回答"是",则可用频率 $\dfrac{k}{n}$ 估计其概率 p_1,于是 p 的估计值为

$$\hat{p} = \frac{2k}{n} - 1.$$

例如,调查了全校 3 149 名学生,其中有 1 633 名学生回答"是",则 p 的估计值为 $\hat{p} = \dfrac{2k}{n} - 1 = \dfrac{2 \times 1\ 633}{3\ 149} - 1 = 0.037.$

人们的直观理解也是 3 149 名学生中大约有一半人选到偶数才回答"是",所以余下的约一半人中回答"是"的人才真的"是".

例 1.27(医学诊疗问题)　艾滋病是由于机体感染人类免疫缺陷病毒(HIV)而引发的全身性疾病.为防止 HIV 病毒流入,某国出入境管理处曾制订了对 HIV 的普查规定:在国外生活或工作超过两个月的公民回国入境时须进行 HIV 的验血检测.假设当时被检测公民中携带

HIV 病毒的比例为十万分之一,检测的准确率为 0.95.某公民在检查后被告知携带 HIV 病毒,求:

(1) 该公民的确携带 HIV 病毒的概率;

(2) 该公民在复查后被告知仍携带 HIV 病毒时他真的携带 HIV 病毒的概率.

解 (1) 设事件 A 表示"某公民携带 HIV 病毒",事件 B 表示"该公民被检测出携带 HIV 病毒",则

$$P(A) = 10^{-5}, \quad P(B \mid A) = 0.95, \quad P(B \mid \overline{A}) = 0.05.$$

由贝叶斯公式可得

$$\begin{aligned}
P(A \mid B) &= \frac{P(A)P(B \mid A)}{P(A)P(B \mid A) + P(\overline{A})P(B \mid \overline{A})} \\
&= \frac{10^{-5} \times 0.95}{10^{-5} \times 0.95 + (1 - 10^{-5}) \times 0.05} \\
&= 0.019\%,
\end{aligned}$$

即该公民的确携带 HIV 病毒的概率为 0.019%.

(2) 设事件 C 表示"该公民复查后携带 HIV 病毒",此时

$$P(A) = 0.019\%, \quad P(C \mid A) = 0.95, \quad P(C \mid \overline{A}) = 0.05.$$

再由贝叶斯公式可得

$$\begin{aligned}
P(A \mid C) &= \frac{P(A)P(C \mid A)}{P(A)P(C \mid A) + P(\overline{A})P(C \mid \overline{A})} \\
&= \frac{0.019\% \times 0.95}{0.019\% \times 0.95 + (1 - 0.019\%) \times 0.05} \\
&= 0.36\%,
\end{aligned}$$

即在复查后该公民真的携带 HIV 的概率提高到 0.36%.

本例中说明对于发病率极低的疾病进行普查的意义并不大,特别是在检测的准确率不高时.因此,医生在诊疗疾病时一般会根据初查结果要求患者复查后再下结论.

习 题 1.5

1. 彩票问题:某种彩票的游戏规则为购买者从 1~36 个号码中选 6 个号码作为基本号码,再从剩下的 30 个球中选出一个特别号码,用选出的这 7 个球作为一注,根据单注号码与中奖号码相符个数多少确定中奖等级,且不考虑号码顺序.每注彩票售价为 2 元,每期销售彩票总金额的 50% 用作奖金.奖项设置如下:

一等奖为选 7 中 7,二等奖为选 7 中 6,三等奖为选 7 中 5+1,四等奖为选 7 中 5,五等奖为选 7 中 4+1,六等奖为选 7 中 4,七等奖为选 7 中 3+1.求单注中奖概率.

2. 两个城镇通过通信信道网络连接.设信道无故障运行的概率为 p,且信道故障是独立的.假设网络结构图如图 1−11 所示,求两个城镇能通信的概率.(城镇间最低通信要求为至少有一条路径上的信道正常工作.┤┣表示通信信道).

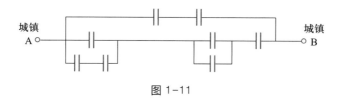

图 1−11

习题 1.5
第 3 题讲解

3. 试用贝叶斯公式解释《伊索寓言》中《孩子与狼》的故事里村民对小孩的可信度是如何下降的.

第 1 章自测题

第 1 章自测题答案

第2章　随机变量及其分布

第1章介绍了随机事件的概念及概率的计算,使我们对随机现象的统计规律性有了初步的认识.由于有些随机事件不能用数集表示,这给深入研究随机现象带来了不便.为了更好地揭示随机现象的规律性,利用数学工具描述、处理、解决各种与随机现象有关的理论和应用问题,本章引入随机变量及其概率分布来研究随机现象的统计规律.我们将主要讨论随机变量的概念、离散型随机变量和连续型随机变量及其分布、随机变量函数的分布.

§2.1　随机变量及其分布函数

2.1.1　随机变量

在第1章中我们可以看到一些随机试验的结果可以用数量来表示.此时样本空间 S 的元素是一个数.例如,掷一枚质地均匀的骰子,观察出现的点数;商场每天的顾客数;某地区的年平均降雨量;在一批电子元件中任意抽取一个,测试它的使用寿命.然而在有些试验中,试验结果不是用数量来表示的.此时样本空间 S 的元素不是数,例如,检验一件产品的质量,可能为正品,也可能为次品或废品;抛掷一枚硬币,可能出现正面,也可能出现反面.

对于样本空间是数集的随机事件,可以直接引入一个变量 X,如用 X 表示某一时段内公交车站内候车的乘客人数,或用 X 表示某地区的年平均降雨量等.对于样本空间不是数集的随机事件,也可以采用适当的方法建立样本点与实数之间的对应关系,例如,在抛掷硬币试验中,观察出现正、反面的情况.我们可以引进如下的量化指标(记为 X):

$$X = \begin{cases} 1, & \text{出现正面}, \\ 0, & \text{出现反面}. \end{cases}$$

在检验一件产品质量的试验中,引入变量 X,抽取到正品的事件记为 $X=1$,抽到次品的事件记为 $X=2$,抽到废品的事件记为 $X=3$.

通过上面的例子可以看到,不论随机试验的样本空间是数集还是非数集,所定义的变量 X 都可以找到一个实数与之对应,故 X 实际上是样本点的实值函数,其定义域为样本空间.由于 X 的不同取值随着试验结果的不同而变化,所以 X 的取值具有随机性,故称这种变量为随机变量,定义如下.

定义 2.1　设随机试验 E 的样本空间为 $S = \{e\}$,若对随机试验的任一结果 e,存在一个实数 $X(e)$ 与之对应,则称单值函数 $X = X(e)$ 为定义在 S 上的随机变量,简记为 X.

随机变量常用大写字母 X,Y,Z,W 等表示,而用小写字母 x,y,z,w 等表示相应随机变量的取值.

随机变量的取值随试验的结果而定,在试验之前不能预知它取何值,并且它的取值有一定的概率.这些性质显示了随机变量与一般实值函数有着本质的差异.

引入随机变量以后,随机试验中的各种事件都可以通过随机变量的关系式表示.例如,若用 X 表示某超市每天使用某移动支付平台付款的人数,则 $\{X>156\}$ 表示"该超市每天使用某移动支付平台付款的人数多于 156 人"这个随机事件;在掷骰子试验中,若用 Y 表示骰子出现的点数,则事件"骰子出现的点数为 5"可表示为 $\{Y=5\}$,事件"掷出的点数不超过 4 点"可表示为 $\{Y\leqslant4\}$.

根据随机变量的取值特点,可以将它们分成离散型随机变量和非离散型随机变量两大类,而非离散型随机变量中最重要的是连续型随机变量.本书主要研究离散型随机变量和连续型随机变量.

例 2.1 某网站对在其上注册的饭店建立评价机制,以调查顾客对饭店的服务质量、菜品质量、价格、环境等的综合评价.目前,该网站对饭店的综合评价有"非常差""差""一般""好""非常好"5 个等级.如何为该网站设计一种量化的评价标准?

解 对任何饭店来说,获得这 5 个评价等级都是可能的,这个问题对应的样本空间为

$$S=\{非常差,差,一般,好,非常好\}.$$

不妨假设对应这 5 个等级的得分分别为 1,2,3,4,5,那么对于样本空间 S 中的样本点 e 和 $\{1,2,3,4,5\}$ 中的实数,引入随机变量 X,得到如下的对应关系

$$X=\begin{cases}1, & e=非常差,\\ 2, & e=差,\\ 3, & e=一般,\\ 4, & e=好,\\ 5, & e=非常好.\end{cases}$$

在这个对应关系中随机变量 X 的取值显然可以作为该网站对饭店的量化评价标准.

2.1.2 随机变量的分布函数

对于一个随机变量,我们关心的不是随机变量 X 取哪些数值,而是它取这些数值的可能性大小.一般地,对于任意一个实数 x,若确定了事件 $\{X\leqslant x\}$ 的概率,就掌握了随机变量 X 的统计规律.为此,我们引入随机变量的分布函数的概念.

定义 2.2 设 X 是一个随机变量,x 是任意实数,函数

$$F(x)=P\{X\leqslant x\}, \quad -\infty<x<+\infty$$

称为 X 的**分布函数**.

由定义可以看出分布函数的几何意义,即表示随机点 X 落在区间 $(-\infty,x)$ 内的概率.

对于任一随机变量 X,已知 X 的分布函数,则有

$$P\{x_1 < X \leq x_2\} = P\{X \leq x_2\} - P\{X \leq x_1\} = F(x_2) - F(x_1),$$

$$P\{X > x\} = 1 - P\{X \leq x\} = 1 - F(x).$$

根据概率的性质和分布函数的几何意义,可得分布函数的如下性质.

(1) **单调性** 对于任意实数 $x_1, x_2 (x_1 < x_2)$,有

$$F(x_1) \leq F(x_2).$$

(2) **有界性** $0 \leq F(x) \leq 1$,且

$$F(-\infty) = \lim_{x \to -\infty} F(x) = 0,$$

$$F(+\infty) = \lim_{x \to +\infty} F(x) = 1.$$

(3) **右连续性** $F(x)$ 是一个右连续函数,即对于任意 x 有

$$F(x+0) = F(x).$$

以上三条性质为判别一个函数是否为分布函数的充要条件.

例 2.2 设随机变量 X 的分布函数为

$$F(x) = \begin{cases} A + Be^{-\frac{x^2}{2}}, & x > 0, \\ 0, & x \leq 0. \end{cases}$$

(1) 试确定 A, B; (2) 求 $P\{X > 2\}$.

解 (1) 由于

$$F(+\infty) = \lim_{x \to +\infty} F(x) = \lim_{x \to +\infty} \left(A + Be^{-\frac{x^2}{2}}\right) = A = 1,$$

$$F(0+0) = \lim_{x \to 0^+} \left(A + Be^{-\frac{x^2}{2}}\right) = 1 + B = F(0) = 0,$$

所以 $A = 1, B = -1$.

(2) $P\{X > 2\} = 1 - P\{X \leq 2\} = 1 - F(2) = e^{-2}$.

习 题 2.1

基 础 题

1. 随机变量 X 的分布函数为

$$F(x) = \begin{cases} 0, & x < 0, \\ \dfrac{x}{3}, & 0 \leq x < 1, \\ \dfrac{x}{2}, & 1 \leq x < 2, \\ 1, & x \geq 2. \end{cases}$$

求 (1) $P\left\{X\leqslant\dfrac{1}{2}\right\}$；$(2)$ $P\left\{\dfrac{1}{2}<X\leqslant\dfrac{3}{2}\right\}$；$(3)$ $P\left\{X>\dfrac{3}{2}\right\}$.

2. 随机变量 X 的分布函数为

$$F(x)=\begin{cases}0, & x<-1,\\ 0.4, & -1\leqslant x<1,\\ 0.6, & 1\leqslant x<3,\\ 1, & x\geqslant 3.\end{cases}$$

求 $P\{-1<X\leqslant 3\}$.

提　高　题

1. 设随机变量 X 的分布函数为 $F(x)$，引入函数

$$F_1(x)=F(ax),\quad F_2(x)=F^2(x),\quad F_3(x)=1-F(-x),\quad F_4(x)=F(x+a),$$

其中 a 为常数，则 $F_1(x),F_2(x),F_3(x),F_4(x)$ 这 4 个函数中哪些是分布函数？

习题 2.1 提高
题第 2 题讲解

2. 一个正方体容器盛有 $\dfrac{3}{4}$ 的液体，假设在其 6 个侧面（含上、下两个底面）的随机部位出现了一个小孔，液体经此小孔流出．求剩余液体液面的高度 X 的分布函数 $F(x)$.

§2.2　离散型随机变量

若随机变量 X 的所有可能取值为有限个或可列无限个，则称 X 为**离散型随机变量**．例如上一节例 2.1 中的随机变量 X，它的所有可能取值为 $1,2,3,4,5$ 五个值，它是一个离散型随机变量．又如某超市一天中使用移动支付平台付款的人数 Y，也是离散型随机变量．若记某电子元件的寿命为 T，则它的可能取值充满一个区间，无法按次序一一列举出来，因此它是一个非离散型随机变量．本节仅讨论离散型随机变量．

2.2.1　离散型随机变量的分布律

如何描述离散型随机变量的统计规律呢？一般来说，只要知道离散型随机变量的所有可能取值以及对应取每个可能值的概率，就可以全面了解这个随机变量的统计规律．

定义 2.3　设离散型随机变量 X 的所有可能取值为 $x_k,k=1,2,\cdots$，称

$$P\{X=x_k\}=p_k,\quad k=1,2,\cdots$$

为离散型随机变量 X 的**概率分布**,也称为**分布律**.

分布律也可以用如下形式表示:

X	x_1	x_2	$\cdots$	x_k	$\cdots$
P	p_1	p_2	$\cdots$	p_k	$\cdots$

或者表示为下面的形式:

$$\begin{pmatrix} x_1 & x_2 & \cdots & x_k & \cdots \\ p_1 & p_2 & \cdots & p_k & \cdots \end{pmatrix}$$

由概率的性质可知,离散型随机变量 X 的分布律具有如下性质:

(1) 非负性:$p_k \geq 0, k = 1, 2, \cdots$;

(2) 归一性:$\displaystyle\sum_{k=1}^{+\infty} p_k = 1$.

这两条性质也可以作为判断数列 $\{p_k\}, k = 1, 2, \cdots$ 是否为某个离散型随机变量分布律的判定条件.

例 2.3　设一个箱子中有标记数字标签为 $-1, 2, 2, 3$ 的 4 个电子元件,从中任取一个电子元件.记随机变量 X 为取得的电子元件上标记的数字,求:(1) X 的分布函数并画出其图像;

(2) $P\left\{X \leq \dfrac{1}{2}\right\}, P\left\{\dfrac{3}{2} < X \leq \dfrac{5}{2}\right\}, P\{2 \leq X \leq 3\}$.

解　(1) X 的可能取值为 $-1, 2, 3$,由古典概型的计算公式可知 X 取这些值的概率分别为

$\dfrac{1}{4}, \dfrac{1}{2}, \dfrac{1}{4}$.

当 $x < -1$ 时,$\{X \leq x\}$ 是不可能事件,故 $F(x) = P\{X \leq x\} = 0$;

当 $-1 \leq x < 2$ 时,$F(x) = P\{X \leq x\} = P\{X = -1\} = \dfrac{1}{4}$;

当 $2 \leq x < 3$ 时,$F(x) = P\{X \leq x\} = P\{X = -1\} + P\{X = 2\} = \dfrac{1}{4} + \dfrac{1}{2} = \dfrac{3}{4}$;

当 $x \geq 3$ 时,$\{X \leq x\}$ 为必然事件,故 $F(x) = P\{X \leq x\} = 1$.

因此,X 的分布函数为

$$F(x) = P\{X \leq x\} = \begin{cases} 0, & x < -1, \\ \dfrac{1}{4}, & -1 \leq x < 2, \\ \dfrac{3}{4}, & 2 \leq x < 3, \\ 1, & x \geq 3. \end{cases}$$

$F(x)$ 的图像如图 2-1 所示,在 $x=-1,2,3$ 处有跳跃,跳跃值分别为 $\dfrac{1}{4},\dfrac{1}{2},\dfrac{1}{4}$.

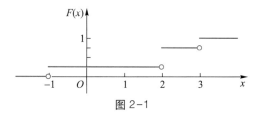

图 2-1

（2）利用分布函数的定义和性质可得

$$P\left\{X\leqslant\frac{1}{2}\right\}=F\left(\frac{1}{2}\right)=\frac{1}{4},$$

$$P\left\{\frac{3}{2}<X\leqslant\frac{5}{2}\right\}=F\left(\frac{5}{2}\right)-F\left(\frac{3}{2}\right)=\frac{3}{4}-\frac{1}{4}=\frac{1}{2},$$

$$P\{2\leqslant X\leqslant 3\}=F(3)-F(2)+P\{X=2\}=1-\frac{3}{4}+\frac{1}{2}=\frac{3}{4}.$$

根据上述计算过程可得离散型随机变量分布律和分布函数的关系如下:

若已知离散型随机变量 X 的分布律 $P\{X=x_k\}=p_k,k=1,2,\cdots$,则 X 的分布函数为

$$F(x)=P\{X\leqslant x\}=\sum_{x_k\leqslant x}P\{X=x_k\}=\sum_{x_k\leqslant x}p_k.$$

反之,若已知离散型随机变量 X 的分布函数 $F(x)$,则 X 的分布律为

$$p_1=F(x_1),\quad p_k=F(x_k)-F(x_{k-1}),\quad k>1.$$

2.2.2　几个常用的离散型随机变量

1. (0-1)分布

定义 2.4　若随机变量 X 只可能取 0 和 1 两个值,其分布律为

$$P\{X=k\}=p^k(1-p)^{1-k},\quad k=0,1,$$

其中 $0<p<1$,则称 X 服从参数为 p 的**(0-1)分布**或**两点分布**.

(0-1)分布的分布律也可以写为

X	0	1
P	$1-p$	p

如果一个随机试验的样本空间只包含两个元素,即 $S=\{e_1,e_2\}$,那么总可以在 S 上定义如下服从(0-1)分布的随机变量来描述这个随机试验的结果.

$$X = \begin{cases} 0, & e = e_1, \\ 1, & e = e_2. \end{cases}$$

例如,进行科学试验是否成功;检验产品质量是否合格;考研究生是否被录取等都可以用服从(0-1)分布的随机变量来进行描述.

2. 二项分布

定义 2.5 若随机变量 X 的分布律为

$$P\{X = k\} = C_n^k p^k (1-p)^{n-k}, \quad k = 0, 1, \cdots, n,$$

其中 $0 < p < 1$,则称 X 服从参数为 n, p 的二项分布,记为 $X \sim B(n, p)$.

不难证明二项分布满足分布律的两条性质:

(1) $P\{X = k\} \geqslant 0, k = 0, 1, \cdots, n;$

(2) $\sum\limits_{k=0}^{n} P\{X = k\} = \sum\limits_{k=0}^{n} C_n^k p^k q^{n-k} = (p+q)^n = 1, q = 1-p.$

回顾第 1 章中介绍的 n 重伯努利概型.若事件 A 在一次试验中发生的概率 $P(A) = p$,则 A 在 n 次独立试验中发生 k 次的概率为 $C_n^k p^k (1-p)^{n-k}$,故二项分布描述了 n 重伯努利试验中事件 A 发生次数的概率分布.

特别地,当 $n = 1$ 时二项分布 $B(1, p)$ 的分布律为

$$P\{X = k\} = p^k (1-p)^{1-k}, \quad k = 0, 1,$$

这就是(0-1)分布.

图 2-2 是 $B(n, 0.6)$ 的概率分布折线图,按最大值由高到低,n 依次等于 $3, 6, \cdots, 15, 18$. 图 2-3 是 $B(5, 0.6)$ 的分布函数.

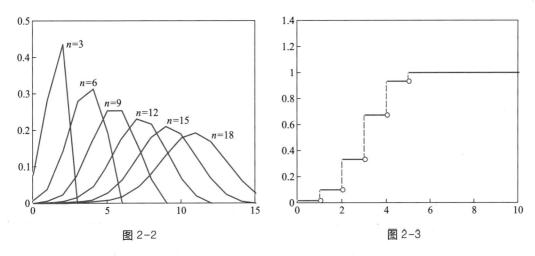

图 2-2   图 2-3

$B(n, p)$ 的概率分布图如图 2-4 所示,当 k 增大时,$P\{X = k\}$ 先随之增加直到达到最大值,随后单调减少.一般当 $(n+1)p$ 为整数时,在 $k = (n+1)p$ 及 $k = (n+1)p - 1$ 处达最大值;当 $(n+1)p$ 不是整数时,在 $k = [(n+1)p]$ 处达到最大值.

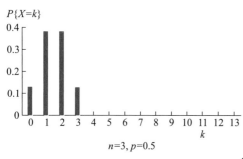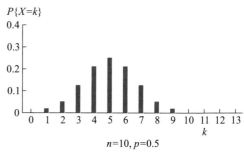

$$n=3,p=0.5 \qquad\qquad n=10,p=0.5$$

图 2-4

例 2.4　某人进行射击,设每次射击的命中率为 0.01,独立射击 500 次,求:

(1) 最可能命中多少次? 并求相应的概率;

(2) 至少命中两次的概率.

解　设 500 次射击命中目标的次数为 X,由题设可知 $X \sim B(500,0.01)$,则 X 的分布律为

$$P\{X=k\} = \mathrm{C}_{500}^{k} 0.01^{k} 0.99^{500-k}, \quad k=0,1,\cdots,500.$$

(1) 最可能命中次数即是使 $P\{X=k\}$ 达到最大值的 k.

由 $(n+1)p = (500+1)\times 0.01 = 5.01$ 得最可能命中的次数为

$$k = [(n+1)p] = [5.01] = 5,$$

相应的概率为

$$P\{X=5\} = \mathrm{C}_{500}^{5} 0.01^{5} 0.99^{495}.$$

(2) 至少命中两次的概率为

$$P\{X \geqslant 2\} = 1-P\{X=0\}-P\{X=1\} = 1-0.99^{500}-5\times 0.99^{499}.$$

从上例可以看出,直接计算服从二项分布的随机变量所表示事件的概率往往很麻烦.下面给出一个当 n 很大、p 很小时的近似计算公式,就是二项分布的泊松逼近.

定理 2.1(泊松定理)　在 n 重伯努利试验中,事件 A 在每次试验中发生的概率为 p_n.若当 $n \to +\infty$ 时,$np_n \to \lambda$($\lambda>0$ 为常数),则对于任意给定的非负整数 k,有

$$\lim_{n \to +\infty} \mathrm{C}_{n}^{k} p_n^{k} (1-p_n)^{n-k} = \frac{\lambda^{k}}{k!}\mathrm{e}^{-\lambda}.$$

证　记 $\lambda_n = np_n$,则

$$P\{X_n=k\} = \mathrm{C}_{n}^{k} p_n^{k} (1-p_n)^{n-k}$$

$$= \frac{n(n-1)\cdots(n-k+1)}{k!}\left(\frac{\lambda_n}{n}\right)^{k}\left(1-\frac{\lambda_n}{n}\right)^{n-k}$$

$$= \frac{\lambda_n^{k}}{k!}\left(1-\frac{1}{n}\right)\left(1-\frac{2}{n}\right)\cdots\left(1-\frac{k-1}{n}\right)\left(1-\frac{\lambda_n}{n}\right)^{n-k}.$$

对固定的 k 有

$$\lim_{n \to +\infty} \lambda_n^k = \lambda^k,$$

$$\lim_{n \to +\infty} \left(1 - \frac{\lambda_n}{n}\right)^{n-k} = \lim_{n \to +\infty} \left[\left(1 - \frac{\lambda_n}{n}\right)^{-\frac{n}{\lambda_n}}\right]^{-\lambda_n \frac{n-k}{n}} = e^{-\lambda}$$

及

$$\lim_{n \to +\infty} \left(1 - \frac{1}{n}\right)\left(1 - \frac{2}{n}\right) \cdots \left(1 - \frac{k-1}{n}\right) = 1.$$

故有

$$\lim_{n \to +\infty} C_n^k p_n^k (1 - p_n)^{n-k} = \frac{\lambda^k}{k!} e^{-\lambda}.$$

对于例 2.4,依据泊松定理,$\lambda = 500 \times 0.01 = 5$,因此

$$P\{X \geq 2\} = 1 - P\{X = 0\} - P\{X = 1\} \approx 1 - e^{-5} - 5e^{-5} \approx 0.96.$$

从这个结果可以看出虽然每次射击的命中率 0.01 很小,是小概率事件,但若射击 500 次,则命中至少两次几乎是可以肯定的.这说明一个事件尽管在一次试验中发生的概率很小,但只要独立重复试验的次数足够多,那么这一事件几乎肯定会发生.

例 2.5 某信号发射台有同类型信号发射仪器 60 台.假设每台仪器相互独立工作,故障率为 0.02.

(1)若由 3 名技术维护工程师各自负责 20 台仪器,求仪器发生故障时不能及时维护的概率;

(2)若由 3 名技术维护工程师共同负责 60 台仪器,求仪器发生故障时不能及时维护的概率;

(3)若要求仪器发生故障时不能及时维护的概率小于 0.01,问至少需要配备几名工程师共同维护仪器?

解 (1)设 A 表示这 60 台仪器中有仪器发生故障时不能及时维护,A_i 表示第 i 个工程师负责的 20 台仪器中有仪器发生故障时不能及时维修,$i = 1,2,3$,则 $A = A_1 \cup A_2 \cup A_3$.第 i 个工程师负责的 20 台仪器在同一时刻发生故障的台数 $X_i \sim B(20,0.02)$,$i = 1,2,3$.由独立性得

$$P(A) = P(A_1 \cup A_2 \cup A_3) = 1 - P(\bar{A}_1 \bar{A}_2 \bar{A}_3) = 1 - P(\bar{A}_1) P(\bar{A}_2) P(\bar{A}_3),$$

而

$$P(\bar{A}_i) = P\{X_i < 2\} = \sum_{k=0}^{1} C_{20}^k 0.02^k 0.98^{20-k}$$

$$\approx 1 - \sum_{k=2}^{+\infty} \frac{0.4^k}{k!} e^{-0.4} = 0.938\,45, \quad i = 1,2,3.$$

故

$$P(A) = 1 - 0.938\ 45^3 = 0.173\ 5.$$

（2）仪器发生故障时不能及时维护,即在同一时刻发生故障的台数 $X \geqslant 4$,而 $X \sim B(60, 0.02)$,故有

$$P\{X \geqslant 4\} = \sum_{k=4}^{+\infty} C_{60}^k 0.02^k 0.98^{60-k}$$

$$\approx \sum_{k=4}^{+\infty} \frac{1.2^k}{k!} e^{-1.2} = 0.033\ 8.$$

根据（1）,（2）计算的结果发现,尽管任务和人员不变,但是后一种维护方法效果更佳.

（3）设应至少配备 N 名工程师.由于 60 台仪器在同一时刻发生故障的台数 $X \sim B(60, 0.02)$,于是问题转化为确定 N,使得 $P\{X > N\} < 0.01$.由

$$P\{X > N\} = \sum_{k=N+1}^{+\infty} C_{60}^k 0.02^k 0.98^{60-k} \approx \sum_{k=N+1}^{+\infty} \frac{1.2^k}{k!} e^{-1.2} < 0.01.$$

查附表 3 得,最小的 N 应为 4.因此,应至少配备 4 名工程师共同维护 60 台仪器,才能使仪器发生故障时不能及时维护的概率小于 0.01.

例 2.6 计算机硬件公司制造某种特殊型号的微型芯片,次品率为 0.001,各芯片成为次品相互独立.求在 1 000 只产品中至少有 2 只为次品的概率.

解 以 X 表示产品中的次品数,$X \sim B(1\ 000, 0.001)$.所求概率为

$$P\{X \geqslant 2\} = 1 - P\{X = 0\} - P\{X = 1\}$$

$$= 1 - 0.999^{1\ 000} - C_{1\ 000}^1 0.999^{999} 0.001$$

$$\approx 1 - 0.367\ 7 - 0.368\ 1 = 0.264\ 2.$$

利用泊松定理计算得,$\lambda = 1\ 000 \times 0.001 = 1$,

$$P\{X \geqslant 2\} = 1 - P\{X = 0\} - P\{X = 1\}$$

$$\approx 1 - e^{-1} - e^{-1} = 0.264\ 2.$$

显然此时利用泊松定理计算更方便.一般当 $n \geqslant 20, p \leqslant 0.05$ 时,用 $\frac{\lambda^k}{k!} e^{-\lambda} (\lambda = np)$ 作为 $C_n^k p^k (1-p)^{n-k}$ 的近似效果比较好.

3. 泊松分布

定义 2.6 若随机变量 X 所有可能取值为 $0, 1, 2, \cdots$,而取各个值的概率为

$$P\{X = k\} = \frac{\lambda^k e^{-\lambda}}{k!}, \quad k = 0, 1, 2, \cdots,$$

其中 $\lambda > 0$ 是常数,则称 X 服从参数为 λ 的**泊松分布**,记为 $X \sim \pi(\lambda)$.

图 2-5 是 $\pi(\lambda)$ 的概率分布折线图,按最大值由高到低参数依次是 $\lambda = 1, 2, \cdots, 6$,横坐标是 k,纵坐标是 $P\{X = k\}$.

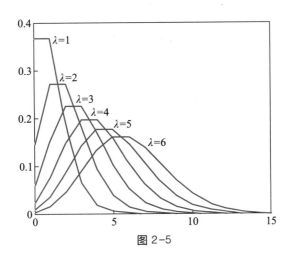

图 2-5

结合定义 2.6 及泊松定理,可以看出泊松分布为二项分布的极限分布.泊松分布在许多领域中有着广泛的应用,例如,某段时间内电台接到的呼叫次数、公交车候车的乘客数、放射性物质在某段时间内放射的粒子数、某页书上的印刷错误数等都服从或近似服从泊松分布.

例 2.7 某商店出售某种商品.根据经验此商品的月销售量 X 服从 $\lambda = 3$ 的泊松分布.问在月初进货时要库存多少件此种商品,才能以 99% 的概率不脱销.

解 设月初库存 M 件,依题意

$$P\{X = k\} = \frac{3^k}{k!}e^{-3}, \quad k = 0, 1, 2, \cdots,$$

那么

$$P\{X \leqslant M\} = 1 - \sum_{k=M+1}^{+\infty} \frac{3^k}{k!}e^{-3} \geqslant 0.99.$$

查附表 3,可知 M 最小取值为 8,即月初进货时要库存 8 件此种商品,才能以 99% 的概率不脱销.

例 2.8 一时段内通过某交叉路口的汽车数 X 可看作服从泊松分布,若在该时段内没有汽车通过的概率为 0.2,求在这一时段内多于一辆车通过的概率.

解 已知 $P\{X = 0\} = \frac{\lambda^0}{0!}e^{-\lambda} = 0.2$,则 $e^{-\lambda} = 0.2$,进而 $\lambda \approx 1.61$,则

$$P\{X \geqslant 2\} = 1 - P\{X = 0\} - P\{X = 1\} = 1 - 0.2 - 1.61 \times 0.2 = 0.478.$$

故这一时段内多于一辆车通过的概率为 0.478.

习 题 2.2

基 础 题

1. 设随机变量 X 的分布律为

$$P\{X=k\}=c\frac{\lambda^k}{k!}, \quad k=1,2,\cdots,\lambda>0,$$

求常数 c 的值.

2. 20 件同类产品中有 5 件次品, 从中不放回地任取 3 件, 以 X 表示其中的次品数, 求 X 的分布律.

3. 传送 15 个信号, 每个信号在传送过程中失真的概率为 0.06, 每个信号是否失真相互独立, 试求:

(1) 恰有一个信号失真的概率;

(2) 至少有两个信号失真的概率.

4. 设某批晶体管的合格品率为 0.75, 不合格品率为 0.25, 现对该批晶体管进行测试, 设第 X 次首次测到合格品, 求 X 的分布律.

5. 设随机变量 X 的分布律为

X	-1	2	3
P	$\dfrac{1}{4}$	$\dfrac{1}{2}$	$\dfrac{1}{4}$

(1) 求 X 的分布函数;

(2) 求 $P\left\{\dfrac{1}{2}\leqslant X\right\}$, $P\left\{\dfrac{3}{2}\leqslant X\leqslant\dfrac{5}{2}\right\}$, $P\{2\leqslant X\leqslant3\}$.

6. 设 X 的分布函数是

$$F(x)=\begin{cases}0, & x<-1,\\ 0.3, & -1\leqslant x<1,\\ 0.7, & 1\leqslant x<3,\\ 1, & x\geqslant3,\end{cases}$$

求 X 的分布律.

7. 设随机变量 X 服从二项分布 $B(2,p)$, 随机变量 Y 服从二项分布 $B(4,p)$. 若 $P\{X\geqslant1\}=\dfrac{8}{9}$, 试求 $P\{Y\geqslant1\}$.

8. 设 X 服从二项分布 $B(n,p)$.

   （1）已知 $n=19$，$p=0.7$，求 $p_k = P\{X=k\}$ 的最大值点 k；

   （2）已知 $n=19$，$k=9$，求使得 $P\{X=9\}$ 达到最大值的 p.

9. 珠宝商店出售某种钻石，根据以往的经验，每月销售量 X（单位：颗）服从参数 $\lambda=3$ 的泊松分布.问在月初进货时，要库存多少颗钻石才能以 99.6% 的概率充分满足顾客的需求？

10. 试用 MATLAB 软件求解下列问题：

   （1）已知 $X \sim B(10,0.7)$，求 $P\{X=6\}$，$P\{X \le 6\}$；

   （2）已知 $X \sim \pi(7)$，求 $P\{X=3\}$，$P\{X \le 6\}$.

11. 试用 MATLAB 软件模拟掷硬币的结果.

提 高 题

1. 设随机变量 X 只取正整数，且 $P\{X=N\}$ 与 N^2 成反比，求 X 的分布律.

2. 如果 $X \sim \pi(\lambda)$，证明 $\{X=[\lambda]\}$ 发生的概率最大.

3. 以下随机变量应当用什么概率分布描述？

   （1）飞机上有 N 位乘客，飞机遇到颠簸时，未系安全带的乘客数；飞机突然遇到强烈颠簸时，已知仅有 M 个人因没来得及系安全带而受伤时，该飞机上的任意 n 位乘客中的受伤人数.

   （2）社区医院一天内的就诊人数.

   （3）城市交通行驶缓慢时，两辆汽车之间的距离；高速路的车流量很低时，两辆汽车之间的距离；第 1 辆和第 5 辆车之间的距离.

   （4）路边打车时等待上车的时间，如果成功地乘上了从面前路过的第 N 辆出租车，N 的分布.

   （5）从今天开始的一年内亚洲地区发生的地震数，对一次地震烈度的测量误差，不限定时间时两次不同地点地震的间隔时间.

4. 甲每天收到的电子邮件数服从泊松分布 $\pi(\lambda)$，且每封电子邮件被随机过滤掉的概率是 0.2.

   （1）当有 n 封电子邮件发给甲，计算其中有 k 封被过滤掉的概率；

   （2）计算每天被滤掉的电子邮件数的分布；

   （3）已知甲看到了自己的 k 封电子邮件，计算他有 m 封被过滤掉的概率；

   （4）甲每天见到的邮件数和被滤掉的邮件数是否独立；

   （5）已知甲看到了自己的 k 封电子邮件，他有多少封被过滤掉的概率最大.

5. 试用 MATLAB 软件分别绘制出 $\lambda=1,3,6,10$ 时泊松分布的概率密度与分布函数曲线.

6. 已知某种股票现行市场价格为 100 元/股，假设该股票每年价格增减是以 $p=0.4$，$1-p=0.6$ 同时呈 20% 与 -10% 两种状态，试求：

（1）$n=10$ 年后该股票价格的分布，画出分布律点和折线；

（2）n 年之后的平均价格，画出平均价格的折线.

§2.3　连续型随机变量

上一节我们讨论了离散型随机变量，它的可能取值为有限个或可列无穷多个.但在实际问题中，还存在可能取值为不可列无穷多个的非离散型随机变量，本节讨论其中应用最广泛的连续型随机变量.

2.3.1　连续型随机变量及其概率密度

定义 2.7　设随机变量 X 的分布函数为 $F(x)$，若存在非负函数 $f(x)$，使得对任意实数 x，有

$$F(x)=P\{X\leqslant x\}=\int_{-\infty}^{x}f(t)\,\mathrm{d}t, \tag{2-1}$$

则称 X 为**连续型随机变量**，称 $f(x)$ 为 X 的**概率密度函数**，或简称为**概率密度**.

由定义 2.7 可得连续型随机变量的分布函数的性质.

（1）从几何上看，$F(x)$ 就是以 x 轴上的区间 $(-\infty,x]$ 为底，以概率密度曲线 $f(x)$ 为顶的平面区域的面积（图 2-6）.

（2）连续型随机变量 X 的分布函数 $F(x)$ 是连续函数.

事实上，由于

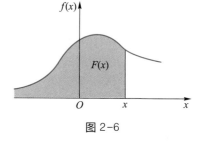

图 2-6

$$F(x+\Delta x)-F(x)=\int_{-\infty}^{x+\Delta x}f(t)\,\mathrm{d}t-\int_{-\infty}^{x}f(t)\,\mathrm{d}t=\int_{x}^{x+\Delta x}f(t)\,\mathrm{d}t,$$

且 $f(t)$ 是有界函数，当 $\Delta x\to 0$ 时，上式右端极限为 0，所以 $F(x)$ 是连续函数.这也是"连续型随机变量"名称的由来.

类似于离散型随机变量的分布律，函数 $f(x)$ 可作为某连续型随机变量的概率密度的充要条件是 $f(x)$ 具有下面的性质：

（1）非负性，即 $f(x)\geqslant 0$；

（2）归一性，即 $\int_{-\infty}^{+\infty}f(x)\,\mathrm{d}x=1$.

下面给出连续型随机变量的概率密度与分布函数的关系.

（1）由概率密度可确定唯一的分布函数，按式（2-1）计算即可；

（2）由分布函数可得无穷多个概率密度，且对于任意概率密度 $f(x)$，若 $f(x)$ 在点 x 处连续，则有 $f(x)=F'(x)$.

由微积分知识，改变可积函数在有限个点处的函数值，不影响其可积性及积分值.这就说

明,只要有一个概率密度,就可以得到无穷多个概率密度.设 $f(x)$ 为任意概率密度,若 $f(x)$ 在点 x 处连续,则由导数定义及积分中值定理可得

$$F'(x) = \lim_{\Delta x \to 0^+} \frac{F(x+\Delta x)-F(x)}{\Delta x} = \lim_{\Delta x \to 0^+} \frac{\int_x^{x+\Delta x} f(t)\,\mathrm{d}t}{\Delta x} = \lim_{\Delta x \to 0^+} f(x+\theta\Delta x) = f(x),\ 0<\theta<1.$$

在实际应用中,由分布函数求概率密度,一般取一个连续性比较好的概率密度.即若 $F(x)$ 在点 x 处可导,此时可取 $f(x)=F'(x)$.对于 $F(x)$ 不可导的点, $f(x)$ 可任意赋值.

由定义 2.7 及上面的讨论,可得如下连续型随机变量相关的概率计算公式.

(1) 对于任意实数 $x_1,x_2(x_1<x_2)$,有

$$P\{x_1<X\le x_2\} = F(x_2)-F(x_1) = \int_{x_1}^{x_2} f(x)\,\mathrm{d}x, \tag{2-2}$$

即连续型随机变量落在区间 $(x_1,x_2]$ 上的概率是其概率密度在该区间上的积分.从几何上看,此概率就是区间 $(x_1,x_2]$ 上以概率密度曲线 $y=f(x)$ 为顶的曲边梯形的面积(图 2-7).

(2) 连续型随机变量 X 取任何定值 a 的概率为 0,即

$$P\{X=a\} = 0. \tag{2-3}$$

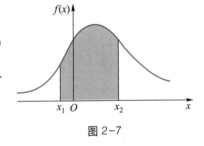

图 2-7

上式由连续型随机变量的分布函数的连续性直接可得.
在此基础上,易知

(3) 对于任意实数 $x_1,x_2(x_1\le x_2)$,有

$$P\{x_1<X\le x_2\} = P\{x_1\le X<x_2\} = P\{x_1\le X\le x_2\} = P\{x_1<X<x_2\}. \tag{2-4}$$

由式(2-3)还可以得到两个有趣的结论.一是尽管不可能事件发生的概率一定为 0,但概率为 0 的事件不一定是不可能事件.类似地,概率为 1 的事件也不一定是必然事件.二是无穷多个概率为 0 的事件的和事件的概率可以为 1.

例 2.9 设随机变量 X 具有概率密度

$$f(x) = \begin{cases} ax+b, & 0<x<2, \\ 0, & \text{其他,} \end{cases}$$

且 $P\{1<X\le 3\}=0.25$.求(1) 常数 a,b;(2) X 的分布函数 $F(x)$.

解 (1) 由于

$$\int_{-\infty}^{+\infty} f(x)\,\mathrm{d}x = \int_{-\infty}^0 f(x)\,\mathrm{d}x + \int_0^2 f(x)\,\mathrm{d}x + \int_2^{+\infty} f(x)\,\mathrm{d}x$$

$$= \int_{-\infty}^0 0\,\mathrm{d}x + \int_0^2 (ax+b)\,\mathrm{d}x + \int_2^{+\infty} 0\,\mathrm{d}x$$

$$= 2(a+b),$$

根据概率密度的归一性可得

$$2(a+b)=1.$$

又

$$P\{1\leqslant X\leqslant 3\}=\int_1^3 f(x)\,\mathrm{d}x=\int_1^2 (ax+b)\,\mathrm{d}x=0.25,$$

故

$$\left(\frac{a}{2}x^2+bx\right)\bigg|_1^2=\frac{3a}{2}+b=0.25.$$

联立求解得 $a=-\dfrac{1}{2}$, $b=1$.

（2）当 $x<0$ 时，$F(x)=\displaystyle\int_{-\infty}^x f(t)\,\mathrm{d}t=\int_{-\infty}^x 0\,\mathrm{d}t=0$.

当 $0\leqslant x<2$ 时，$F(x)=\displaystyle\int_{-\infty}^0 f(t)\,\mathrm{d}t+\int_0^x f(t)\,\mathrm{d}t=\int_0^x\left(-\frac{1}{2}t+1\right)\mathrm{d}t=-\frac{1}{4}x^2+x$.

当 $x\geqslant 2$ 时，$F(x)=\displaystyle\int_{-\infty}^0 f(t)\,\mathrm{d}t+\int_0^2 f(t)\,\mathrm{d}t+\int_2^{+\infty} f(t)\,\mathrm{d}t=\int_0^2\left(-\frac{1}{2}t+1\right)\mathrm{d}t=1$.

所以 X 的分布函数为

$$F(x)=\begin{cases} 0, & x<0, \\[2mm] -\dfrac{1}{4}x^2+x, & 0\leqslant x<2, \\[2mm] 1, & x\geqslant 2. \end{cases}$$

例 2.10　车流中的"时间间隔"是指一辆车通过一个固定地点与下一辆车通过该固定地点之间的时间长度.设 X 表示在大流量期间高速公路上相邻两辆车的时间间隔,X 的概率密度描述了高速公路上的交通流量规律,其表达式为

$$f(x)=\begin{cases} 0.15\mathrm{e}^{-0.15(x-0.5)}, & x\geqslant 0.5, \\[2mm] 0, & \text{其他}. \end{cases}$$

求时间间隔不大于 5 s 的概率.

解　由题意可得

$$P\{X\leqslant 5\}=\int_{-\infty}^5 f(x)\,\mathrm{d}x=\int_{0.5}^5 0.15\mathrm{e}^{-0.15(x-0.5)}\,\mathrm{d}x$$

$$=0.15\mathrm{e}^{0.075}\int_{0.5}^5 \mathrm{e}^{-0.15x}\,\mathrm{d}x=\mathrm{e}^{0.075}\left(-\mathrm{e}^{-0.15x}\,\bigg|_{0.5}^5\right)$$

$$\approx 0.491.$$

故时间间隔不大于 5 s 的概率约为 0.491.

2.3.2 几种常用的连续型随机变量

1. 均匀分布

定义 2.8 设 X 为连续型随机变量,若其概率密度为

$$f(x)=\begin{cases} \dfrac{1}{b-a}, & a<x<b, \\ 0, & \text{其他}, \end{cases} \tag{2-5}$$

其中 $a,b(a<b)$ 为任意的常数,则称随机变量 X 在区间 (a,b) 内服从**均匀分布**,并记为 $X\sim U(a,b)$.

易得其概率密度 $f(x)\geqslant 0$,且 $\int_{-\infty}^{+\infty} f(x)\,\mathrm{d}x=1$.

由式(2-5)可得服从均匀分布的随机变量 X 的分布函数为

$$F(x)=\begin{cases} 0, & x\leqslant a, \\ \dfrac{x-a}{b-a}, & a<x<b, \\ 1, & x\geqslant b. \end{cases}$$

均匀分布的概率密度和分布函数的图形分别如图 2-8 和图 2-9 所示.

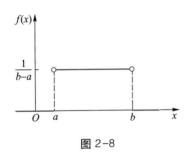

图 2-8

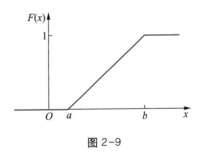

图 2-9

在区间 (a,b) 上服从均匀分布的随机变量 X,具有下述意义的等可能性,它的取值落在区间 (a,b) 的任意等长度的子区间内的概率是相同的.这正是"均匀"的含义.

事实上,对于任一长度为 l 的子区间 $(c,c+l)$,若 $a\leqslant c<c+l\leqslant b$,则有

$$P\{c<X<c+l\}=\int_{c}^{c+l} f(x)\,\mathrm{d}x=\int_{c}^{c+l} \frac{\mathrm{d}x}{b-a}=\frac{l}{b-a}.$$

均匀分布是概率论中的一个重要分布.从上面的讨论可知,第 1 章中样本空间为线段的几何概型可以引入服从均匀分布的随机变量来描述.它也可以应用于流行病学、遗传学、交通流量理论等.同时,均匀分布在随机模拟中具有非常重要的基础地位,有广泛的应用.

例 2.11 某公共汽车站从上午 7:00 起,每 15 min 来一班车,即 7:00,7:15,7:30,7:45 等

时刻有汽车到达此站,如果乘客到达此站的时间 X 是 7:00 到 7:30 的均匀随机变量,试求该乘客候车时间少于 5 min 的概率.

解 以 7:00 为起点 0,以分为单位,则有 $X \sim U(0,30)$,其概率密度为

$$f(x) = \begin{cases} \dfrac{1}{30}, & 0 < x < 30, \\ 0, & 其他. \end{cases}$$

为使候车时间少于 5 min,乘客必须在 7:10 到 7:15 之间,或在 7:25 到 7:30 之间到达车站.故所求概率为

$$P\{10 < X < 15\} + P\{25 < X < 30\} = \int_{10}^{15} \frac{1}{30} dx + \int_{25}^{30} \frac{1}{30} dx = \frac{1}{3},$$

即乘客候车时间少于 5 min 的概率是 $\dfrac{1}{3}$.

2. 指数分布

定义 2.9 设 X 为连续型随机变量,若其概率密度为

$$f(x) = \begin{cases} \lambda e^{-\lambda x}, & x > 0, \\ 0, & 其他, \end{cases} \tag{2-6}$$

其中 $\lambda > 0$ 为常数,则称 X 服从参数为 λ 的**指数分布**,记为 $X \sim E(\lambda)$.

不难验证其概率密度 $f(x) \geqslant 0$,且 $\int_{-\infty}^{+\infty} f(x) dx = 1$.

由式(2-6)得到服从参数为 λ 的指数分布的随机变量 X 的分布函数为

$$F(x) = \begin{cases} 1 - e^{-\lambda x}, & x > 0, \\ 0, & 其他. \end{cases} \tag{2-7}$$

指数分布的概率密度和分布函数的图形分别如图 2-10 和图 2-11 所示.

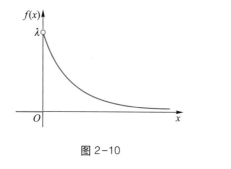

图 2-10

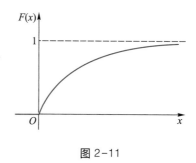

图 2-11

指数分布的一个重要性质是"无记忆性".

定理 2.2 设随机变量 X 服从参数为 λ 的指数分布,则任意的 $s > 0, t > 0$ 有

$$P\{X>s+t \mid X>s\} = P\{X>t\}. \tag{2-8}$$

证 当 $s>0, t>0$ 时,有

$$P\{X>s+t \mid X>s\} = \frac{P\{X>s+t \cap X>s\}}{P\{X>s\}} = \frac{P\{X>s+t\}}{P\{X>s\}}$$

$$= \frac{1-P\{X \leqslant s+t\}}{1-P\{X \leqslant s\}} = \frac{1-F(s+t)}{1-F(s)}$$

$$= \frac{e^{-\lambda(s+t)}}{e^{-\lambda s}} = e^{-\lambda t} = P\{X>t\},$$

即

$$P\{X>s+t \mid X>s\} = P\{X>t\}.$$

如果 X 表示某设备的寿命,式(2-8)可以解释为:已知设备工作了 s h 的条件下还能继续工作 t h 的概率,与其从头开始能工作 t h 的概率相等.看起来服从指数分布的随机变量对过去的一段时间"失去了记忆",所以称此性质为"无记忆性".可以说,指数分布描述了无老化时的寿命分布,因此也被称为"永葆青春"的分布.

若称某一事件相继两次发生之间的时间间隔为等待时间,这个等待时间常用指数分布来描述.例如乘客在公共汽车站的等车时间,各种随机服务系统的服务时间、等待时间,电话的通话时间等.指数分布也常用来作为各种"寿命"分布的近似,比如电子元件的使用寿命.事实上,电子元件不老化是不可能的,不过在更新换代之前老化可以忽略,此时寿命终结是由外部的突发随机因素造成的,这种情况下一般可以认为寿命服从指数分布.因此指数分布在排队论和可靠性理论中有广泛的应用.

指数分布
无记忆性

下面的例子揭示了指数分布与泊松分布之间的密切关系,也从一个侧面说明了这两个分布的重要性.

例 2.12 假设一电子设备在任意长为 t 的时间内发生故障的次数 $N(t)$ 服从参数为 λt 的泊松分布 $\pi(\lambda t)$,求相继 2 次故障之间的间隔时间 T 的概率密度.

解 先求分布函数.由分布函数的定义,有

$$F(t) = P\{T \leqslant t\}, \quad -\infty < t < +\infty.$$

当 $t \leqslant 0$ 时,由于 $T>0$,则有 $F(t) = P\{T \leqslant t\} = 0$.

当 $t>0$ 时,由于 $\{T \leqslant t\} = \{N(t) \geqslant 1\}$,所以

$$F(t) = P\{T \leqslant t\} = P\{N(t) \geqslant 1\} = 1 - P\{N(t) = 0\}$$

$$= 1 - \frac{(\lambda t)^0}{0!} e^{-\lambda t} = 1 - e^{-\lambda t}.$$

下面由分布函数求概率密度.

当 $t<0$ 时, $F(t)$ 可导, 则 $f(t)=F'(t)=0$.

当 $t>0$ 时, $F(t)$ 可导, 则 $f(t)=F'(t)=\mathrm{e}^{-\lambda t}$.

当 $t=0$ 时, 不必判断 $F(t)$ 的可导性, 可任意赋值. 为了简单及较好的连续性, 直接以该点左端表达式赋值. 于是间隔时间 T 的概率密度为

$$f(t)=\begin{cases} \mathrm{e}^{-\lambda t}, & t>0, \\ 0, & t\le 0. \end{cases}$$

需要说明的是, 下文中由分布函数求概率密度时, 不需要详细讨论, 直接将概率密度写为分布函数的导数, 并按照本题的方法直接写出一个连续性较好的概率密度, 即 $f(t)=F'(t)=\begin{cases} \mathrm{e}^{-\lambda t}, & t>0, \\ 0, & t\le 0. \end{cases}$

3. 正态分布

定义 2.10 设 X 为连续型随机变量, 若其概率密度为

$$f(x)=\frac{1}{\sqrt{2\pi}\sigma}\mathrm{e}^{-\frac{(x-\mu)^2}{2\sigma^2}}, \quad -\infty<x<+\infty, \tag{2-9}$$

其中 $\mu,\sigma(\sigma>0)$ 为常数, 则称 X 服从参数为 μ,σ^2 的**正态分布**, 记为 $X\sim N(\mu,\sigma^2)$.

数学家高斯(Gauss)在研究误差理论时导出了正态分布, 故也称其为**高斯分布**.

易知其概率密度 $f(x)\ge 0$, 且可以证明 $\int_{-\infty}^{+\infty}f(x)\mathrm{d}x=1$. 这里给出归一性的简要证明. 令 $t=\dfrac{x-\mu}{\sigma}$, 原式可化为 $\int_{-\infty}^{+\infty}\dfrac{1}{\sqrt{2\pi}}\mathrm{e}^{-\frac{t^2}{2}}\mathrm{d}t=1$, 等价于证明 $I=\int_{-\infty}^{+\infty}\mathrm{e}^{-\frac{t^2}{2}}\mathrm{d}t=\sqrt{2\pi}$. 为证明此式成立, 对 I 平方并化为二重积分, 即

$$I^2=\left(\int_{-\infty}^{+\infty}\mathrm{e}^{-\frac{t^2}{2}}\mathrm{d}t\right)^2=\int_{-\infty}^{+\infty}\mathrm{e}^{-\frac{x^2}{2}}\mathrm{d}x\int_{-\infty}^{+\infty}\mathrm{e}^{-\frac{y^2}{2}}\mathrm{d}y=\iint_{\mathbf{R}\times\mathbf{R}}\mathrm{e}^{-\frac{x^2+y^2}{2}}\mathrm{d}x\mathrm{d}y,$$

再用 $x=r\cos\theta,y=r\sin\theta$ 化为极坐标, 可得 $I^2=\int_0^{2\pi}\mathrm{d}\theta\int_0^{+\infty}\mathrm{e}^{-\frac{r^2}{2}}r\mathrm{d}r=2\pi$, 变形即得归一性成立.

由式(2-9)得到服从参数为 μ,σ^2 的正态分布的随机变量 X 的分布函数为

$$F(x)=\frac{1}{\sqrt{2\pi}\sigma}\int_{-\infty}^{x}\mathrm{e}^{-\frac{(t-\mu)^2}{2\sigma^2}}\mathrm{d}t. \tag{2-10}$$

正态分布的概率密度和分布函数的图形分别如图 2-12 和图 2-13 所示.

由式(2-9)及图 2-12 不难得到概率密度 $f(x)$ 有以下性质:

(1) $f(x)>0$, 整个概率密度曲线都在 x 轴上方;

(2) 概率密度曲线关于直线 $x=\mu$ 对称, 当 $x=\mu$ 时, $f(x)$ 取到最大值 $f(\mu)=\dfrac{1}{\sqrt{2\pi}\sigma}$;

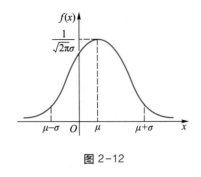

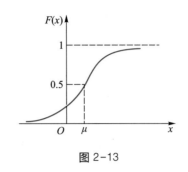

图 2-12 图 2-13

（3）x 轴为概率密度曲线的水平渐近线,曲线上横坐标为 $x = \mu \pm \sigma$ 的点是其拐点;

（4）当固定 σ 而变动 μ 时,图形形状不变,沿 x 轴平行移动(图 2-14).即参数 μ 决定了 $f(x)$ 图形的位置,因此称 μ 为位置参数.当固定 μ 而变动 σ 时,随着 σ 变大,图形的高度下降,形状变得平坦;随着 σ 变小,图形的高度上升,形状变得陡峭(图 2-15),所以称 σ 为形状参数.

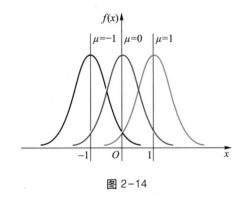

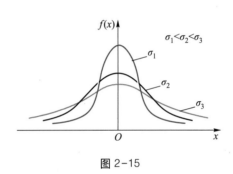

图 2-14 图 2-15

注意到式(2-10)中分布函数依然用积分表示,这是因为正态分布概率密度的原函数不能用初等函数表示,所以服从正态分布的随机变量落在某个区间的概率只能用数值方法计算.这个计算是非常麻烦的,需要考虑制表.然而对所有不同的 μ 和 σ 制表是不可能的,于是我们引入最简单的标准正态分布,并且把一般的正态分布转化为标准正态分布,这样只需要一个标准正态分布表即可.

当 $X \sim N(0,1)$ 时,称 X 服从**标准正态分布**,其概率密度和分布函数分别为

$$\varphi(x) = \frac{1}{\sqrt{2\pi}} \mathrm{e}^{-\frac{x^2}{2}}$$

和

$$\Phi(x) = \frac{1}{\sqrt{2\pi}} \int_{-\infty}^{x} \mathrm{e}^{-\frac{t^2}{2}} \mathrm{d}t,$$

它们的图形分别如图 2-16 和图 2-17 所示.

定理 2.3（标准化定理） 若随机变量 $X \sim N(\mu, \sigma^2)$,则 $Z = \dfrac{X-\mu}{\sigma} \sim N(0,1)$.

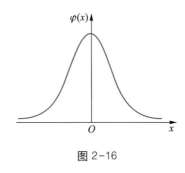

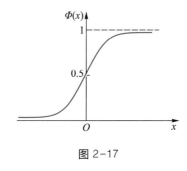

图 2-16 　　　　　　　　　　　　　　　　图 2-17

证　Z 的分布函数为

$$P\{Z \le x\} = P\left\{\frac{X-\mu}{\sigma} \le x\right\} = P\{X \le \mu + \sigma x\}$$

$$= \frac{1}{\sigma\sqrt{2\pi}} \int_{-\infty}^{\mu+\sigma x} e^{-\frac{(t-\mu)^2}{2\sigma^2}} dt,$$

令 $u = \dfrac{t-\mu}{\sigma}$，则有

$$P\{Z \le x\} = \frac{1}{\sqrt{2\pi}} \int_{-\infty}^{x} e^{-\frac{u^2}{2}} du = \Phi(x),$$

故

$$Z = \frac{X-\mu}{\sigma} \sim N(0,1).$$

因此，若 $X \sim N(\mu, \sigma^2)$，则它的分布函数为

$$F_X(x) = P\{X \le x\} = P\left\{\frac{X-\mu}{\sigma} \le \frac{x-\mu}{\sigma}\right\} = \Phi\left(\frac{x-\mu}{\sigma}\right),$$

于是对于任意区间 $(a, b]$，有

$$P\{a < X \le b\} = \Phi\left(\frac{b-\mu}{\sigma}\right) - \Phi\left(\frac{a-\mu}{\sigma}\right). \tag{2-11}$$

对于标准正态分布，若 $x \ge 0$，则可以通过查本书附表 2 的标准正态分布表得到 $\Phi(x)$．若 $x < 0$，则可以用以下的公式转化为取值 $x \ge 0$ 的 $\Phi(x)$ 来处理．

根据概率密度 $\varphi(x)$ 的对称性和分布函数 $\Phi(x)$ 的几何意义（图 2-18）可得

$$\Phi(-x) = 1 - \Phi(x).$$

正态分布是概率论中最重要的分布．一方面，生产与科学实验中大量随机变量都服从或者近似服从正态分布，比如农作物的指标（如小麦的穗长、株高）、产品的各种质量指标（如零件的尺寸、抗压强度）、纤维的强度、一个地区成年男性的身高、信号中的噪声、某年级学生的某门课程的考试成绩,等等.正态分布之所以应用最广泛,其原因在第 5 章中可以由中心极限定理得到解释.另一方面,从理论上看,正态分布具有很多良好的性质,许多概率分布可以用它来近似.在数理统计部分还可以看到,很多常用的概率分布都是由其导出的.

为了便于在数理统计中的应用,对于标准正态随机变量,我们引入上 α 分位点的概念.设 $X \sim N(0,1)$,若 u_α 满足条件

$$P\{X > u_\alpha\} = \alpha,$$

则称点 u_α 为标准正态分布的**上 α 分位点**.这说明如图 2-19 所示右侧阴影部分的面积等于 α.另外,根据 $\varphi(x)$ 图形的对称性可知 $u_{1-\alpha} = -u_\alpha$.

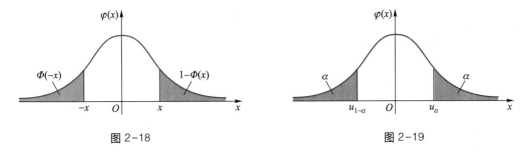

图 2-18   图 2-19

例 2.13 假设某种仪器的测量误差 $X \sim N(1,4)$(单位:mm),试求:

(1) $P\{0 < X \leqslant 1.6\}$;(2) $P\{X > 2\}$;(3) $P\{|X| \leqslant 4\}$.

解 (1) $P\{0 < X \leqslant 1.6\} = \Phi\left(\dfrac{1.6-1}{2}\right) - \Phi\left(\dfrac{0-1}{2}\right) = \Phi(0.3) - \Phi(-0.5)$

$$= 0.617\,9 - [1 - \Phi(0.5)] = 0.617\,9 - 1 + 0.691\,5 = 0.309\,4.$$

(2) $P\{X > 2\} = 1 - P\{X \leqslant 2\} = 1 - \Phi\left(\dfrac{2-1}{2}\right)$

$$= 1 - \Phi(0.5) = 1 - 0.691\,5 = 0.308\,5.$$

(3) $P\{|X| \leqslant 4\} = P\{-4 \leqslant X \leqslant 4\} = \Phi\left(\dfrac{4-1}{2}\right) - \Phi\left(\dfrac{-4-1}{2}\right) = \Phi(1.5) - \Phi(-2.5)$

$$= \Phi(1.5) - [1 - \Phi(2.5)] = \Phi(1.5) - 1 + \Phi(2.5) = 0.927\,0.$$

例 2.14 设 $X \sim N(\mu, \sigma^2)$,求 $P\{|X-\mu| < k\sigma\}, k = 1, 2, \cdots$.

解 $P\{|X-\mu| < k\sigma\} = P\left\{-k < \dfrac{X-\mu}{\sigma} < k\right\} = \Phi(k) - \Phi(-k) = 2\Phi(k) - 1.$

$P\{|X-\mu| < \sigma\} = 2\Phi(1) - 1 = 0.682\,6,$

$P\{|X-\mu| < 2\sigma\} = 2\Phi(2) - 1 = 0.954\,4,$

$P\{|X-\mu| < 3\sigma\} = 2\Phi(3) - 1 = 0.974\,4,$

$P\{|X-\mu| < k\sigma\} = 2\Phi(k) - 1 = 1, k \geqslant 4.$

由这个例子可知,尽管正态分布随机变量的可能取值范围在 $(-\infty, +\infty)$,但它的值落在区

间 $(\mu-3\sigma,\mu+3\sigma)$ 以外的概率可以忽略不计,这就是通常所说的"3σ 准则".

正态分布与
3σ 准则

例 2.15(出行线路选择) 某人从南郊前往北郊火车站乘火车,有两条路可走.第一条路穿过市中心,路程较短,但交通拥挤,所需时间(单位:min)服从正态分布 $N(40,100)$;第二条路沿环城公路走,路程较长,但阻塞较少,所需时间服从正态分布 $N(50,16)$.试问(1)若动身时离火车开车只有 1 h,问应走哪条路能乘上火车的把握大些?(2)又若离火车开车时间只有 45 min,问应走哪条路能乘上火车的把握大些?

解 设 X 表示"该人沿第一条路从南郊到北郊火车站所需的时间",Y 表示"该人沿第二条路从南郊到北郊火车站所需的时间",依题意 $X\sim N(40,100)$,$Y\sim N(50,16)$.

(1)若动身时离火车开车只有 1 h,由于

$$P\{X<60\}=P\left\{\frac{X-40}{10}<\frac{60-40}{10}\right\}=\Phi(2)=0.977\ 2,$$

$$P\{Y<60\}=P\left\{\frac{Y-50}{4}<\frac{60-50}{4}\right\}=\Phi(2.5)=0.993\ 8,$$

于是,该人从南郊到北郊火车站沿第二条路走,在 1 h 内到达的概率比沿第一条路的概率大,故此时应选择第二条路走.

(2)若离火车开车时间只有 45 min,由于

$$P\{X<45\}=P\left\{\frac{X-40}{10}<\frac{45-40}{10}\right\}=\Phi(0.5)=0.691\ 5,$$

$$P\{Y<45\}=P\left\{\frac{Y-50}{4}<\frac{45-50}{4}\right\}=\Phi(-1.25)=0.105\ 6,$$

因此,该人从南郊到北郊火车站沿第一条路走,在 45 min 内到达的概率比沿第二条路的概率大,故此时应选择第一条路走.

习　题　2.3

基　础　题

1. 设某电子元件的寿命 X(单位:h)服从参数 $\lambda=0.001$ 的指数分布.试求:

(1)电子元件的寿命小于 1 000 h 的概率;

(2)电子元件的寿命超过 2 000 h 的概率.

2. 已知随机变量 X 的概率密度为 $f(x)=\begin{cases}x, & 0\leqslant x<1,\\ 2-x, & 1\leqslant x<2,\\ 0, & \text{其他}.\end{cases}$ 试求:

(1)随机变量 X 的分布函数;

（2）$P\{X<0.5\}$，$P\{X>1.3\}$，$P\{0.2\leqslant X<1.2\}$.

3. 设随机变量 K 在区间 $(0,5)$ 上服从均匀分布，求关于 x 的一元二次方程 $4x^2+4Kx+K+2=0$ 有实根的概率.

4. 设随机变量 $X\sim N(0,1)$，求：

（1）$P\{0.02\leqslant X<2.33\}$；

（2）$P\{-1.85<X<0.04\}$；

（3）$P\{-2.80<X<-1.21\}$.

5. 由某种机器生产的螺栓的长度（单位：cm）服从正态分布 $N(10.05,0.06^2)$，若规定螺栓的长度在区间 $[10.05-0.12,10.05+0.12]$ 内为合格品，求螺栓不合格的概率.

提 高 题

1. 设顾客在某银行窗口等待服务的时间 X（单位：min）服从指数分布，其概率密度为

$$f(x)=\begin{cases}\dfrac{1}{5}e^{-\frac{1}{5}x}, & x>0,\\[2mm] 0, & \text{其他}.\end{cases}$$

习题 2.3 提高题第 1 题讲解

某顾客在窗口等待服务，若超过 10 min 他就离开.他一个月要到银行 5 次，以 Y 表示一个月内他未等到服务而离开窗口的次数，写出 Y 的分布律，并求 $P\{Y\geqslant 1\}$.

2. 某设备供电电压 $V\sim N(220,25)$（单位：V），当 $210\leqslant V\leqslant 230$ 时，生产的产品次品率为 2%，否则次品率为 10%，求：

（1）该设备生产产品的次品率；

（2）检查一个产品发现为次品，试计算电压正常的概率；

（3）从该设备生产的一大批产品中，随机地取 5 个，则至少有一个合格的概率.

3. 某企业招聘 310 人，按综合成绩从高分到低分依次录用，共有 1 052 人报名.假设报名者的成绩服从 $N(\mu,\sigma^2)$，已知 90 分以上（含 90 分）的有 24 人，60 分以下（不含 60 分）的有 166 人.假定某应聘者的成绩为 78 分，问此人能否被录用？

§2.4 随机变量函数的分布

在实际问题中，我们常对某些随机变量的函数更感兴趣.例如，某品牌的手机在一年中的销售量是一个随机变量，但我们关心的是这款手机给公司带来的利润，利润是销售量的函数；在球体零件加工过程中，已知球体零件的直径 d 的分布，而零件体积 $V=\dfrac{1}{6}\pi d^3$ 为直径 d 的函

数.那么,如何利用已知随机变量的信息,得到随机变量函数的概率分布呢? 下面我们将讨论如何由已知的随机变量 X 的概率分布计算它的函数 $Y=g(X)$ 的概率分布,其中 $g(x)$ 是 x 的实值连续函数.

2.4.1 离散型随机变量函数的分布

例 2.16 设随机变量 X 表示某品牌手表的日走时误差(单位:s),其分布律如下:

X	-1	0	1	2
P	0.2	0.4	0.3	0.1

求 $Y=(X-1)^2$ 的分布律.

解 Y 可能的取值为 0,1,4.由

$$P\{Y=0\} = P\{X=1\} = 0.3,$$
$$P\{Y=1\} = P\{X=0\} + P\{X=2\} = 0.5,$$
$$P\{Y=4\} = P\{X=-1\} = 0.2,$$

从而得到 Y 的分布律为

Y	0	1	4
P	0.3	0.5	0.2

例 2.17 设随机变量 X 的分布律为

X	-1	0	1
P	0.2	0.4	0.4

试求 $Y=X^2$ 及 $Z=2X-1$ 的分布律.

解 Y 所有可能取的值为 0,1.由

$$P\{Y=0\} = P\{X^2=0\} = P\{X=0\} = 0.4,$$
$$P\{Y=1\} = P\{X=-1\} + P\{X=1\} = 0.2+0.4 = 0.6,$$

即 Y 的分布律为

Y	0	1
P	0.4	0.6

同理,$Z=2X-1$ 的分布律为

Z	-3	-1	1
P	0.2	0.4	0.4

通过例 2.16 和例 2.17,我们总结出离散型随机变量函数 $Y=g(X)$ 分布律的一般求法如下:

(1) 先由 X 的取值 $x_k(k=1,2,\cdots)$ 求出 Y 的可能取值 $y_k=g(x_k)(k=1,2,\cdots)$;

(2) 再求 Y 取各值的概率. 若诸 y_k 都不相同,则由 $P\{Y=y_k\}=P\{X=x_k\}(k=1,2,\cdots)$ 便可直接得到 Y 的分布律;若 y_k 中有某些值相同,则把相应的值合并,并将对应的取值 x_k 的概率相加.

2.4.2 连续型随机变量函数的分布

设 X 为连续型随机变量,其分布函数和概率密度分别为 $F_X(x)$ 和 $f_X(x)$,如何计算 X 的函数 $Y=g(X)$ 的概率密度? 首先看下例.

例 2.18 设随机变量 X 服从正态分布 $N(0,1)$,试求 X 的函数 Y 的概率密度 $f_Y(y)$.

(1) $Y=|X|$; (2) $Y=X^2$.

解 设 X,Y 的分布函数分别为 $F_X(x),F_Y(y).X$ 的概率密度为

$$f_X(x)=\frac{1}{\sqrt{2\pi}}e^{-\frac{x^2}{2}}, \quad -\infty<x<+\infty.$$

(1) 由分布函数的定义得

$$F_Y(y)=P\{Y\leqslant y\}=P\{|X|\leqslant y\}=\begin{cases}P\{-y\leqslant X\leqslant y\}, & y>0,\\0, & y\leqslant 0.\end{cases}$$

而

$$P\{-y\leqslant X\leqslant y\}=\int_{-y}^{y}f_X(x)\,\mathrm{d}x=\int_{-y}^{y}\frac{1}{\sqrt{2\pi}}e^{-\frac{x^2}{2}}\,\mathrm{d}x,$$

因此

$$f_Y(y)=F_Y'(y)=\begin{cases}\sqrt{\frac{2}{\pi}}e^{-\frac{y^2}{2}}, & y>0,\\0, & y\leqslant 0.\end{cases}$$

(2) 由于

$$F_Y(y)=P\{Y\leqslant y\}=P\{X^2\leqslant y\},$$

当 $y<0$ 时,$\{X^2\leqslant y\}$ 是不可能事件,所以 $F_Y(y)=0$.

当 $y\geqslant 0$ 时,有

$$F_Y(y) = P\{X^2 \leqslant y\} = P\{-\sqrt{y} \leqslant X \leqslant \sqrt{y}\} = \Phi(\sqrt{y}) - \Phi(-\sqrt{y}),$$

将 $F_Y(y)$ 关于 y 求导数,得 y 的概率密度为

$$f_Y(y) = F_Y'(y) = \begin{cases} \dfrac{1}{2\sqrt{y}}\left[\Phi'(\sqrt{y}) + \Phi'(-\sqrt{y})\right], & y > 0, \\ 0, & y \leqslant 0 \end{cases}$$

$$= \begin{cases} \dfrac{1}{2\sqrt{y}}\left[\varphi(\sqrt{y}) + \varphi(-\sqrt{y})\right], & y > 0, \\ 0, & y \leqslant 0. \end{cases}$$

可得 $Y = X^2$ 的概率密度为

$$f_Y(y) = \begin{cases} \dfrac{1}{\sqrt{2\pi}} y^{-\frac{1}{2}} e^{-\frac{y}{2}}, & y > 0, \\ 0, & y \leqslant 0. \end{cases}$$

此时称 Y 服从自由度为 1 的 χ^2 分布,这种分布在数理统计中有着重要的应用.

通过例 2.18,我们总结出计算连续型随机变量函数的概率分布的方法如下:

(1) 先求出随机变量 Y 的分布函数 $F_Y(y) = P\{Y \leqslant y\} = P\{g(X) \leqslant y\}$:

(2) 由不等式 $g(X) \leqslant y$ 解出 X,得到一个与 $g(X) \leqslant y$ 等价的 X 的不等式,并利用已知的分布函数 $F_X(x)$ 表示 $F_Y(y)$;

(3) 当 $Y = g(X)$ 是连续型随机变量时,对 $F_Y(y)$ 关于 y 求导数得到 Y 的概率密度 $f_Y(y) = F_Y'(y)$;当 $Y = g(X)$ 不是连续型随机变量时,根据函数 $g(x)$ 的特点做相应的处理.

我们把以上方法称为**分布函数法**.利用分布函数法可得如下重要结论.

定理 2.4 的
证明

定理 2.4 设随机变量 X 具有概率密度 $f_X(x)$,$-\infty < x < +\infty$,函数 $g(x)$ 处可导且恒有 $g'(x) > 0(g'(x) < 0)$,则 $Y = g(X)$ 是连续型随机变量,其概率密度为

$$f_Y(y) = \begin{cases} f_X[h(y)] \, |h'(y)|, & \alpha < y < \beta, \\ 0, & \text{其他.} \end{cases} \tag{2-12}$$

其中 $\alpha = \min\{g(-\infty), g(+\infty)\}$,$\beta = \max\{g(-\infty), g(+\infty)\}$,$h(y)$ 是 $g(x)$ 的反函数.

利用定理 2.4 求随机变量函数的分布的方法称为**公式法**.

例 2.19 设随机变量 X 服从正态分布 $N(\mu, \sigma^2)$,则 X 的线性函数 $Y = aX + b(a \neq 0)$ 也服从正态分布,且 $Y = aX + b \sim N(a\mu + b, (a\sigma)^2)$.

证 X 的概率密度为

$$f_X(x) = \frac{1}{\sqrt{2\pi}\,\sigma} e^{-\frac{(x-\mu)^2}{2\sigma^2}}, \quad -\infty < x < +\infty.$$

由 $y=g(x)=ax+b$,解得

$$x=h(y)=\frac{y-b}{a}, \quad 且有 \ h'(y)=\frac{1}{a}.$$

由式(2-12)得 $Y=aX+b$ 的概率密度为

$$f_Y(y)=\frac{1}{|a|}f_X\left(\frac{y-b}{a}\right), \quad -\infty<y<+\infty.$$

即

$$f_Y(y)=\frac{1}{|a|}\frac{1}{\sqrt{2\pi}\sigma}e^{-\frac{\left(\frac{y-b}{a}-\mu\right)^2}{2\sigma^2}}=\frac{1}{|a|\sigma\sqrt{2\pi}}e^{-\frac{[y-(b+a\mu)]^2}{2(a\sigma)^2}}, \quad -\infty<y<+\infty,$$

于是

$$Y=aX+b \sim N(a\mu+b,(a\sigma)^2).$$

特别地,在例 2.19 中取 $a=\frac{1}{\sigma}$, $b=-\frac{\mu}{\sigma}$,得

$$Y=\frac{X-\mu}{\sigma} \sim N(0,1).$$

应用定理 2.4 时,要注意函数 $g(x)$ 必须是单调可导的,若不满足这个条件,可以用分布函数法处理,如下面的例子所示.

例 2.20 设随机变量 X 的概率密度为

$$f_X(x)=\begin{cases} \dfrac{3}{2}x^2, & -1<x<1, \\ 0, & 其他. \end{cases}$$

求随机变量 $Y=X^2+1$ 的概率密度 $f_Y(y)$.

解 设 Y 的分布函数为 $F_Y(y)$,则

$$F_Y(y)=P\{Y\leqslant y\}=P\{X^2+1\leqslant y\},$$

当 $y<1$ 时,$F_Y(y)=0$;当 $y\geqslant 2$ 时,$F_Y(y)=1$;

当 $1\leqslant y<2$ 时,$F_Y(y)=P\{X^2+1\leqslant y\}=P\{-\sqrt{y-1}\leqslant X\leqslant\sqrt{y-1}\}$

$$=\int_{-\sqrt{y-1}}^{\sqrt{y-1}}\frac{3}{2}x^2\mathrm{d}x=2\int_0^{\sqrt{y-1}}\frac{3}{2}x^2\mathrm{d}x=(\sqrt{y-1})^3,$$

故

$$F_Y(y)=\begin{cases} 0, & y<1, \\ (y-1)^{\frac{3}{2}}, & 1\leqslant y<2, \\ 1, & y\geqslant 2. \end{cases}$$

因此,Y 的概率密度为

$$F_Y'(y) = f_Y(y) = \begin{cases} \dfrac{3}{2}\sqrt{y-1}, & 1<y<2, \\ 0, & \text{其他.} \end{cases}$$

有时还会碰到一类随机变量的函数:X 是一个连续型随机变量,但 $y=g(x)$ 不连续,这样导致随机变量的函数 $Y=g(X)$ 不是一个连续型随机变量,此时,Y 的分布如何确定?下面通过一个具体的例子来说明.

例 2.21   假设由自动流水线加工的某种零件的内径 X(单位:mm)服从正态分布 $N(5,1)$,内径小于 4 或大于 6 为不合格品,其余为合格品,销售每件合格品获利,销售每件不合格品则亏损,已知销售利润 Y(单位:元)与销售零件的内径 X 有如下关系:

$$Y = \begin{cases} -1, & X<4, \\ 20, & 4 \leqslant X \leqslant 6, \\ -5, & X>6. \end{cases}$$

试求 Y 的分布律.

解   易见 $y=g(x)$ 不是一个连续函数,因此,Y 也不是一个连续型随机变量,实际上,Y 是一个离散型随机变量,它可能的取值为 $-5,-1,20$,并有

$$P\{Y=-5\} = P\{X>6\} = 1-P\{X \leqslant 6\} = 1-\Phi\left(\frac{6-5}{1}\right) = 1-0.84 = 0.16,$$

$$P\{Y=-1\} = P\{X<4\} = \Phi\left(\frac{4-5}{1}\right) = \Phi(-1) = 1-\Phi(1) = 1-0.84 = 0.16,$$

$$P\{Y=20\} = P\{4 \leqslant X \leqslant 6\} = \Phi\left(\frac{6-5}{1}\right) - \Phi\left(\frac{4-5}{1}\right) = 2\Phi(1)-1 = 0.68.$$

综上,Y 的分布律为

Y	-5	-1	20
P	0.16	0.16	0.68

习 题 2.4

基 础 题

1. 已知离散型随机变量 X 的分布律如下:

X	-2	-1	0	1	3
P	$\dfrac{1}{5}$	$\dfrac{1}{6}$	$\dfrac{1}{5}$	$\dfrac{1}{15}$	$\dfrac{11}{30}$

求 $Y=|X|+2$ 的分布律.

2. 设随机变量 X 的分布律为 $P\{X=k\}=\dfrac{1}{2^k},k=1,2,\cdots,$ 求 $Y=\sin\left(\dfrac{\pi}{2}X\right)$ 的分布律.

3. 设随机变量 $X\sim U(0,5)$,求 $Y=3X+2$ 的概率密度.

4. 设随机变量 X 的概率密度为

$$f(x)=\begin{cases} |x|, & -1<x<1, \\ 0, & \text{其他}. \end{cases}$$

令 $Y=X^2+1$,试求(1) Y 的概率密度 $f_Y(y)$;(2) $P\left\{-1<Y<\dfrac{3}{2}\right\}$.

提 高 题

1. 设随机变量 X 的概率密度为

$$f(x)=\frac{1}{2}\mathrm{e}^{-|x|}, \quad -\infty<x<+\infty,$$

求 $Y=X^2$ 的概率密度.

2. 设 X 服从参数为 2 的指数分布,证明:随机变量 $Y_1=1-\mathrm{e}^{-2X}$ 与 $Y_2=\mathrm{e}^{-2X}$ 同分布.

3. 设圆的直径 D 服从 $(0,1)$ 上的均匀分布,求圆的面积 Y 的概率密度.

§2.5 综合应用

随机变量在计算机系统可靠性、机器学习、保险精算等方面有广泛的应用,本节略举几例.

例 2.22 某人需乘车到机场搭乘飞机,现有两条路线可供选择.走第一条路线所需要时间(单位:min)为 X_1,且 $X_1\sim N(50,100)$;走第二条路线所需要时间为 X_2,且 $X_2\sim N(60,16)$.为及时赶到机场,问:

(1) 若有 70 min,应选择哪一条路线更有把握? 若有 65 min 呢?

(2) 若走第一条路线,并以 95%的概率保证能及时赶上飞机,距飞机起飞时刻至少需要提前多少分出发?

解 (1)当有 70 min 可用时,两条路线可及时赶到机场的概率为

$$P\{0\le X_1\le 70\}=\Phi\left(\frac{70-50}{10}\right)-\Phi\left(\frac{0-50}{10}\right)=\Phi(2)-\Phi(-5)\approx\Phi(2),$$

$$P\{0\le X_2\le 70\}=\Phi\left(\frac{70-60}{4}\right)-\Phi\left(\frac{0-60}{4}\right)=\Phi(2.5)-\Phi(-15)\approx\Phi(2.5).$$

由于 $\Phi(2.5) > \Phi(1.25)$,所以选择第二条路线更有把握.

当有 65 min 可用时,有

$$P\{0 \leqslant X_1 \leqslant 65\} = \Phi\left(\frac{65-50}{10}\right) - \Phi\left(\frac{0-50}{10}\right) \approx \Phi(1.5),$$

$$P\{0 \leqslant X_2 \leqslant 65\} = \Phi\left(\frac{65-60}{4}\right) - \Phi\left(\frac{0-60}{4}\right) \approx \Phi(1.25).$$

由于 $\Phi(1.5) > \Phi(1.25)$,所以选择第一条路线更有把握.

（2）设需提前 x min 出发,应有

$$P\{0 < X_1 \leqslant x\} \approx \Phi\left(\frac{x-50}{10}\right) \geqslant 0.95,$$

故 $\dfrac{x-50}{10} \geqslant 1.65$,解得 $x \geqslant 66.5$.

例 2.23　某市招聘 250 名公务员,按考试成绩从高分到低分依次录用,共有 1 000 人报名考试.考试后考试中心公布的信息是这样的:90 分以上（含 90 分）的有 35 人,60 分以下（不含 60 分）的有 115 人.某人考得 80 分,他能否被录用?

解　因为考试成绩 $X \sim N(\mu, \sigma^2)$,则根据题意有

$$P\{X \geqslant 90\} = 1 - P\{X < 90\} = 1 - \Phi\left(\frac{90-\mu}{\sigma}\right) = \frac{35}{1\ 000},$$

$$P\{X < 60\} = \Phi\left(\frac{60-\mu}{\sigma}\right) = \frac{115}{1\ 000},$$

所以

$$\Phi\left(\frac{90-\mu}{\sigma}\right) = 0.965, \quad \Phi\left(\frac{60-\mu}{\sigma}\right) = 0.115,$$

即

$$\begin{cases} \dfrac{90-\mu}{\sigma} = 1.81, \\[2mm] \dfrac{60-\mu}{\sigma} = -1.20, \end{cases}$$

可解得 $\mu = 72, \sigma = 10$.

设录用的最低分为 x 分,则

$$P\{X \geqslant x\} = 1 - \Phi\left(\frac{x-72}{10}\right) = \frac{250}{1\ 000} = 0.25,$$

得 $\varPhi\left(\dfrac{x-72}{10}\right)=0.75$,通过查附表 2 并解得 $x=78.75$,所以在不考虑其他因素的前提下,这个人是能够被录取的.

例 2.24 某厂研发了一种新产品,现要设计它的包装箱,要求每箱至少装 100 件产品,且开箱验货时,每箱至少装有 100 件合格产品的概率不应小于 0.9,假设随机装箱时每箱中的不合格产品数服从参数为 3 的泊松分布.问:

(1) 要设计的这种包装箱,每箱至少应装多少件产品才能满足要求?

(2) 用 MATLAB 求解以上问题.

例 2.24

MATLAB 程序

解 设每箱至少装 $100+m$ 件产品,X 表示每箱中的不合格品数,则 X 服从参数为 3 的泊松分布,即

$$P\{X=k\}=\frac{3^k}{k!}\mathrm{e}^{-3}\quad(k=0,1,2,\cdots,m).$$

依题意,即要求按下面的不等式确定 m:

$$\sum_{k=0}^{m}P\{X=k\}=\sum_{k=0}^{m}\frac{3^k}{k!}\mathrm{e}^{-3}\geqslant 0.9.$$

通过查附表 3,得 $m=5$,即设计的包装箱每箱至少应装 105 件产品.

例 2.25 某种重大疾病的医疗险种,每份每年须交保险费 100 元,若在这一年中,投保人得了这种疾病,则每份可以得到索赔额 10 000 元,假设该地区这种疾病的患病率为 0.000 2,现该险种共有 10 000 份保单,问:

(1) 保险公司亏本的概率是多少?

(2) 保险公司获利不少于 80 万元的概率是多少?

(3) 用 MATLAB 求解前两问.

例 2.25

MATLAB 程序

解 设 X 表示这一年中发生索赔的份数,依题意,X 的统计规律可用二项分布 $X\sim B(10\,000,0.000\,2)$ 来描述.由二项分布与泊松分布的近似计算关系有

$$\mathrm{C}_n^k p^k(1-p)^{n-k}\approx\frac{(np)^k}{k!}\mathrm{e}^{-np}\quad(0<np<10),$$

X 近似服从参数为 2 的泊松分布.

当索赔份数超过 100 份时,则保险公司发生亏本,亏本的概率为

$$p_1=P\{X>100\}=1-P\{X\leqslant 100\}=1-\sum_{k=0}^{100}\frac{2^k}{k!}\mathrm{e}^{-2}\approx 0.$$

当索赔份数不超过 20 份时,则保险公司获利就不少于 80 万元,其概率为

$$p_2=P\{X<20\}=\sum_{k=0}^{19}\frac{2^k}{k!}\mathrm{e}^{-2}\approx 1.$$

计算结果表明保险公司亏本的概率几乎为 0,而保险公司获利不少于 80 万元的概率为 1.

习　题　2.5

1. 某市某区同安镇幸福路附近有两家小型火锅店 A, B. 据调查, 每天傍晚约有 100 名食客独立地选择一家用餐, 其中去 A 火锅店的占 60%, 去 B 火锅店的占 40%. 试问: A 火锅店应配置多少个餐位, 才能保证食客因缺少餐位而离去的概率小于 5%? 如果把该案例中的火锅店数推广到 n 家, 则如何计算?

2. 某市某区准备扩建电影院, 据分析平均每场观众数 $n = 1\,600$ 人, 预计扩建后, 平均 3/4 的观众仍然会去该电影院, 在设计座位时, 要求座位数尽可能多, 但空座达到 200 或更多的概率不能超过 0.1, 问应该设多少座位?

3. 某单位 6 个员工借助互联网开展工作, 每个员工上网的概率都是 0.5 (假设各员工上网相互独立). 求:

　(1) 至少 3 人同时上网的概率;

　(2) 至少几人同时上网的概率小于 0.3?

4. 在例 2.23 中, 比如现有 1\,000 名选手面试, 分成 20 个面试小组, 每个小组有 3 名专家, 每组负责面试 50 名学生, 给每个选手打分. 用 3 名专家的平均分作为选手的得分, 打分的范围是 0~100. 最终在 1\,000 名选手中录取成绩在前 30 名的选手. 请问此种录取办法公平合理吗? 请给出理由.

习题 2.5
第 5 题讲解

5. 假设大型设备在任何长度为 t 的时间内发生故障的次数 $N(t)$ 服从参数为 λt 的泊松分布. 求:

　(1) 相继出现两次故障之间的时间间隔 T 的概率分布;

　(2) 设备已经无故障工作 8 h 的情况下, 再无故障工作 16 h 的概率.

第 2 章自测题

第 2 章自测题答案

第3章 多维随机变量及其分布

在第2章中讨论了一个随机变量及其分布的情况,实质上就是把随机试验的结果和数轴上的点对应起来进行研究.但在实际问题中,有些随机试验的结果必须和二维平面、三维空间甚至 n 维空间中的点对应才可以.比如为了提高运输安全,大货车一般由北斗系统提供实时的位置信息,这个信息需要包括日期、时间、经度、纬度、高度、速度等方面的数据,因此还需要引入多维随机变量.

就如黑格尔所说:"**量变引起质变**",多维随机变量和一维随机变量的讨论有类似之处,但更要注意它们之间概念、理论和方法上的区别.限于篇幅,本章主要介绍二维随机变量,包括二维随机变量的概念、边缘分布、条件分布、随机变量的独立性以及随机变量函数的分布等内容.

§3.1 二维随机变量

3.1.1 二维随机变量的概念

定义 3.1 设 E 是一个随机试验,它的样本空间是 $S=\{e\}$,$(X(e),Y(e))$ 是定义在 S 上的实值单值函数对,称 $(X,Y)=(X(e),Y(e))$ 为**二维随机向量**或**二维随机变量**.

由定义,二维随机变量 (X,Y) 可以看作平面上随机点的坐标.要刻画随机点落在某个区域的概率,可以利用分布函数.

3.1.2 分布函数及其性质

定义 3.2 设 (X,Y) 是二维随机变量,对于任意实数 x,y,称二元函数 $F(x,y)=P\{X\leqslant x,Y\leqslant y\}$ 为二维随机变量 (X,Y) 的**分布函数**,或称之为 (X,Y) 的**联合分布函数**.

分布函数 $F(x,y)$ 在 (x,y) 处的函数值就是随机点 (X,Y) 落在以点 (x,y) 为顶点而位于该点左下方的无穷矩形域内的概率(图3-1).

从图3-2可得随机点 (X,Y) 落在矩形域 $\{(x,y)|x_1<x\leqslant x_2,y_1<y\leqslant y_2\}$ 内的概率为

$$P\{x_1<x\leqslant x_2,y_1<y\leqslant y_2\}=F(x_2,y_2)-F(x_2,y_1)-F(x_1,y_2)+F(x_1,y_1).$$

分布函数 $F(x,y)$ 具有以下基本性质:

(1) $0\leqslant F(x,y)\leqslant 1$.

对于任意给定的 y,$F(-\infty,y)=\lim\limits_{x\to-\infty}F(x,y)=0$,对于任意给定的 x,$F(x,-\infty)=\lim\limits_{y\to-\infty}F(x,y)=0$,且

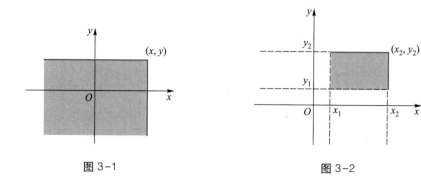

图 3-1   图 3-2

$$F(-\infty,-\infty)=\lim_{\substack{x\to-\infty\\y\to-\infty}}F(x,y)=0,\quad F(+\infty,+\infty)=\lim_{\substack{x\to+\infty\\y\to+\infty}}F(x,y)=1.$$

（2）$F(x,y)$是变量 x,y 的不减函数,即对于任意给定的 y,当 $x_1<x_2$ 时有 $F(x_1,y)\leqslant F(x_2,y)$.对于任意给定的 x,当 $y_1<y_2$ 时有 $F(x,y_1)\leqslant F(x,y_2)$.

（3）$F(x,y)$关于 x,y 右连续,即 $F(x+0,y)=F(x,y),F(x,y+0)=F(x,y)$.

（4）对于任意的$(x_1,y_1),(x_2,y_2)$,只要 $x_1<x_2,y_1<y_2$,则下述不等式成立

$$F(x_2,y_2)-F(x_2,y_1)-F(x_1,y_2)+F(x_1,y_1)\geqslant 0.$$

二元函数 $F(x,y)$可作为某个二维随机变量的分布函数的充要条件是它具有上述四条性质.

例 3.1   证明:二元函数

$$F(x,y)=\begin{cases}1,&x+y\geqslant 0,\\0,&x+y<0\end{cases}$$

对每个变量单调不减,右连续,且 $F(-\infty,y)=F(x,-\infty)=0,F(-\infty,-\infty)=0,F(+\infty,+\infty)=1$,但 $F(x,y)$不是一个分布函数.

证 （1）设 $\Delta x>0$,

若 $x+y\geqslant 0$,由于 $x+\Delta x+y>0$,所以 $F(x,y)=F(x+\Delta x,y)=1$.

若 $x+y<0$,则 $F(x,y)=0$.当 $x+\Delta x+y<0$ 时,$F(x+\Delta x,y)=0$;当 $x+\Delta x+y\geqslant 0$ 时,$F(x+\Delta x,y)=1$,所以 $F(x,y)\leqslant F(x+\Delta x,y)$.

可见,$F(x,y)$对 x 单调不减.同理,$F(x,y)$对 y 单调不减.

（2）当 $x+y<0$ 时,

$$\lim_{\Delta x\to 0^+}F(x+\Delta x,y)=\lim_{x+\Delta x+y\to(x+y)^+}F(x+\Delta x,y)=\lim_{x+\Delta x+y\to(x+y)^+}0=0=F(x,y),$$

$$\lim_{\Delta y\to 0^+}F(x,y+\Delta y)=\lim_{x+\Delta y+y\to(x+y)^+}F(x,y+\Delta y)=\lim_{x+\Delta y+y\to(x+y)^+}0=0=F(x,y);$$

当 $x+y\geqslant 0$ 时,

$$\lim_{\Delta x\to 0^+}F(x+\Delta x,y)=\lim_{x+\Delta x+y\to(x+y)^+}F(x+\Delta x,y)=\lim_{x+\Delta x+y\to(x+y)^+}1=1=F(x,y),$$

$$\lim_{\Delta y \to 0^+} F(x, y+\Delta y) = \lim_{x+\Delta y+y \to (x+y)^+} F(x, y+\Delta y) = \lim_{x+\Delta y+y \to (x+y)^+} 1 = 1 = F(x, y),$$

所以 $F(x, y)$ 对 x 和 y 右连续.

（3）$F(-\infty, y) = \lim_{x \to -\infty} F(x, y) = \lim_{x+y \to -\infty} F(x, y) = \lim_{x+y \to -\infty} 0 = 0$,同理可得

$$F(x, -\infty) = 0, F(-\infty, -\infty) = 0, F(+\infty, +\infty) = 1.$$

（4）$P\{0 < X \le 2, 0 < Y \le 2\} = F(2, 2) - F(2, 0) - F(0, 2) + F(0, 0) = -1$,

所以 $F(x, y)$ 不是一个分布函数.

3.1.3 二维离散型随机变量

定义 3.3 若二维随机变量 (X, Y) 所有可能取值的数对是有限对或可列无限多对,则称 (X, Y) 是**二维离散型随机变量**.

定义 3.4 设 (X, Y) 为二维离散型随机变量,若所有可能取值为 $(x_i, y_j), i, j = 1, 2, \cdots$,则称

$$P\{X = x_i, Y = y_j\} = p_{ij}, \quad i, j = 1, 2, \cdots$$

为二维离散型随机变量 (X, Y) 的**概率分布**或**分布律**,或称之为随机变量 (X, Y) 的**联合分布律**.

由概率的性质可以得到随机变量 (X, Y) 的分布律有以下基本性质:

（1）非负性,即 $p_{ij} \ge 0$;

（2）归一性,即 $\sum\limits_{i=1}^{+\infty} \sum\limits_{j=1}^{+\infty} p_{ij} = 1$.

如果 (X, Y) 是二维离散型随机变量,那么它的分布函数

$$F(x, y) = P\{X \le x, Y \le y\} = P\Big(\bigcup_{x_i \le x, y_j \le y} \{X = x_i, Y = y_j\}\Big)$$

$$= \sum_{x_i \le x} \sum_{y_j \le y} P\{X = x_i, Y = y_j\} = \sum_{x_i \le x} \sum_{y_j \le y} p_{ij}.$$

二维离散型随机变量 (X, Y) 的分布律也可用如下的概率分布表来表示.

X	Y				
	y_1	y_2	$\cdots$	y_j	$\cdots$
x_1	p_{11}	p_{12}	$\cdots$	p_{1j}	$\cdots$
x_2	p_{21}	p_{22}	$\cdots$	p_{2j}	$\cdots$
$\vdots$	$\vdots$	$\vdots$		$\vdots$	
x_i	p_{i1}	p_{i2}	$\cdots$	p_{ij}	$\cdots$
$\vdots$	$\vdots$	$\vdots$		$\vdots$	

例 3.2　一口袋中有大小相同的 5 个球,其中 3 个黑球,2 个白球,从袋中取球两次,每次取一个.设随机变量

$$X=\begin{cases}0, & \text{若第一次取出的是黑球,}\\ 1, & \text{若第一次取出的是白球,}\end{cases} \qquad Y=\begin{cases}0, & \text{若第二次取出的是黑球,}\\ 1, & \text{若第二次取出的是白球.}\end{cases}$$

在无放回取球和有放回取球两种情况下,求 (X,Y) 的分布律.

解　求联合分布律,就是求积事件概率,可以用概率的乘法公式.在无放回取球情况下,二维随机变量 (X,Y) 的分布律为

$$P\{X=0,Y=0\}=P\{X=0\}P\{Y=0\mid X=0\}=\frac{3}{5}\times\frac{2}{4}=\frac{3}{10},$$

$$P\{X=0,Y=1\}=P\{X=0\}P\{Y=1\mid X=0\}=\frac{3}{5}\times\frac{2}{4}=\frac{3}{10},$$

$$P\{X=1,Y=0\}=P\{X=1\}P\{Y=0\mid X=1\}=\frac{2}{5}\times\frac{3}{4}=\frac{3}{10},$$

$$P\{X=1,Y=1\}=P\{X=1\}P\{Y=1\mid X=1\}=\frac{2}{5}\times\frac{1}{4}=\frac{1}{10}.$$

把 (X,Y) 的分布律写成概率分布表:

X	Y	
	0	1
0	$\dfrac{3}{10}$	$\dfrac{3}{10}$
1	$\dfrac{3}{10}$	$\dfrac{1}{10}$

在有放回取球情况下,二维随机变量 (X,Y) 的分布律为

$$P\{X=0,Y=0\}=P\{X=0\}P\{Y=0\mid X=0\}=\frac{3}{5}\times\frac{3}{5}=\frac{9}{25},$$

$$P\{X=0,Y=1\}=P\{X=0\}P\{Y=1\mid X=0\}=\frac{3}{5}\times\frac{2}{5}=\frac{6}{25},$$

$$P\{X=1,Y=0\}=P\{X=1\}P\{Y=0\mid X=1\}=\frac{2}{5}\times\frac{3}{5}=\frac{6}{25},$$

$$P\{X=1,Y=1\}=P\{X=1\}P\{Y=1\mid X=1\}=\frac{2}{5}\times\frac{2}{5}=\frac{4}{25}.$$

把 (X,Y) 的分布律写成概率分布表:

X	Y	
	0	1
0	$\dfrac{9}{25}$	$\dfrac{6}{25}$
1	$\dfrac{6}{25}$	$\dfrac{4}{25}$

3.1.4 二维连续型随机变量

定义 3.5 设 (X,Y) 是二维随机变量,如果存在一个非负函数 $f(x,y)$,使得对于任意实数 x,y,都有

$$F(x,y) = P\{X \leqslant x, Y \leqslant y\} = \int_{-\infty}^{y} \int_{-\infty}^{x} f(u,v) \mathrm{d}u\mathrm{d}v,$$

则称 (X,Y) 是**二维连续型随机变量**,函数 $f(x,y)$ 称为二维连续型随机变量 (X,Y) 的**概率密度**,或称为随机变量 (X,Y) 的**联合概率密度**.

二维连续型随机变量的概率密度具有以下基本性质:

(1) 非负性,即 $f(x,y) \geqslant 0$;

(2) 归一性,即 $\displaystyle\int_{-\infty}^{+\infty} \int_{-\infty}^{+\infty} f(x,y)\mathrm{d}x\mathrm{d}y = 1$;

(3) D 为 xOy 平面上的任意一个区域,点 (X,Y) 落在区域 D 内的概率为

$$P\{(X,Y) \in D\} = \iint_{D} f(x,y)\mathrm{d}x\mathrm{d}y;$$

(4) 若 $f(x,y)$ 在点 (x,y) 处连续,则有

$$\frac{\partial^2 F(x,y)}{\partial x \partial y} = f(x,y).$$

需要指出的是,二元函数 $f(x,y)$ 可作为某个二维连续型随机变量的概率密度的充要条件是 $f(x,y)$ 满足非负性和归一性.在几何上,称二元函数 $z=f(x,y)$ 表示的曲面为**分布曲面**.由性质(3),(X,Y) 落在区域 D 内的概率等于以 D 为底,以分布曲面为顶面的曲顶柱体的体积.

例 3.3 一个电子器件包含两个主要组件,它们的寿命为二维随机变量 (X,Y),其概率密度为

$$f(x,y) = \begin{cases} A\mathrm{e}^{-(2x+3y)}, & x>0, y>0, \\ 0, & \text{其他.} \end{cases}$$

求:(1) A;(2) 分布函数 $F(x,y)$;(3) 第二个组件寿命小于等于第一个组件寿命的概率;(4) 用

例 3.3

MATLAB 程序

MATLAB 求解前三问.

解　（1）由于

$$\int_{-\infty}^{+\infty}\int_{-\infty}^{+\infty}f(x,y)\,\mathrm{d}x\mathrm{d}y=\int_{0}^{+\infty}\int_{0}^{+\infty}A\mathrm{e}^{-(2x+3y)}\,\mathrm{d}x\mathrm{d}y=\frac{A}{6},$$

再由概率密度的性质，得 $\dfrac{A}{6}=1$，即 $A=6$.

（2）由定义

$$F(x,y)=\int_{-\infty}^{y}\int_{-\infty}^{x}f(u,v)\,\mathrm{d}u\mathrm{d}v=\begin{cases}\displaystyle\int_{0}^{y}\int_{0}^{x}6\mathrm{e}^{-(2u+3v)}\,\mathrm{d}u\mathrm{d}v,&x>0,y>0,\\0,&其他.\end{cases}$$

即

$$F(x,y)=\begin{cases}(1-\mathrm{e}^{-2x})(1-\mathrm{e}^{-3y}),&x>0,y>0,\\0,&其他.\end{cases}$$

（3）将 (X,Y) 看作是平面上随机点的坐标，有 $\{Y\leqslant X\}=\{(X,Y)\in D\}$，其中 D 为 xOy 平面上直线 $y=x$ 下方的部分，于是

$$P\{Y\leqslant X\}=P\{(X,Y)\in D\}=\iint\limits_{D}f(x,y)\,\mathrm{d}x\mathrm{d}y=\int_{0}^{+\infty}\mathrm{d}x\int_{0}^{x}6\mathrm{e}^{-(2x+3y)}\,\mathrm{d}y=\frac{3}{5}.$$

下面给出两个常用的二维连续型随机变量的概率密度.

1. 二维均匀分布　设 (X,Y) 为二维随机变量，G 是平面上的一个有界区域，其面积为 $A(A>0)$，又设

$$f(x,y)=\begin{cases}\dfrac{1}{A},&(x,y)\in G,\\0,&(x,y)\notin G.\end{cases}$$

若 (X,Y) 的概率密度为上式定义的函数 $f(x,y)$，则称二维随机变量 (X,Y) 在 G 上服从二维均匀分布.

2. 二维正态分布　若二维随机变量 (X,Y) 的概率密度为

$$f(x,y)=\frac{1}{2\pi\sigma_1\sigma_2\sqrt{1-\rho^2}}\exp\left\{\frac{-1}{2(1-\rho^2)}\left[\frac{(x-\mu_1)^2}{\sigma_1^2}-2\rho\frac{(x-\mu_1)(y-\mu_2)}{\sigma_1\sigma_2}+\frac{(y-\mu_2)^2}{\sigma_2^2}\right]\right\}$$
$$(-\infty<x<+\infty,-\infty<y<+\infty),$$

其中 $\mu_1,\mu_2,\sigma_1,\sigma_2,\rho$ 都是常数，且 $\sigma_1>0,\sigma_2>0,|\rho|<1$，则称 (X,Y) 服从二维正态分布 $N(\mu_1,\mu_2,\sigma_1^2,\sigma_2^2,\rho)$.

不难验证上述的 $f(x,y)$ 都满足二维连续型随机变量概率密度的基本性质.

作为本节的结束,最后给出 n 维随机变量及其分布函数的定义.

定义 3.6 设 E 是一个随机试验,它的样本空间是 $S=\{e\}$,$(X_1(e)$, $X_2(e),\cdots,X_n(e))$ 是定义在 S 上的实值单值函数向量,称 $(X_1,X_2,\cdots,X_n)$ 为 n **维随机向量**或 n **维随机变量**.

二维正态分布
概率密度函数
程序

对于任意 n 个实数 $x_1,x_2,\cdots,x_n$,n 元函数

$$F(x_1,x_2,\cdots,x_n)=P\{X_1\leqslant x_1,X_2\leqslant x_2,\cdots,X_n\leqslant x_n\}$$

称为 n 维随机变量 $(X_1,X_2,\cdots X_n)$ 的**分布函数**或随机变量 $(X_1,X_2,\cdots X_n)$ 的**联合分布函数**.它的性质类似于二维随机变量分布函数的性质.

习 题 3.1

基 础 题

1. 设二维随机变量 (X,Y) 的分布函数为

$$F(x,y)=A\left(B+\arctan\frac{x}{2}\right)\left(C+\arctan\frac{y}{3}\right).$$

试求 (1) 常数 A,B,C;(2) $P\{0<X\leqslant 2,0<Y\leqslant 3\}$.

2. 设一加油站有两套用来加油的设备,设备 A 是由加油站的工作人员操作的,设备 B 是由顾客自己操作的.A,B 均有两个加油软管.随机取一时刻,A,B 正在使用的软管根数分别记为 X,Y,它们的联合分布律为

X	Y		
	0	1	2
0	0.10	0.08	0.06
1	0.04	0.20	0.14
2	0.02	0.06	0.30

试求 (1) $P\{X=1,Y=1\}$,$P\{X\leqslant 1,Y\leqslant 1\}$;

(2) 至少有一根软管在使用的概率;

(3) $P\{X=Y\}$,$P\{X+Y=2\}$.

3. 设随机变量 (X,Y) 概率密度为 $f(x,y)=\begin{cases}k(6-x-y), & 0<x<2,2<y<4,\\ 0, & \text{其他}.\end{cases}$

试求 (1) 常数 k;(2) $P\{X<1,Y<3\}$;(3) $P\{X\leqslant 1.5\}$;(4) $P\{X+Y\leqslant 4\}$.

4. 设 $f_1(x),f_2(x)$ 都是一维随机变量的概率密度,为使

$$f(x,y) = f_1(x)f_2(y) + h(x,y)$$

成为一个二维随机变量的概率密度,问其中的 $h(x,y)$ 必须且只需满足什么条件?

提 高 题

1. 某射手在射击中每次击中目标的概率为 $p(0<p<1)$,射击进行到第二次击中目标为止,用 X_i 表示第 i 次击中目标时射击的次数 $(i=1,2)$.求 (X_1,X_2) 的联合分布律.

2. 设 $F_1(x)$,$F_2(y)$ 是分布函数,$f_1(x)$,$f_2(y)$ 是相应的概率密度,证明:对任何 $\alpha(|\alpha|<1)$,
$$f(x,y) = f_1(x)f_2(y)\{1+\alpha[2F_1(x)-1][2F_2(y)-1]\}$$ 是某个二维随机变量的联合概率密度.

习题 3.1 提高
题第 3 题讲解

3. 已知随机变量 (X,Y) 在 D 上服从均匀分布,试求 (X,Y) 的概率密度 $f(x,y)$ 及分布函数 $F(x,y)$,其中 D 为 x 轴,y 轴及直线 $y=x+1$ 所围成的三角形区域.

§3.2 边缘分布

类似于一维随机变量,接下来讨论二维随机变量函数的分布.$g(X,Y)=X$ 和 $h(X,Y)=Y$ 是 (X,Y) 的两个最简单的函数,本节先讨论它们的分布.我们把 X 和 Y 的概率分布分别称为二维随机变量 (X,Y) 关于 X 和关于 Y 的边缘概率分布.一般的二维随机变量的函数的分布将在学习了随机变量 X 和 Y 的关系之后进行讨论.

3.2.1 边缘分布函数

定义 3.7 设 (X,Y) 是二维随机变量,称随机变量 X 的概率分布为 (X,Y) 关于 X 的边缘分布;称随机变量 Y 的概率分布为 (X,Y) 关于 Y 的边缘分布.它们的边缘分布函数分别记作 $F_X(x)$ 与 $F_Y(y)$.

边缘分布函数可以由 (X,Y) 的联合分布函数 $F(x,y)$ 来确定.不难得到

$$F_X(x) = P\{X \leqslant x\} = P\{X \leqslant x, Y < +\infty\} = F(x,+\infty),$$

即

$$F_X(x) = F(x,+\infty).$$

同理可得

$$F_Y(y) = F(+\infty,y).$$

这就是说,由联合分布函数求边缘分布函数,就是在 $F(x,y)$ 中令一个变量趋近于正无穷

求极限,此时要把 $F(x,y)$ 中另一个变量看作常数,但 $F(x,y)$ 表达式可能随该变量取值不同而不同,此时需要分情况求极限.

3.2.2 二维离散型随机变量的边缘分布律

对于离散型随机变量 (X,Y),易知 X 和 Y 也为离散型随机变量.关于 X 的分布律,可由联合分布律求得

$$P\{X=x_i\}=P\{X=x_i,Y<+\infty\}=\sum_{j=1}^{+\infty}p_{ij},\quad i=1,2,\cdots.$$

类似地,关于 Y 的分布律为

$$P\{Y=y_j\}=\sum_{i=1}^{+\infty}p_{ij},\quad j=1,2,\cdots.$$

分别称 $p_i.=P\{X=x_i\}(i=1,2,\cdots)$ 和 $p._j=P\{Y=y_j\}(j=1,2,\cdots)$ 为 (X,Y) 关于 X 和关于 Y 的边缘分布律.二维离散型随机变量 (X,Y) 的分布律和边缘分布律可列表如下:

X	Y					$p_i.$
	y_1	y_2	$\cdots$	y_j	$\cdots$	
x_1	p_{11}	p_{12}	$\cdots$	p_{1j}	$\cdots$	$p_1.$
x_2	p_{21}	p_{22}	$\cdots$	p_{2j}	$\cdots$	$p_2.$
$\vdots$	$\vdots$	$\vdots$		$\vdots$		$\vdots$
x_i	p_{i1}	p_{i2}	$\cdots$	p_{ij}	$\cdots$	$p_i.$
$\vdots$	$\vdots$	$\vdots$		$\vdots$		$\vdots$
$p._j$	$p._1$	$p._2$	$\cdots$	$p._j$	$\cdots$	

我们经常将边缘分布律写在随机变量 (X,Y) 分布律表格的边缘上,这就是"边缘分布"这个名词的来源.

例 3.4 某实验室有一台无线路由器,其信道 X 在出厂时等可能地设置为 $1,2,3,4$ 四个常用信道中的一个,由于实验室电脑数量增加又添置了一台无线路由器,为了避免信号干扰,将其信道 Y 等可能地设置为 $1,2,3,4$ 中除 X 之外的一个.试求 (X,Y) 的分布律及边缘分布律.

解 由题意及乘法公式容易求得 (X,Y) 的分布律为

$$P\{X=i,Y=j\}=P\{Y=j\mid X=i\}P\{X=i\}=\frac{1}{3}\times\frac{1}{4},\quad i=1,2,3,4,j\neq i.$$

$$P\{X=i,Y=j\}=P\{Y=j\mid X=i\}P\{X=i\}=0,\quad i=1,2,3,4,j=i.$$

于是 (X,Y) 的分布律和边缘分布律如下表所示:

X	Y				$p_i.$
	1	2	3	4	
1	0	$\frac{1}{12}$	$\frac{1}{12}$	$\frac{1}{12}$	$\frac{1}{4}$
2	$\frac{1}{12}$	0	$\frac{1}{12}$	$\frac{1}{12}$	$\frac{1}{4}$
3	$\frac{1}{12}$	$\frac{1}{12}$	0	$\frac{1}{12}$	$\frac{1}{4}$
4	$\frac{1}{12}$	$\frac{1}{12}$	$\frac{1}{12}$	0	$\frac{1}{4}$
$p_{\cdot j}$	$\frac{1}{4}$	$\frac{1}{4}$	$\frac{1}{4}$	$\frac{1}{4}$	

即边缘分布律为

$X(Y)$	1	2	3	4
P	$\frac{1}{4}$	$\frac{1}{4}$	$\frac{1}{4}$	$\frac{1}{4}$

3.2.3　二维连续型随机变量的边缘概率密度

对于连续型随机变量(X,Y),设它的概率密度为$f(x,y)$,由

$$F_X(x) = F(x, +\infty) = \int_{-\infty}^{x} \left[\int_{-\infty}^{+\infty} f(x,y)\,\mathrm{d}y \right] \mathrm{d}x$$

可知,X是一个连续型随机变量,且其概率密度为

$$f_X(x) = \int_{-\infty}^{+\infty} f(x,y)\,\mathrm{d}y.$$

同理,Y是一个连续型随机变量,其概率密度为

$$f_Y(y) = \int_{-\infty}^{+\infty} f(x,y)\,\mathrm{d}x.$$

分别称$f_X(x),f_Y(y)$为二维随机变量(X,Y)关于X和关于Y的边缘概率密度.

需要指出的是,上面两个公式在实际使用时,其积分限要根据联合概率密度为正的区域边界做适当的修改,比如下面的例子.

例 3.5　设二维随机变量(X,Y)具有联合概率密度

$$f(x,y) = \begin{cases} 6, & x^2 \leqslant y \leqslant x, \\ 0, & \text{其他.} \end{cases}$$

求其关于 X, Y 的边缘概率密度 $f_X(x), f_Y(y)$，并用 MATLAB 求解.

解 由二维连续型随机变量的边缘概率密度的公式可得

$$f_X(x) = \int_{-\infty}^{+\infty} f(x,y)\,\mathrm{d}y = \begin{cases} \int_{x^2}^{x} 6\mathrm{d}y = 6(x-x^2), & 0 \leqslant x \leqslant 1, \\ 0, & \text{其他.} \end{cases}$$

例 3.5
MATLAB 程序

同理可得

$$f_Y(y) = \int_{-\infty}^{+\infty} f(x,y)\,\mathrm{d}x = \begin{cases} \int_{y}^{\sqrt{y}} 6\mathrm{d}x = 6(\sqrt{y}-y), & 0 \leqslant y \leqslant 1, \\ 0, & \text{其他.} \end{cases}$$

例 3.6 设二维随机变量 (X,Y) 服从二维正态分布 $N(\mu_1, \mu_2, \sigma_1^2, \sigma_2^2, \rho)$. 试求 (X,Y) 的边缘概率密度.

解 由

$$\frac{(y-\mu_2)^2}{\sigma_2^2} - 2\rho\frac{(x-\mu_1)(y-\mu_2)}{\sigma_1\sigma_2} = \left(\frac{y-\mu_2}{\sigma_2} - \rho\frac{x-\mu_1}{\sigma_1}\right)^2 - \rho^2\frac{(x-\mu_1)^2}{\sigma_1^2}$$

可得

$$f_X(x) = \int_{-\infty}^{+\infty} f(x,y)\,\mathrm{d}y = \frac{1}{2\pi\sigma_1\sigma_2\sqrt{1-\rho^2}}\mathrm{e}^{-\frac{(x-\mu_1)^2}{2\sigma_1^2}}\int_{-\infty}^{+\infty}\mathrm{e}^{-\frac{1}{2(1-\rho^2)}\left(\frac{y-\mu_2}{\sigma_2}-\rho\frac{x-\mu_1}{\sigma_1}\right)^2}\mathrm{d}y,$$

令 $t = \frac{1}{\sqrt{1-\rho^2}}\left(\frac{y-\mu_2}{\sigma_2} - \rho\frac{x-\mu_1}{\sigma_1}\right)$，则由标准正态分布概率密度的性质，有

$$f_X(x) = \frac{1}{\sqrt{2\pi}\sigma_1}\mathrm{e}^{-\frac{(x-\mu_1)^2}{2\sigma_1^2}}\int_{-\infty}^{+\infty}\frac{1}{\sqrt{2\pi}}\mathrm{e}^{-\frac{t^2}{2}}\mathrm{d}t = \frac{1}{\sqrt{2\pi}\sigma_1}\mathrm{e}^{-\frac{(x-\mu_1)^2}{2\sigma_1^2}},$$

即

$$f_X(x) = \frac{1}{\sqrt{2\pi}\sigma_1}\mathrm{e}^{-\frac{(x-\mu_1)^2}{2\sigma_1^2}}, \quad -\infty < x < +\infty.$$

同理可得

$$f_Y(y) = \frac{1}{\sqrt{2\pi}\sigma_2}\mathrm{e}^{-\frac{(y-\mu_2)^2}{2\sigma_2^2}}, \quad -\infty < y < +\infty.$$

由上面的例子可以看出，二维正态分布的两个边缘分布都是一维正态分布，而且它们都不依赖于参数 ρ，亦即当参数 $\mu_1, \mu_2, \sigma_1, \sigma_2$ 取定时，参数 ρ 取不同值对应于不同的二维正态分

布,但是它们的两个边缘分布都是一样的,这就表明:若已知二维随机变量 (X,Y) 关于 X 和关于 Y 的两个边缘概率密度,一般来说不能确定随机变量 (X,Y) 的联合分布.若已知二维随机变量 (X,Y) 的概率密度,可以确定关于 X 和关于 Y 的两个边缘概率密度.

在考虑 n 维随机向量 $(X_1,X_2,\cdots,X_n)$ $(n\geqslant 3)$ 时,也有类似的边缘分布,只不过此时的边缘分布可以不只是关于单个分量的,这一向量的任何一部分分量的分布都称为边缘分布.n 维随机向量 $(X_1,X_2,\cdots,X_n)$ 的分布决定了其任一部分分量的分布.比如,它可决定 (X_1,X_2) 或者 (X_1,X_2,X_3) 的分布,这些分布都称为 $(X_1,X_2,\cdots,X_n)$ 的边缘分布.有关公式的推导与二维情况类似,此处不再讨论.

习　题　3.2

基 础 题

1. AlphaGo1 与 AlphaGo2 弈棋 3 盘,以 X 表示 AlphaGo1 输赢盘数之差的绝对值,以 Y 表示 AlphaGo1 获胜的盘数,假定没有和棋.试写出 (X,Y) 的联合分布律及 (X,Y) 的边缘分布律.

2. 设二维随机变量 (X,Y) 的分布函数为

$$F(x,y)=A\left(B+\arctan\frac{x}{2}\right)\left(C+\arctan\frac{y}{3}\right).$$

求其边缘分布函数和边缘概率密度.

3. 设二维随机变量 (X,Y) 的概率密度分别为

(1) $f(x,y)=\begin{cases}4.8y(2-x), & 0\leqslant x\leqslant 1,0\leqslant y\leqslant x,\\ 0, & \text{其他};\end{cases}$ (2) $f(x,y)=\begin{cases}\mathrm{e}^{-y}, & 0<x<y,\\ 0, & \text{其他},\end{cases}$

分别求其边缘概率密度.

提 高 题

1. 盒子里装有 3 只黑球,2 只红球,2 只白球,在其中任取 4 只球,以 X 表示取到的黑球的只数,以 Y 表示取到的白球的只数.试写出 (X,Y) 的联合分布律及 (X,Y) 的边缘分布律.

习题 3.2 提高题第 2 题讲解

2. 设二维随机变量 (X,Y) 的分布律为

$$P\{X=n,Y=m\}=\frac{\lambda^n p^m (1-p)^{n-m}}{m!\ (n-m)!}\mathrm{e}^{-\lambda},m=0,1,2,\cdots,n=m,m+1,m+2,\cdots,$$

求 (X,Y) 的边缘分布律.

3. 设二维随机变量 (X,Y) 的概率密度为

$$f(x,y) = \begin{cases} 1, & 0 \leq x \leq 2, \max\{0, x-1\} \leq y \leq \min\{1, x\}, \\ 0, & \text{其他}, \end{cases}$$

求 $f_X(x)$ 和 $f_Y(y)$.

§3.3 条件分布

由上一节最后一个例子可以看到,给出了联合分布可以计算边缘分布,但反过来未必能计算,因为只给出边缘分布的情况下,只是知道这两个变量自身的分布但并不清楚它们的关系.事实上,前两节我们在求联合分布律的时候已经发现,求积事件概率要用乘法公式,而乘法公式中除了一个变量的取值概率,还涉及两个变量的条件概率,这说明讨论两个随机变量的关系可以从条件概率开始.当然,求积事件概率也可以不用条件概率,此时需要两个事件是独立的,这说明两个随机变量的关系也可以和独立性联系,这一点我们将在下一节讨论.

3.3.1 二维离散型随机变量的条件分布律

设 (X,Y) 是二维离散型随机变量,其分布律为

$$P\{X = x_i, Y = y_j\} = p_{ij}, \quad i,j = 1,2,\cdots.$$

(X,Y) 关于 X 和关于 Y 的边缘分布律分别为

$$p_{i\cdot} = P\{X = x_i\} = \sum_{j=1}^{+\infty} p_{ij}, \quad i = 1,2,\cdots,$$

$$p_{\cdot j} = P\{Y = y_j\} = \sum_{i=1}^{+\infty} p_{ij}, \quad j = 1,2,\cdots.$$

若对某一个 $j, p_{\cdot j} > 0$,考虑在事件 $\{Y = y_j\}$ 发生的条件下事件 $\{X = x_i\}$ 发生的概率 $P\{X = x_i \mid Y = y_j\}$.由条件概率的定义知

$$P\{X = x_i \mid Y = y_j\} = \frac{P\{X = x_i, Y = y_j\}}{P\{Y = y_j\}} = \frac{p_{ij}}{p_{\cdot j}}.$$

易知上述条件概率具有分布律的基本性质:

(1) 非负性,即 $P\{X = x_i \mid Y = y_j\} \geq 0, i = 1,2,\cdots$;

(2) 归一性,即 $\sum_{i=1}^{+\infty} P\{X = x_i \mid Y = y_j\} = 1$.

于是引入以下定义.

定义 3.8 设 (X,Y) 是二维离散型随机变量,对于给定的 j,若 $P\{Y = y_j\} > 0$,则称

$$P\{X=x_i \mid Y=y_j\} = \frac{P\{X=x_i, Y=y_j\}}{P\{Y=y_j\}} = \frac{p_{ij}}{p_{\cdot j}}, \quad i=1,2,\cdots$$

为**在 $Y=y_j$ 条件下随机变量 X 的条件分布律**.

同样地,对于给定的 i,若 $P\{X=x_i\}>0$,则称

$$P\{Y=y_j \mid X=x_i\} = \frac{P\{X=x_i, Y=y_j\}}{P\{X=x_i\}} = \frac{p_{ij}}{p_{i\cdot}}, \quad j=1,2,\cdots$$

为**在 $X=x_i$ 条件下随机变量 Y 的条件分布律**.

由上面的定义,只要知道了联合分布律和边缘分布律,可以直接写出条件分布律.需要指出的是,就像上一节的例 3.4,在实际问题中,很多时候并不是先有联合分布律再求出边缘分布律和条件分布律,而是我们想求得一个复杂的随机变量 Y 的分布,需要先找一个与 Y 有关且较简单的随机变量 X,求得 X 的分布以及在 X 取定值的条件下 Y 的分布,再由它们求得 (X,Y) 的联合分布,进而求得 Y 的分布.

3.3.2   二维连续型随机变量的条件概率密度

设二维连续型随机变量 (X,Y) 的概率密度为 $f(x,y)$,(X,Y) 关于 X,Y 的边缘概率密度为 $f_X(x)$,$f_Y(y)$.类比二维离散型随机变量的条件分布律,当 $f_Y(y)>0$ 时,构造函数 $\dfrac{f(x,y)}{f_Y(y)}$,易知其非负性,又

$$\int_{-\infty}^{+\infty} \frac{f(x,y)}{f_Y(y)}\mathrm{d}x = \frac{1}{f_Y(y)}\int_{-\infty}^{+\infty} f(x,y)\,\mathrm{d}x = \frac{f_Y(y)}{f_Y(y)} = 1,$$

故 $\dfrac{f(x,y)}{f_Y(y)}$ 具有概率密度的基本性质.于是可以引入以下定义.

定义 3.9   设二维连续型随机变量 (X,Y) 的概率密度为 $f(x,y)$,(X,Y) 关于 Y 的边缘概率密度为 $f_Y(y)$.若对于给定的 y,$f_Y(y)>0$,则称 $\dfrac{f(x,y)}{f_Y(y)}$ 为**在 $Y=y$ 的条件下 X 的条件概率密度**,记为

$$f_{X\mid Y}(x\mid y) = \frac{f(x,y)}{f_Y(y)}.$$

类似地,称

$$f_{Y\mid X}(y\mid x) = \frac{f(x,y)}{f_X(x)}$$

为**在 $X=x$ 的条件下 Y 的条件概率密度**.

3.3.3 二维随机变量的条件分布函数

由于对于任意实数 x 和 y,可能有 $P\{X=x\}=0$ 或 $P\{Y=y\}=0$,所以不能直接用 $P\{X\leqslant x \mid Y=y\} = \dfrac{P\{X\leqslant x, Y=y\}}{P\{Y=y\}}$ 这样的式子定义"条件分布函数".事实上,有了条件分布律和条件概率密度,可以用第 2 章中求和或积分的方法,分别得到离散和连续情况下的条件分布函数.下面给出连续情况下的条件分布函数,在 $Y=y$ 条件下 X 的条件分布函数和在 $X=x$ 条件下 Y 的条件分布函数分别为

$$F_{X\mid Y}(x \mid y) = P\{X\leqslant x \mid Y=y\} = \int_{-\infty}^{x} f_{X\mid Y}(x \mid y)\,\mathrm{d}x,$$

$$F_{Y\mid X}(y \mid x) = P\{Y\leqslant y \mid X=x\} = \int_{-\infty}^{y} f_{Y\mid X}(y \mid x)\,\mathrm{d}y.$$

例 3.7 设二维随机变量 (X,Y) 的概率密度为

$$f(x,y) = \begin{cases} 3x, & 0<x<1,0<y<x, \\ 0, & \text{其他.} \end{cases}$$

求条件概率密度 $f_{X\mid Y}(x \mid y)$, $f_{Y\mid X}(y \mid x)$ 及 $P\left\{Y\leqslant \dfrac{1}{3} \ \middle| \ X=\dfrac{1}{2}\right\}$.

解 $f_X(x) = \displaystyle\int_{-\infty}^{+\infty} f(x,y)\,\mathrm{d}y = \begin{cases} \displaystyle\int_0^x 3x\,\mathrm{d}y = 3x^2, & 0<x<1, \\ 0, & \text{其他.} \end{cases}$

$$f_Y(y) = \int_{-\infty}^{+\infty} f(x,y)\,\mathrm{d}x = \begin{cases} \displaystyle\int_y^1 3x\,\mathrm{d}x = \dfrac{3}{2}(1-y^2), & 0<y<1, \\ 0, & \text{其他.} \end{cases}$$

故当 $0<x<1$ 时,在 $X=x$ 的条件下,Y 的条件概率密度为

$$f_{Y\mid X}(y \mid x) = \frac{f(x,y)}{f_X(x)} = \begin{cases} \dfrac{3x}{3x^2} = \dfrac{1}{x}, & 0<y<x, \\ 0, & \text{其他.} \end{cases}$$

故当 $0<y<1$ 时,在 $Y=y$ 的条件下,X 的条件概率密度为

$$f_{X\mid Y}(x \mid y) = \frac{f(x,y)}{f_Y(y)} = \begin{cases} \dfrac{3x}{\dfrac{3}{2}(1-y^2)} = \dfrac{2x}{1-y^2}, & y<x<1, \\ 0, & \text{其他.} \end{cases}$$

当 $x=\dfrac{1}{2}$ 时,

$$f_{Y\,|\,X}\left(y\,\Big|\,\frac{1}{2}\right)=\begin{cases}2, & 0<y<\dfrac{1}{2},\\[2mm]0, & \text{其他}.\end{cases}$$

$$P\left\{Y\leqslant\frac{1}{3}\,\Big|\,X=\frac{1}{2}\right\}=\int_{-\infty}^{\frac{1}{3}}f_{Y\,|\,X}\left(y\,\Big|\,\frac{1}{2}\right)\mathrm{d}y=\int_{0}^{\frac{1}{3}}2\mathrm{d}y=\frac{2}{3}.$$

例 3.8　设 X 在区间 $(0,1)$ 上随机地取值,当观察到 $X=x(0<x<1)$ 时,Y 在区间 $(0,x)$ 上随机地取值.求随机变量 Y 的概率密度.

解　按题意,X 具有概率密度

$$f_X(x)=\begin{cases}1, & 0<x<1,\\0, & \text{其他}.\end{cases}$$

在 $X=x(0<x<1)$ 的条件下,Y 的条件概率密度为

$$f_{Y\,|\,X}(y\,|\,x)=\begin{cases}\dfrac{1}{x}, & 0<y<x,\\[2mm]0, & \text{其他}.\end{cases}$$

即可求出随机变量 (X,Y) 的联合概率密度为

$$f(x,y)=f_X(x)f_{Y\,|\,X}(y\,|\,x)=\begin{cases}\dfrac{1}{x}, & 0<y<x<1,\\[2mm]0, & \text{其他}.\end{cases}$$

于是随机变量 Y 的概率密度为

$$f_Y(y)=\int_{-\infty}^{+\infty}f(x,y)\mathrm{d}x=\begin{cases}\displaystyle\int_{y}^{1}\frac{1}{x}\mathrm{d}x=-\ln y, & 0<y<1,\\[2mm]0, & \text{其他}.\end{cases}$$

习　题　3.3

基　础　题

1. 在习题 3.2 基础题第 2 题中,求(1) 在 $X=1$ 的条件下 Y 的条件分布律;(2) 在 $Y=2$ 的条件下 X 的条件分布律.

2. 设二维随机变量 (X,Y) 的联合概率密度为

$$f(x,y)=\begin{cases}\dfrac{(n-1)(n-2)}{(1+x+y)^{n}}, & x>0,y>0,\\[2mm]0, & \text{其他},\end{cases}$$

其中 $n>2$.求在 $X=1$ 条件下 Y 的条件概率密度及条件分布函数.

3. 设随机变量 (X,Y) 的联合概率密度为

$$f(x,y) = \begin{cases} x\mathrm{e}^{-x(1+y)}, & x>0, y>0, \\ 0, & \text{其他.} \end{cases}$$

求条件概率密度 $f_{X|Y}(x\,|\,y), f_{Y|X}(y\,|\,x)$ 及概率 $P\{Y>1\,|\,X=3\}$.

<h2 style="text-align:center">提　高　题</h2>

1. 设二维随机变量 (X,Y) 的分布律为

$$P\{X=n, Y=m\} = \frac{\lambda^n p^m (1-p)^{n-m}}{m!\,(n-m)!}\mathrm{e}^{-\lambda}, \quad m=0,1,2,\cdots, n=m, m+1, m+2, \cdots.$$

求 (X,Y) 的条件分布律.

2. 设二维随机变量 (X,Y) 在由第一象限的曲线 $y=x^2, y=\dfrac{x^2}{2}, x=1$ 所围成的

区域 D 上服从均匀分布.求：
(1) (X,Y) 的概率密度；
(2) 边缘概率密度 $f_X(x), f_Y(y)$；
(3) 条件概率密度 $f_{Y|X}(y\,|\,x), f_{X|Y}(x\,|\,y), f_{X|Y}(x\,|\,0.5)$.

习题 3.3 提高
题第 2 题讲解

§3.4　随机变量的独立性

本节从独立性来讨论两个随机变量的关系.在第 1 章中,我们学习了两个事件的独立性,即积事件概率等于事件概率之积.自然地,两个随机变量独立就应满足：由两个随机变量得到的任意两个事件的积事件概率等于它们的概率之积,即 $\forall A, B \subset S$,都有 $P\{X \in A, Y \in B\} = P\{X \in A\}P\{Y \in B\}$.为了能方便地把独立性与之前刻画随机变量分布特性的分布函数联系起来,下面定义用 $(-\infty, x)$ 和 $(-\infty, y)$ 代替任意数集 A, B.可以证明,这两种叙述是等价的,限于篇幅本书不再赘述,有兴趣的读者可以查阅相关资料.

定义 3.10　设 (X,Y) 是二维随机变量,若对于任意 x, y 有

$$P\{X \leqslant x, Y \leqslant y\} = P\{X \leqslant x\}P\{Y \leqslant y\},$$

即

$$F(x,y) = F_X(x)F_Y(y),$$

则称随机变量 X 与 Y 是**相互独立**的.

随机变量 X 和 Y 具有独立性的条件下,它们的联合分布函数可由关于 X 和关于 Y 的边缘分布函数唯一确定.

把上面定义用于离散型和连续型随机变量,可得如下结论:

定理 3.1 设 (X,Y) 是二维离散型随机变量,则 X,Y 相互独立的充要条件是对于 (X,Y) 所有可能的取值 $(x_i,y_j)(i,j=1,2,\cdots)$,都有

$$P\{X=x_i,Y=y_j\}=P\{X=x_i\}P\{Y=y_j\}$$

成立.

定理 3.2 设 (X,Y) 是二维连续型随机变量,其联合概率密度 $f(x,y)$ 及边缘概率密度 $f_X(x)$,$f_Y(y)$ 在 xOy 平面上除有限个点及有限条曲线外均连续,则 X,Y 相互独立的充要条件是等式

$$f(x,y)=f_X(x)f_Y(y)$$

在 $f(x,y)$,$f_X(x)$,$f_Y(y)$ 都连续的任意点 (x,y) 成立.

要特别指出的是,在实际问题中,经常不是由上面的等式成立来证明独立性,而是由随机变量的实际含义发现它们之间的独立性,从而说明上面的等式成立.

例 3.9 续例 3.2,在无放回取球和有放回取球两种情况下,判断随机变量 X,Y 是否相互独立.

解 在无放回取球情况下,二维随机变量 (X,Y) 的联合及边缘分布律为

X	Y		$p_{i\cdot}$
	0	1	
0	$\dfrac{3}{10}$	$\dfrac{3}{10}$	$\dfrac{3}{5}$
1	$\dfrac{3}{10}$	$\dfrac{1}{10}$	$\dfrac{2}{5}$
$p_{\cdot j}$	$\dfrac{3}{5}$	$\dfrac{2}{5}$	

由于 $p_{11}=P\{X=0,Y=0\}=\dfrac{3}{10}$,而 $p_{1\cdot}\,p_{\cdot 1}=\dfrac{3}{5}\times\dfrac{3}{5}=\dfrac{9}{25}\neq\dfrac{3}{10}$,所以 X,Y 不相互独立.

在有放回取球情况下,二维随机变量 (X,Y) 的联合及边缘分布律为

X	Y		$p_{i\cdot}$
	0	1	
0	$\dfrac{9}{25}$	$\dfrac{6}{25}$	$\dfrac{3}{5}$
1	$\dfrac{6}{25}$	$\dfrac{4}{25}$	$\dfrac{2}{5}$
$p_{\cdot j}$	$\dfrac{3}{5}$	$\dfrac{2}{5}$	

由于

$$P\{X=0,Y=0\}=\frac{9}{25}=\frac{3}{5}\times\frac{3}{5}=P\{X=0\}P\{Y=0\},$$

$$P\{X=0,Y=1\}=\frac{6}{25}=\frac{3}{5}\times\frac{2}{5}=P\{X=0\}P\{Y=1\},$$

$$P\{X=1,Y=0\}=\frac{6}{25}=\frac{2}{5}\times\frac{3}{5}=P\{X=1\}P\{Y=0\},$$

$$P\{X=1,Y=1\}=\frac{4}{25}=\frac{2}{5}\times\frac{2}{5}=P\{X=1\}P\{Y=1\},$$

所以 X,Y 相互独立.

例 3.10 设二维随机变量 (X,Y) 具有概率密度

$$f(x,y)=\begin{cases}Ce^{-2(x+y)}, & x>0,y>0,\\0, & \text{其他.}\end{cases}$$

试求(1)常数 C;(2) (X,Y) 落在三角形区域 $D=\{(x,y)\mid x\geqslant0,y\geqslant0,x+y\leqslant1\}$ 内的概率;(3)关于 X 和关于 Y 的边缘分布,并判断 X,Y 是否相互独立.

解 (1)由联合概率密度的性质,有

$$1=\int_{-\infty}^{+\infty}\int_{-\infty}^{+\infty}f(x,y)\mathrm{d}x\mathrm{d}y=\int_{0}^{+\infty}\int_{0}^{+\infty}Ce^{-2(x+y)}\mathrm{d}x\mathrm{d}y=C\int_{0}^{+\infty}e^{-2x}\mathrm{d}x\int_{0}^{+\infty}e^{-2y}\mathrm{d}y=\frac{C}{4},$$

所以 $C=4$.

(2)由联合概率密度的性质,有

$$P\{(X,Y)\in D\}=\iint\limits_{D}f(x,y)\mathrm{d}x\mathrm{d}y=\int_{0}^{1}\mathrm{d}x\int_{0}^{1-x}4e^{-2(x+y)}\mathrm{d}y=1-3e^{-2}.$$

(3)关于 X 的边缘概率密度为

$$f_X(x)=\int_{-\infty}^{+\infty}f(x,y)\mathrm{d}y=\begin{cases}\displaystyle\int_{0}^{+\infty}4e^{-2(x+y)}\mathrm{d}y=2e^{-2x}, & x>0,\\0, & \text{其他.}\end{cases}$$

同理可求得关于 Y 的边缘概率密度为

$$f_Y(y)=\begin{cases}2e^{-2y}, & y>0,\\0, & \text{其他}\end{cases}$$

因为对任意的实数 x,y,都有 $f(x,y)=f_X(x)f_Y(y)$,所以 X,Y 相互独立.

例 3.11 设 (X,Y) 服从二维正态分布 $N(\mu_1,\mu_2,\sigma_1^2,\sigma_2^2,\rho)$.证明:$X$ 和 Y 相互独立的充要条件是参数 $\rho=0$.

证 充分性.若 $\rho = 0$,则有

$$f(x,y) = \frac{1}{2\pi\sigma_1\sigma_2}e^{-\frac{1}{2}\left[\frac{(x-\mu_1)^2}{\sigma_1^2}+\frac{(y-\mu_2)^2}{\sigma_2^2}\right]} = \frac{1}{\sqrt{2\pi}\sigma_1}e^{-\frac{(x-\mu_1)^2}{2\sigma_1^2}}\frac{1}{\sqrt{2\pi}\sigma_2}e^{-\frac{(y-\mu_2)^2}{2\sigma_2^2}}.$$

由例 3.6 可知,对一切 x,y 有 $f(x,y) = f_X(x)f_Y(y)$ 成立,故 X 和 Y 相互独立.

必要性.如果 X 和 Y 相互独立,由于 $f(x,y)$,$f_X(x)$,$f_Y(y)$ 都是连续函数,那么对所有的 x, y,有 $f(x,y) = f_X(x)f_Y(y)$.特别地,令 $x = \mu_1,y = \mu_2$,则有

$$\frac{1}{2\pi\sigma_1\sigma_2\sqrt{1-\rho^2}} = \frac{1}{2\pi\sigma_1\sigma_2},$$

于是 $\rho = 0$.

以上所述关于二维随机变量独立性的一些概念,容易推广到 n 维随机变量的情况.关于多维随机变量,我们有在数理统计中很有用的以下结论.

设 $(X_1,X_2,\cdots,X_n)$,$(Y_1,Y_2,\cdots,Y_m)$ 是相互独立的多维随机变量,则 $h(X_1,X_2,\cdots,X_n)$ 与 $g(Y_1,Y_2,\cdots,Y_m)$ 相互独立,其中 h,g 是连续函数.

习 题 3.4

基 础 题

1. 设一离散型随机变量的分布律为

Y	-1	0	1
P	$\dfrac{\theta}{2}$	$1-\theta$	$\dfrac{\theta}{2}$

又设 Y_1,Y_2 是两个相互独立的随机变量,且 Y_1,Y_2 都与 Y 具有相同的分布律.求 Y_1,Y_2 的联合分布律,并求 $P\{Y_1 = Y_2\}$.

2. 已知随机变量 (X_1,X_2) 的分布律为

X_1	-1	0	1
P	$\dfrac{1}{4}$	$\dfrac{1}{2}$	$\dfrac{1}{4}$

X_2	-1	0
P	$\dfrac{1}{2}$	$\dfrac{1}{2}$

且 $P\{X_1X_2 = 0\} = 1$.求

(1) (X_1,X_2) 的联合分布律;(2) X_1 和 X_2 是否相互独立,为什么?

3. 设随机变量 (X,Y) 的概率密度为

$$f(x,y)=\begin{cases} xe^{-x(1+y)}, & x>0,y>0, \\ 0, & 其他, \end{cases}$$

判断 X,Y 是否相互独立.

4. 设 X,Y 是两个相互独立的随机变量,X 在 $(0,1)$ 上服从均匀分布,Y 的概率密度为

$$f_Y(y)=\begin{cases} \dfrac{1}{2}e^{-\frac{y}{2}}, & y>0, \\[2mm] 0, & 其他. \end{cases}$$

(1) 求 (X,Y) 的联合概率密度;(2) 设含有 a 的二次方程为 $a^2+2Xa+Y=0$,试求方程有实根的概率.

提 高 题

1. 设随机变量 X 以概率 1 取值 0,而 Y 是任何随机变量,证明:X 与 Y 相互独立.
2. 设二维随机变量 (X,Y) 的联合概率密度为

习题 3.4 提高
题第 1 题讲解

$$f(x,y)=\begin{cases} \dfrac{1+xy}{4}, & |x|<1,|y|<1, \\[2mm] 0, & 其他. \end{cases}$$

证明:X 与 Y 不相互独立,但 X^2 与 Y^2 相互独立.

3. 设连续型随机变量 (X,Y) 的两个分量 X 和 Y 相互独立,且服从同一分布.试证:$P\{X\leqslant Y\}=\dfrac{1}{2}$.

§3.5 两个随机变量函数的分布

在上一节讨论随机变量独立性的基础上,本节继续讨论一般的二维随机变量函数的分布,即求二维随机变量 (X,Y) 的函数 $Z=g(X,Y)$ 的分布.类似上一章,若 (X,Y) 为离散型随机变量,则 $Z=g(X,Y)$ 也为离散型随机变量,直接可得 Z 的分布律;若 (X,Y) 为连续型随机变量,我们主要讨论 $Z=g(X,Y)$ 为连续型随机变量的情形,本节除了给出基本的分布函数求法,还给出了一种可以简化计算的积分变换方法.

3.5.1 二维离散型随机变量函数的分布

设 (X,Y) 为二维离散型随机变量,其分布律为

$$P\{X=x_i,Y=y_j\}=p_{ij}, \quad i,j=1,2,\cdots.$$

$g(x,y)$ 是一个二元函数，$Z=g(X,Y)$ 是二维随机变量 (X,Y) 的函数，则随机变量 Z 的分布律为

$$P\{Z=z_k\}=\sum_{g(x_i,y_j)=z_k}p_{ij},\quad k=1,2,\cdots,$$

其中 $\sum\limits_{g(x_i,y_j)=z_k}p_{ij}$ 是指若有一些 (x_i,y_j) 都满足 $g(x_i,y_j)=z_k$，则 $P=\{Z=z_k\}$ 取这些 (x_i,y_j) 对应的概率之和.

例 3.12 设 (X,Y) 的分布律为

X	Y			
	-1	0	1	2
0	0.2	0.15	0.1	0.3
1	0.1	0	0.1	0.05

试求：(1) $Z_1=X+Y$；(2) $Z_2=\max\{X,Y\}$；(3) $Z_3=XY$ 的分布律.

解 将 (X,Y) 的取值对重新列表并计算各函数相应取值：

(X,Y)	$(0,-1)$	$(0,0)$	$(0,1)$	$(0,2)$	$(1,-1)$	$(1,0)$	$(1,1)$	$(1,2)$
$Z_1=X+Y$	-1	0	1	2	0	1	2	3
$Z_2=\max\{X,Y\}$	0	0	1	2	1	1	1	2
$Z_3=XY$	0	0	0	0	-1	0	1	2
P	0.2	0.15	0.1	0.3	0.1	0	0.1	0.05

合并整理，可得所求的分布律分别为

Z_1	-1	0	1	2	3
P	0.2	0.25	0.1	0.4	0.05

Z_2	0	1	2
P	0.35	0.3	0.35

Z_3	-1	0	1	2
P	0.1	0.75	0.1	0.05

例 3.13 设 X 和 Y 相互独立，分别服从二项分布 $B(n,p)$ 和 $B(m,p)$，求 $Z=X+Y$ 的分布.

解 首先，$Z = X + Y$ 可能取值为 $0, 1, 2, \cdots, n+m$，由独立性假定

$$P\{Z = k\} = \sum_{i=0}^{k} P\{X = i\} P\{Y = k - i\} = \sum_{i=0}^{k} C_n^i p^i (1-p)^{n-i} C_m^{k-i} p^{k-i} (1-p)^{m-(k-i)}.$$

由 $\displaystyle\sum_{i=0}^{k} C_n^i C_m^{k-i} = C_{n+m}^k$，可得

$$P\{Z = k\} = C_{n+m}^k p^k (1-p)^{n+m-k}, \quad k = 0, 1, 2, \cdots, n+m,$$

即 Z 服从二项分布 $B(n+m, p)$。

3.5.2 二维连续型随机变量函数的分布

设 (X, Y) 为二维连续型随机变量，其概率密度为 $f(x, y)$，若 $Z = g(X, Y)$ 是一个连续型随机变量，可以先求 Z 的分布函数 $F_Z(z)$，再进一步求出 Z 的概率密度 $f_Z(z) = F_Z'(z)$。

不难得到 Z 的分布函数

$$F_Z(z) = P\{Z \leqslant z\} = P\{g(X, Y) \leqslant z\} = \iint\limits_{g(x,y) \leqslant z} f(x, y) \, \mathrm{d}x \mathrm{d}y.$$

求上面积分的关键，一是确定积分区域 $G_z = \{(x, y) \mid g(x, y) \leqslant z\}$，二是求这个积分区域与 $D = \{(x, y) \mid f(x, y) > 0\}$ 的交集，这个交集可能随 z 的不同而不同，此时需要对 z 分区间讨论。

下面我们用这种方法推导出几个常用函数的分布的一般公式。

1. $Z = X + Y$ 的分布

设 (X, Y) 为二维连续型随机变量，它具有概率密度 $f(x, y)$，则 $Z = X + Y$ 的分布函数为

$$F_Z(z) = P\{X + Y \leqslant z\} = \iint\limits_{x+y \leqslant z} f(x, y) \, \mathrm{d}x \mathrm{d}y,$$

这里积分区域 $G: x + y \leqslant z$ 是直线 $x + y = z$ 左下方的半平面（如图 3-3），将上面的积分化为累次积分，得

$$F_Z(z) = \int_{-\infty}^{+\infty} \left[\int_{-\infty}^{z-y} f(x, y) \, \mathrm{d}x \right] \mathrm{d}y,$$

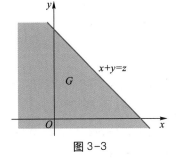

图 3-3

对内层积分换元，令 $x = u - y$，可得

$$F_Z(z) = \int_{-\infty}^{+\infty} \left[\int_{-\infty}^{z} f(u-y, y) \, \mathrm{d}u \right] \mathrm{d}y = \int_{-\infty}^{z} \left[\int_{-\infty}^{+\infty} f(u-y, y) \, \mathrm{d}y \right] \mathrm{d}u.$$

由概率密度的定义，即得 Z 的概率密度为

$$f_Z(z) = \int_{-\infty}^{+\infty} f(z-y, y) \, \mathrm{d}y.$$

由 X, Y 的对称性，$f_Z(z)$ 又可写为

$$f_Z(z) = \int_{-\infty}^{+\infty} f(x, z-x) \, dx.$$

又若 X 和 Y 相互独立,设 (X,Y) 关于 X, Y 的边缘概率密度分别为 $f_X(x), f_Y(y)$,则上两式可分别化为

$$f_Z(z) = \int_{-\infty}^{+\infty} f_X(z-y) f_Y(y) \, dy,$$

$$f_Z(z) = \int_{-\infty}^{+\infty} f_X(x) f_Y(z-x) \, dx.$$

这两个公式称为**卷积公式**,记为 $f_X * f_Y$,即

$$f_X * f_Y = \int_{-\infty}^{+\infty} f_X(z-y) f_Y(y) \, dy = \int_{-\infty}^{+\infty} f_X(x) f_Y(z-x) \, dx.$$

例 3.14 设 X 和 Y 是两个相互独立的随机变量,它们都服从 $N(0,1)$,即有

$$f_X(x) = \frac{1}{\sqrt{2\pi}} e^{-\frac{x^2}{2}}, \quad -\infty < x < +\infty \ ; \quad f_Y(y) = \frac{1}{\sqrt{2\pi}} e^{-\frac{y^2}{2}}, \ -\infty < y < +\infty,$$

求 $Z = X+Y$ 的概率密度.

解 由卷积公式

$$f_Z(z) = \int_{-\infty}^{+\infty} f_X(x) f_Y(z-x) \, dx = \frac{1}{2\pi} \int_{-\infty}^{+\infty} e^{-\frac{x^2}{2}} e^{-\frac{(z-x)^2}{2}} \, dx = \frac{1}{2\pi} e^{-\frac{z^2}{4}} \int_{-\infty}^{+\infty} e^{-\left(x-\frac{z}{2}\right)^2} \, dx,$$

令 $x - \dfrac{z}{2} = \dfrac{t}{\sqrt{2}}$,并根据标准正态分布概率密度的性质得

$$f_Z(z) = \frac{1}{2\sqrt{\pi}} e^{-\frac{z^2}{4}} \int_{-\infty}^{+\infty} \frac{1}{\sqrt{2\pi}} e^{-\frac{t^2}{2}} \, dt = \frac{1}{2\sqrt{\pi}} e^{-\frac{z^2}{4}},$$

即 Z 服从正态分布 $N(0,2)$.

一般地,若 $X \sim N(\mu_1, \sigma_1^2)$,$Y \sim N(\mu_2, \sigma_2^2)$,且 X, Y 相互独立,由卷积公式计算知 $Z = X+Y$ 仍然服从正态分布,且有 $Z \sim N(\mu_1+\mu_2, \sigma_1^2+\sigma_2^2)$.这个结论还能推广到 n 个独立正态随机变量之和的情况.即若 $X_i \sim N(\mu_i, \sigma_i^2)$ $(i = 1, 2, \cdots, n)$,且它们相互独立,则它们的和 $Z = X_1 + X_2 + \cdots + X_n$ 仍然服从正态分布,且有 $Z \sim N(\mu_1+\mu_2+\cdots+\mu_n, \sigma_1^2+\sigma_2^2+\cdots+\sigma_n^2)$.设 $k_1, k_2, \cdots, k_n$ 为一组常数,进一步有 $Z = k_1 X_1 + k_2 X_2 + \cdots + k_n X_n \sim N(k_1\mu_1+k_2\mu_2+\cdots+k_n\mu_n, k_1^2\sigma_1^2+k_2^2\sigma_2^2+\cdots+k_n^2\sigma_n^2)$.

2. $Z = \dfrac{X}{Y}$ 的分布

设 (X,Y) 为二维连续型随机变量,其概率密度为 $f(x,y)$,则 $Z = \dfrac{X}{Y}$ 的分布函数为

$$F_Z(z) = P\{Z \leqslant z\} = P\left\{\frac{X}{Y} \leqslant z\right\}$$

$$= \iint\limits_{G_1} f(x,y)\,\mathrm{d}x\mathrm{d}y + \iint\limits_{G_2} f(x,y)\,\mathrm{d}x\mathrm{d}y,$$

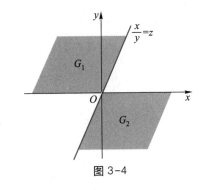

图 3-4

其中 G_1, G_2 是图 3-4 中的阴影部分,而

$$\iint\limits_{G_1} f(x,y)\,\mathrm{d}x\mathrm{d}y = \int_0^{+\infty} \left[\int_{-\infty}^{yz} f(x,y)\,\mathrm{d}x \right] \mathrm{d}y.$$

对内层积分换元,令 $u = \dfrac{x}{y}(y>0)$,可得

$$\iint\limits_{G_1} f(x,y)\,\mathrm{d}x\mathrm{d}y = \int_0^{+\infty} \left[\int_{-\infty}^{z} yf(yu,y)\,\mathrm{d}u \right] \mathrm{d}y = \int_{-\infty}^{z} \left[\int_0^{+\infty} yf(yu,y)\,\mathrm{d}y \right] \mathrm{d}u.$$

类似地,可得

$$\iint\limits_{G_2} f(x,y)\,\mathrm{d}x\mathrm{d}y = \int_{-\infty}^{0} \left[\int_{yz}^{+\infty} f(x,y)\,\mathrm{d}x \right] \mathrm{d}y,$$

对内层积分换元,令 $u = \dfrac{x}{y}(y<0)$,可得

$$\iint\limits_{G_2} f(x,y)\,\mathrm{d}x\mathrm{d}y = \int_{-\infty}^{0} \left[\int_{z}^{-\infty} yf(yu,y)\,\mathrm{d}u \right] \mathrm{d}y = -\int_{-\infty}^{z} \left[\int_{-\infty}^{0} yf(yu,y)\,\mathrm{d}y \right] \mathrm{d}u.$$

故有

$$F_Z(z) = \iint\limits_{G_1} f(x,y)\,\mathrm{d}x\mathrm{d}y + \iint\limits_{G_2} f(x,y)\,\mathrm{d}x\mathrm{d}y = \int_{-\infty}^{z} \left[\int_0^{+\infty} yf(yu,y)\,\mathrm{d}y - \int_{-\infty}^{0} yf(yu,y)\,\mathrm{d}y \right] \mathrm{d}u.$$

由概率密度的定义即得 Z 的概率密度为

$$f_Z(z) = \int_{-\infty}^{+\infty} |y| f(yz,y)\,\mathrm{d}y.$$

又若 X 和 Y 相互独立,设 (X,Y) 关于 X,Y 的边缘概率密度分别为 $f_X(x), f_Y(y)$,则上式可化为

$$f_Z(z) = \int_{-\infty}^{+\infty} |y| f_X(yz) f_Y(y)\,\mathrm{d}y.$$

类似的方法可求得 $Z = XY$ 的概率密度为

$$f_{XY}(z) = \int_{-\infty}^{+\infty} \left| \frac{1}{y} \right| f\left(\frac{z}{y}, y \right) \mathrm{d}y.$$

特别地,当 X 和 Y 相互独立时,Z 的概率密度为

$$f_{XY}(z) = \int_{-\infty}^{+\infty} \left| \frac{1}{y} \right| f_X\left(\frac{z}{y} \right) f_Y(y)\,\mathrm{d}y.$$

例 3. 15 设随机变量 X 和 Y 相互独立,且都服从参数为1的指数分布,试求 $Z = \dfrac{X}{Y}$ 的概率密度.

解 随机变量 Z 的概率密度为

$$f_Z(z) = \int_{-\infty}^{+\infty} |y| f_X(yz) f_Y(y) \, \mathrm{d}y = \int_{0}^{+\infty} y f_X(yz) f_Y(y) \, \mathrm{d}y$$

$$= \begin{cases} \displaystyle\int_{0}^{+\infty} y \mathrm{e}^{-yz} \mathrm{e}^{-y} \mathrm{d}y, & z > 0, \\ 0, & \text{其他} \end{cases}$$

$$= \begin{cases} \dfrac{1}{(1+z)^2}, & z > 0, \\ 0, & \text{其他}. \end{cases}$$

3. $M = \max\{X, Y\}$ 及 $N = \min\{X, Y\}$ 的分布

设 X, Y 是相互独立的随机变量,它们的分布函数分别为 $F_X(x)$ 和 $F_Y(y)$.下面来求 $M = \max\{X, Y\}$ 及 $N = \min\{X, Y\}$ 的分布函数.

$M = \max\{X, Y\}$ 的分布函数为

$$F_{\max}(z) = P\{M \leqslant z\} = P\{X \leqslant z, Y \leqslant z\} = P\{X \leqslant z\} P\{Y \leqslant z\},$$

即有

$$F_{\max}(z) = F_X(z) F_Y(z).$$

$N = \min\{X, Y\}$ 的分布函数为

$$F_{\min}(z) = P\{N \leqslant z\} = 1 - P\{N > z\} = 1 - P\{X > z, Y > z\},$$

即

$$F_{\min}(z) = 1 - [1 - F_X(z)][1 - F_Y(z)].$$

例 3. 16 设系统 L 由两个相互独立的子系统 L_1 和 L_2 连接而成,连接的方式分别为(1) 串联;(2) 并联;(3) 备用(当系统 L_1 损坏时,系统 L_2 开始工作).设 L_1, L_2 的寿命分别为 X, Y.已知它们的概率密度分别为

$$f_X(x) = \begin{cases} \alpha \mathrm{e}^{-\alpha x} & x > 0, \\ 0, & \text{其他}, \end{cases} \qquad f_Y(y) = \begin{cases} \beta \mathrm{e}^{-\beta y}, & y > 0, \\ 0, & \text{其他}, \end{cases}$$

其中 $\alpha > 0, \beta > 0$ 并且 $\alpha \neq \beta$.试分别就以上三种连接方式写出系统 L 的寿命 Z 的概率密度.

解 (1) 串联的情况.

由于当 L_1, L_2 中有一个损坏时,系统 L 就停止工作,所以这时系统 L 的寿命为

$$Z = \min\{X, Y\}.$$

由概率密度可求出 X, Y 的分布函数分别为

$$F_X(x) = \begin{cases} 1 - e^{-\alpha x}, & x > 0, \\ 0, & \text{其他,} \end{cases} \qquad F_Y(y) = \begin{cases} 1 - e^{-\beta y}, & y > 0, \\ 0, & \text{其他,} \end{cases}$$

则 $Z = \min\{X, Y\}$ 的分布函数为

$$F_{\min}(z) = \begin{cases} 1 - e^{-(\alpha+\beta)z}, & z > 0, \\ 0, & \text{其他.} \end{cases}$$

于是 $Z = \min\{X, Y\}$ 的概率密度为

$$f_{\min}(z) = \begin{cases} (\alpha + \beta) e^{-(\alpha+\beta)z}, & z > 0, \\ 0, & \text{其他.} \end{cases}$$

（2）并联的情况

由于当且仅当 L_1, L_2 都损坏时，系统 L 才停止工作，所以这时系统 L 的寿命 Z 为

$$Z = \max\{X', Y\}.$$

则 $Z = \max\{X, Y\}$ 的分布函数为

$$F_{\max}(z) = F_X(z) F_Y(z) = \begin{cases} (1 - e^{-\alpha z})(1 - e^{-\beta z}), & z > 0, \\ 0, & \text{其他.} \end{cases}$$

于是 $Z = \max\{X, Y\}$ 的概率密度为

$$f_{\max}(z) = \begin{cases} \alpha e^{-\alpha z} + \beta e^{-\beta z} - (\alpha + \beta) e^{-(\alpha+\beta)z}, & z > 0, \\ 0, & \text{其他.} \end{cases}$$

（3）备用的情况

由于这时当系统 L_1 损坏时系统 L_2 才开始工作，因此整个系统 L 的寿命 Z 是 L_1, L_2 两者寿命之和，即

$$Z = X + Y.$$

由卷积公式，当 $z > 0$ 时，$Z = X + Y$ 的概率密度为

$$f_Z(z) = \int_{-\infty}^{+\infty} f_X(z - y) f_Y(y)\, \mathrm{d}y = \int_0^z \alpha e^{-\alpha(z-y)} \beta e^{-\beta y}\, \mathrm{d}y$$

$$= \alpha \beta e^{-\alpha z} \int_0^z e^{-(\beta - \alpha)y}\, \mathrm{d}y = \frac{\alpha \beta}{\beta - \alpha} (e^{-\alpha z} - e^{-\beta z}).$$

当 $z \le 0$ 时，$f_Z(z) = 0$. 于是 $Z = X + Y$ 的概率密度为

$$f_Z(z) = \begin{cases} \dfrac{\alpha\beta}{\beta-\alpha}(\mathrm{e}^{-\alpha z} - \mathrm{e}^{-\beta z}), & z > 0, \\ 0, & \text{其他}. \end{cases}$$

在本节最后,我们给出求二维随机变量函数的概率密度的另一种方法,为此先引入下面的定理.

定理 3.3 设二维随机变量 (X,Y) 的概率密度为 $f(x,y)$, $z = g(x,y)$ 是二元连续函数, $u = w(z)$ 是有界的一元连续函数,则

$$\int_{-\infty}^{+\infty}\int_{-\infty}^{+\infty} w[g(x,y)]f(x,y)\,\mathrm{d}x\mathrm{d}y = \int_{-\infty}^{+\infty} w(z)f_Z(z)\,\mathrm{d}z,$$

其中 $f_Z(z)$ 是随机变量 Z 的概率密度.

用定理 3.3 求 $Z = g(X,Y)$ 的概率密度的步骤:

(1) 先写出积分 $\displaystyle\int_{-\infty}^{+\infty}\int_{-\infty}^{+\infty} w[g(x,y)]f(x,y)\,\mathrm{d}x\mathrm{d}y$,其中 w 是不需要知道的一元函数;

(2) 根据 $f(x,y)$ 的非零区域将上面的二重积分化为二次积分

$$\int_a^b \mathrm{d}x \int_{c_1(x)}^{d_1(x)} w[g(x,y)]f(x,y)\,\mathrm{d}y;$$

(3) 对内层积分 $\displaystyle\int_{c_1(x)}^{d_1(x)} w(g(x,y))f(x,y)\,\mathrm{d}y$ 用换元法,令 $z = g(x,y)$ 得到新的二次积分

$$\int_a^b \mathrm{d}x \int_{c(x)}^{d(x)} w(z)h(x,z)\,\mathrm{d}z;$$

(4) 交换上面二次积分的次序,并算出内层关于 x 的积分,得到 $\displaystyle\int_{-\infty}^{+\infty} w(z)f_Z(z)\,\mathrm{d}z$,其中 $f_Z(z)$ 即为所求.

例 3.17 设随机变量 X,Y 相互独立,其概率密度分别为

$$f_X(x) = \begin{cases} 1, & 0 \le x \le 1, \\ 0, & \text{其他}, \end{cases} \qquad f_Y(y) = \begin{cases} 1, & 0 \le y \le 1, \\ 0, & \text{其他}. \end{cases}$$

试求 $Z = X + Y$ 的概率密度.

解 由于

$$\int_{-\infty}^{+\infty}\int_{-\infty}^{+\infty} w(x+y)f(x,y)\,\mathrm{d}x\mathrm{d}y$$

$$= \int_0^1 \mathrm{d}x \int_0^1 w(x+y)\,\mathrm{d}y$$

$$\xrightarrow{\text{令}\,z=x+y} \int_0^1 \left(\int_x^{1+x} w(z)\,\mathrm{d}z \right)\mathrm{d}x$$

$$\xrightarrow{\text{交换积分次序}} \int_0^1 \left(w(z) \int_0^z \mathrm{d}x \right)\mathrm{d}z + \int_1^2 \left(w(z) \int_{z-1}^1 \mathrm{d}x \right)\mathrm{d}z$$

$$\underline{\underline{\text{求出内层积分}}}\int_0^1 w(z)z\mathrm{d}z+\int_1^2 w(z)(2-z)\,\mathrm{d}z,$$

则所求 Z 的概率密度为

$$f_Z(z)=\begin{cases}z, & 0<z\leqslant 1,\\ 2-z, & 1<z\leqslant 2,\\ 0, & 其他.\end{cases}$$

习 题 3.5

基 础 题

1. 设随机变量 (X,Y) 的联合分布律为

X	Y		
	0	1	2
0	$\frac{1}{12}$	$\frac{1}{6}$	$\frac{1}{24}$
1	$\frac{1}{4}$	$\frac{1}{4}$	$\frac{1}{40}$
2	$\frac{1}{8}$	$\frac{1}{20}$	0
3	$\frac{1}{120}$	0	0

（1）求 $U=\max\{X,Y\}$ 的分布律；

（2）求 $V=\min\{X,Y\}$ 的分布律；

（3）求 $W=X+Y$ 的分布律.

2. 设随机变量 X,Y 相互独立,其概率密度分别为

$$f_X(x)=\begin{cases}1, & 0\leqslant x\leqslant 1,\\ 0, & 其他,\end{cases}\qquad f_Y(y)=\begin{cases}\mathrm{e}^{-y}, & y>0,\\ 0, & 其他.\end{cases}$$

试求 $Z=2X+Y$ 的概率密度.

3. 设随机变量 (X,Y) 的概率密度为 $f(x,y)-\dfrac{1}{2\pi}\mathrm{e}^{-\frac{x^2+y^2}{2}}$,试求随机变量 $Z=\dfrac{X}{Y}$ 的概率密度.

4. 设随机变量 (X,Y) 的概率密度为

$$f(x,y)=\begin{cases}A\mathrm{e}^{-(x+y)}, & 0<x<1,0<y<+\infty,\\ 0, & 其他.\end{cases}$$

（1）试确定常数 A；

（2）求边缘概率密度 $f_X(x)$，$f_Y(y)$；

（3）求函数 $U=\max\{X,Y\}$ 的分布函数.

提　高　题

1. 设随机变量 X,Y 独立同分布，分布律为

$$P\{X=n\}=P\{Y=n\}=\frac{1}{2^n},\quad n=1,2,\cdots.$$

习题 3.5 提高
题第 3 题讲解

求 $Z=X-Y$ 的分布律.

2. 设随机变量 X,Y 相互独立，且都服从 $(0,1)$ 上的均匀分布.求 $|X-Y|$ 的分布.

3. 设随机变量 X,Y 相互独立，且都服从正态分布 $N(0,\sigma^2)$.求 $Z=\sqrt{X^2+Y^2}$ 的概率密度.

§3.6　综合应用

多维随机变量在集成电路设计、计算机系统可靠性、工程系统设计、软件测试等方面有广泛的应用，本节略举几例.

例 3.18　考虑如图 3-5 所示的组合开关电路，有 4 个输入和 1 个输出.电路控制的开关函数为

$$y=(x_1\cap x_2)\cup(\overline{x_3\cap x_4}).$$

随机变量 X_i 表示逻辑变量 x_i，假设 $X_i(i=1,2,3,4)$ 服从参数为 $p_i(i=1,2,3,4)$ 的伯努利分布，计算输出随机变量 Y 的分布律.如果发生一个故障，那么 Y 的分布律也将改变.假设在任意一个输入点、输出点或中间点 A 和 B 中，故障仅仅是逻辑 1 或逻辑 0 这类的故障，四个输入点、两个中间点以及一个输出点各有两种故障，共有 14 种故障情况.分别计算这 14 种故障情况下 Y 的分布律.假设 $p_i=p,i=1,2,3,4$.

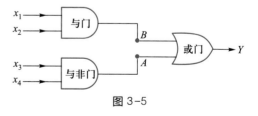

图 3-5

解　由题意可得

$$\begin{aligned}
P\{Y=0\}&=P\{X_1X_2=0,X_3X_4=1\}=P\{X_1X_2=0\}P\{X_3X_4=1\}\\
&=(1-P\{X_1X_2=1\})P\{X_3X_4=1\}\\
&=(1-P\{X_1=1\}P\{X_2=1\})P\{X_3=1\}P\{X_4=1\}\\
&=p^2(1-p^2),
\end{aligned}$$

$$P\{Y=1\} = 1-p^2(1-p^2).$$

若在输入点 1 发生逻辑 1 错误,则 $X_1=1$,即 $P\{X_1=0\}=0, P\{X_1=1\}=1$,则有

$$P\{Y=0\} = P\{X_1X_2=0, X_3X_4=1\} = P\{X_1X_2=0\}P\{X_3X_4=1\} = p^2(1-p),$$
$$P\{Y=1\} = 1-p^2(1-p).$$

若在输入点 1 发生逻辑 0 错误,则 $X_1=0$,即 $P\{X_1=0\}=1, P\{X_1=1\}=0$,则有

$$P\{Y=0\} = P\{X_1X_2=0, X_3X_4=1\} = P\{X_1X_2=0\}P\{X_3X_4=1\} = p^2,$$
$$P\{Y=1\} = 1-p^2.$$

若在点 A 发生逻辑 1 错误,则 $X_3X_4=0$,即 $P\{X_3X_4=0\}=1$,则有

$$P\{Y=0\} = P\{X_1X_2=0, X_3X_4=1\} = P\{X_1X_2=0\}P\{X_3X_4=1\} = 0,$$
$$P\{Y=1\} = 1.$$

若在点 A 发生逻辑 0 错误,则 $X_3X_4=1$,即 $P\{X_3X_4=1\}=1$,则有

$$P\{Y=0\} = P\{X_1X_2=0, X_3X_4=1\} = P\{X_1X_2=0\}P\{X_3X_4=1\} = 1-p^2,$$
$$P\{Y=1\} = p^2.$$

若在输出点发生逻辑 1 错误,则 $Y=1$,即

$$P\{Y=0\} = 0,$$
$$P\{Y=1\} = 1.$$

若在输出点发生逻辑 0 错误,则 $Y=0$,即

$$P\{Y=0\} = 1,$$
$$P\{Y=1\} = 0.$$

其他故障情形下计算方法与上面类似,读者可以自己完成.

例 3.19 某计算机的 CPU 缓存主存储器子系统包括以下芯片类型:

芯片类型	芯片数 n_i	每个芯片失效率 λ_i (失效数/10^6 h)
SSI	1 202	0.121 8
MSI	668	0.242
ROM	58	0.156
RAM	414	0.691
MOS	256	1.060 2
BIP	2 086	0.158 8

假设所有类型芯片的失效时间都服从指数分布,失效率如上表所示.所有的芯片都未失效时整个系统也就不会失效(即串联系统).求系统的失效时间 Y 的概率密度,并求整个系统的失效率.

解 设各芯片失效时间为 X_{ik_i}, $i=1,2,\cdots,6$, $k_i=1,2,\cdots,n_i$,由已知,各芯片失效时间的概率密度为

$$f_{X_{ik_i}}(x) = \begin{cases} \lambda_i \mathrm{e}^{-\lambda_i x}, & x>0, \\ 0, & \text{其他.} \end{cases}$$

由概率密度可求出分布函数为

$$F_{X_{ik_i}}(x) = \begin{cases} 1-\mathrm{e}^{-\lambda_i x}, & x>0, \\ 0, & \text{其他.} \end{cases}$$

于是, $Y=\min\limits_{i,k_i}\{X_{ik_i}\}$ 的分布函数为

$$F_Y(y) = P\{Y \leqslant y\} = 1-P\{Y>y\} = 1-P\left\{\bigcap_{i,k_i} X_{ik_i}>y\right\}$$

$$= 1-\prod_{i,k_i} P\{X_{ik_i}>y\} = \begin{cases} 1-\prod\limits_{i,k_i} \mathrm{e}^{-\lambda_i y} = 1-\mathrm{e}^{-\sum\limits_{i=1}^{6} n_i \lambda_i y}, & y>0, \\ 0, & y \leqslant 0. \end{cases}$$

对上式求导,于是系统的失效时间 Y 的概率密度为

$$f_Y(y) = \begin{cases} \sum\limits_{i=1}^{6} n_i \lambda_i \mathrm{e}^{-\sum\limits_{i=1}^{6} n_i \lambda_i y}, & y>0, \\ 0, & y \leqslant 0. \end{cases}$$

可以看出,失效时间 Y 服从指数分布,故系统失效率为

$$\lambda = \sum_{i=1}^{6} n_i \lambda_i = 146.40+161.66+9.05+286.07+271.41+331.26 = 1\,205.85.$$

例 3.20 为了提升可靠性, $k|n$ 表决系统普遍存在于各种常见的工程系统,比如飞机的发动机系统、发电厂的发动机系统等. $k|n$ 表决系统是指一个系统由 n 个构件组成,只有当其中至少 k 个构件正常工作时系统才正常工作.当 $n=3$, $k=2$ 时的 $k|n$ 表决系统也称为三模冗余系统(TMR).现有一个三模冗余系统,其三个构件寿命相互独立且都服从失效率为 λ 的指数分布,试比较三模冗余系统和单模系统的可靠度.

解 我们先来看一般的 $k|n$ 表决系统的寿命.设 $X_1,X_2,\cdots,X_n$ 分别是 n 个构件的寿命,它们是独立同分布的随机变量, $Y_1,Y_2,\cdots,Y_n$ 是 $X_1,X_2,\cdots,X_n$ 按递增顺序排列所得的随机变量,则 Y_{n-k+1} 为 $k|n$ 表决系统的寿命, Y_1 为串联系统的寿命, Y_n 为并联系统的寿命.

由题设,单个构件寿命的概率密度为

$$f(x) = \begin{cases} \lambda e^{-\lambda x}, & x > 0, \\ 0, & \text{其他.} \end{cases}$$

由概率密度可求出分布函数为

$$F(x) = \begin{cases} 1 - e^{-\lambda x}, & x > 0, \\ 0, & \text{其他.} \end{cases}$$

单个构件在某个时刻 t 未失效的概率即为可靠度 $R(t)$，所以有

$$R(t) = P\{X > t\} = 1 - F(t) = e^{-\lambda t}.$$

下面求 Y_i 的分布函数，有

$$F_{Y_i}(y) = P\{Y_i \leqslant y\} = P\{X_1, X_2, \cdots, X_n \text{ 中至少有 } i \text{ 个在}(-\infty, y)\text{上}\}$$

$$= \sum_{j=i}^{n} C_n^j F^j(y)(1 - F(y))^{n-j}, \quad -\infty < y < +\infty.$$

于是有三模冗余系统的可靠度为

$$R_{\text{TMR}}(t) = P\{Y_2 > t\} = 1 - P\{Y_2 \leqslant t\} = 1 - \sum_{j=2}^{3} C_3^j F^j(t)(1 - F(t))^{3-j}$$

$$= 1 - 3F^2(t)(1 - F(t)) - F^3(t) = 1 - 3(1 - e^{-\lambda t})^2 e^{-\lambda t} - (1 - e^{-\lambda t})^3$$

$$= 3e^{-2\lambda t} - 2e^{-3\lambda t}.$$

令 $3e^{-2\lambda t} - 2e^{-3\lambda t} = e^{-\lambda t}$，可得

$$t_0 = \frac{\ln 2}{\lambda}.$$

由此可以看出，TMR 系统仅能提升短任务 ($t < t_0$) 的可靠度，对于长时间任务，这种冗余设计实际上降低了可靠度. $n = 2k - 1$ 的 $k | n$ 表决系统也有类似情况，有兴趣的读者可以自己计算.

<h2 style="text-align:center">习　题　3.6</h2>

1. 考虑下列两个程序段：

S1：while(B1){

　　printf("hey you !\n");

　　printf ("finished\n");

　　}

和

S2：if(B2)

```
        printf ("hey you !\n");
    else
        printf ("finished\n");
```

假设 B1 为真的概率为 p_1，B2 为真的概率为 p_2，计算以下程序输出"hey you!"的次数 W_1 的分布律以及输出"finished"的次数 W_2 的分布律.

2. 某程序需要两个栈，我们使用两种方法为两个栈分配存储空间.第一种方法是给每个栈分别分配 n 个位置.第二种方法是让两个栈均位于同一个存储空间中相向递增，公共存储空间大小为 N.如果 N 值小于 $2n$，那么第二种方法比第一种好.求出在下列假设中 n 和 N 的值，以确保上溢的概率小于 5%：

(1) 每个栈的大小服从参数为 p 的几何分布 $\left(p=\dfrac{1}{4},\dfrac{1}{2},\dfrac{3}{4}\right)$；

(2) 每个栈的大小服从参数为 $\alpha=\dfrac{1}{2}$ 的泊松分布；

(3) 每个栈的大小服从 $\{1,2,\cdots,20\}$ 上的均匀分布.

3. 我们已经知道三模冗余（TMR）系统只是在短任务执行的时候比单模系统可靠度更高.为了提高 TMR 的可靠度，我们观察到如果三个构件中有一个失效，在经典的 TMR 结构下剩下的两个构件必须正常工作才能保证系统正常运行.因此，一个构件失效后，从可靠性的角度，系统变为了两构件的串联系统.基于该简单机制的一种改进方法是一旦检测到一个构件失效，那么立即切换到某个未失效的构件.换句话说，不仅是失效的构件，未失效的构件中也有一个被移除出系统.这种改进系统称为 TMR/单模系统.试求这种改进系统的可靠度，并与单模系统及 TMR 系统的可靠度作比较，这里三个构件寿命相互独立且都服从失效率为 λ 的指数分布.

习题 3.6
第 3 题讲解

第 3 章自测题　　　　第 3 章自测题答案

第4章 随机变量的数字特征

随机变量的分布能全面地描述随机变量的统计规律,但在实际问题中,随机变量的概率分布很难确切地知道,我们往往也不需要考察随机变量分布规律的全貌,而只需知道它的某些特征就够了. 例如,评价中国高校大学生的消费水平时,一般不需要知道每个学生的具体消费,只需了解平均消费;评定某种电子产品的质量时,往往只关心平均寿命以及寿命与平均寿命的偏离程度,并不需要了解产品寿命的具体分布.平均消费、平均寿命及偏离程度描述了随机变量的取值在某些方面的重要特征,在概率论中称它们为随机变量的**数字特征**,在理论研究与实际应用中都具有重要意义.

本章将介绍随机变量的常用数字特征:数学期望、方差、协方差和相关系数.

§4.1 数学期望

"期望"在日常生活中常指有依据的希望,而在概率论中,数学期望产生于历史上著名的"分赌本问题".首先看一个实际例子.

例4.1 设某射击运动员每轮的训练任务是在同样的条件下瞄准靶子相继射击 90 次. 该射击运动员某一轮训练的记录如下:

数学期望的由来

射中环数 k	0	1	2	3	4	5
射中次数 n_k	2	13	15	10	20	30
频率 $\dfrac{n_k}{n}$	$\dfrac{2}{90}$	$\dfrac{13}{90}$	$\dfrac{15}{90}$	$\dfrac{10}{90}$	$\dfrac{20}{90}$	$\dfrac{30}{90}$

问该射击运动员每次射击平均射中多少环?

解 平均射中环数 $=\dfrac{\text{射中靶的总环数}}{\text{射击次数}}$

$$=\frac{0\times2+1\times13+2\times15+3\times10+4\times20+5\times30}{90}$$

$$=0\times\frac{2}{90}+1\times\frac{13}{90}+2\times\frac{15}{90}+3\times\frac{10}{90}+4\times\frac{20}{90}+5\times\frac{30}{90}.$$

记射中环数为随机变量 X,则平均射中环数是 X 的可能取值与其频率之积的累加,即以频率为权的加权平均值 $\sum\limits_{k=0}^{5} k\cdot\dfrac{n_k}{n}$.注意到频率 $\dfrac{n_k}{n}$ 随射击次数的不同而改变,于是平均射中环数

$\sum\limits_{k=0}^{5} k \cdot \dfrac{n_k}{n}$ 也会随射击次数的不同而发生变化. 由概率的统计定义可知,当射击次数 n 无限增

大时,频率 $\dfrac{n_k}{n}$ 无限接近于概率 p_k,因此平均射中环数 $\sum\limits_{k=0}^{5} k \cdot \dfrac{n_k}{n}$ 也趋于一个稳定值 $\sum\limits_{k=0}^{5} k \cdot p_k$,

这个稳定值不再与射击次数有关,它真实反映了该射击运动员每次射击可期望达到的平均环数,即所谓的数学期望. 由此我们引入离散型随机变量的数学期望的概念.

4.1.1　离散型随机变量的数学期望

定义 4.1　设 X 是离散型随机变量,其分布律为

$$P\{X = x_k\} = p_k, \quad k = 1, 2, \cdots.$$

若级数 $\sum\limits_{k=1}^{+\infty} x_k p_k$ 绝对收敛,则称级数 $\sum\limits_{k=1}^{+\infty} x_k p_k$ 的和为随机变量 X 的**数学期望**,简称**期望**,记为 $E(X)$,即

$$E(X) = \sum_{k=1}^{+\infty} x_k p_k. \tag{4-1}$$

若级数 $\sum\limits_{k=1}^{+\infty} |x_k| p_k$ 不收敛,则称随机变量 X 的**数学期望不存在**.

由定义可知,离散型随机变量的数学期望 $E(X)$ 是以概率为权的加权平均,由 X 的分布律唯一确定,其值刻画了随机变量取值的真正平均值,故数学期望也称为**均值**. 定义中要求级数 $\sum\limits_{k=1}^{+\infty} x_k p_k$ 绝对收敛,是为了保证数学期望的唯一性.

值得注意的是,并不是所有随机变量都存在数学期望,如随机变量 X 的概率分布律为

$$P\left\{X = (-1)^k \frac{3^k}{k}\right\} = \frac{1}{3^k}, \quad k = 1, 2, \cdots,$$

尽管级数 $\sum\limits_{k=1}^{+\infty} x_k p_k = \sum\limits_{k=1}^{+\infty} (-1)^k \frac{3^k}{k} \cdot \frac{1}{3^k} = \sum\limits_{k=1}^{+\infty} (-1)^k \frac{1}{k} = -\ln 2$,本身收敛,但

$$\sum_{k=1}^{+\infty} |x_k| p_k = \sum_{k=1}^{+\infty} \left| (-1)^k \frac{3^k}{k} \right| \cdot \frac{1}{3^k} = \sum_{k=1}^{+\infty} \frac{1}{k} = +\infty$$

发散,所以随机变量 X 的数学期望不存在.

例 4.2　据了解,某高校一科研团队正在研发一种新技术,若试验成功并用于生产,则可净获利 100 万元;若试验失败,则损失 20 万元的研发费. 根据各项资料估计试验成功的概率约为 0.7.在这项技术试验前,试求该技术获利的期望值.

解　设 X 表示该技术的获利数,由已知,其分布律为

X	-20	100
P	0.3	0.7

于是有

$$E(X) = -20 \times 0.3 + 100 \times 0.7 = 64,$$

即该项技术获利的期望值是 64 万元.

下面计算几种常用的离散型分布的数学期望.

例 4.3 设随机变量 $X \sim B(1,p)$，求 $E(X)$.

解 X 的分布律为

$$p_k = P\{X=k\} = p^k (1-p)^{1-k}, \quad k=0,1 \quad (0<p<1),$$

由式(4-1)得

$$E(X) = 0 \times (1-p) + 1 \times p = p.$$

例 4.4 设随机变量 $X \sim B(n,p)$，求 $E(X)$.

解 X 的分布律为

$$p_k = P\{X=k\} = C_n^k p^k q^{n-k}, \quad k=0,1,2,\cdots,n, q=1-p,$$

由式(4-1)得

$$E(X) = \sum_{k=0}^{n} kp_k = \sum_{k=1}^{n} kC_n^k p^k q^{n-k} = \sum_{k=1}^{n} \frac{n!}{(k-1)!\,(n-k)!} p^k q^{n-k}$$

$$= np \sum_{k=1}^{n} \frac{(n-1)!}{(k-1)!\,(n-1-(k-1))!} p^{k-1} q^{n-1-(k-1)} \quad (\diamondsuit\ l=k-1)$$

$$= np \sum_{l=0}^{n-1} C_{n-1}^l p^l q^{n-1-l} = np\,(p+q)^{n-1} = np.$$

例 4.5 设随机变量 $X \sim \pi(\lambda)$，求 $E(X)$.

解 X 的分布律为

$$P\{X=k\} = \frac{\lambda^k e^{-\lambda}}{k!}, \quad k=0,1,2,\cdots,\lambda>0,$$

由式(4-1)得

$$E(X) = \sum_{k=0}^{+\infty} k\frac{\lambda^k e^{-\lambda}}{k!} = \lambda e^{-\lambda} \sum_{k=1}^{+\infty} \frac{\lambda^{k-1}}{(k-1)!} = \lambda e^{-\lambda} \cdot e^{\lambda} = \lambda.$$

4.1.2　连续型随机变量的数学期望

对于连续型随机变量的数学期望,可以通过离散型随机变量的数学期望的定义给出. 设连续型随机变量 X 的概率密度为 $f(x)$,首先将 X 的取值"离散化",即在数轴上取很密的分点 $x_0 < x_1 < \cdots < x_i < x_{i+1} < \cdots$,如图 $4-1$,则 X 落在小区间 $(x_i, x_{i+1}]$ 的概率是 $P\{x_i < X \leqslant x_{i+1}\} = \int_{x_i}^{x_{i+1}} f(x)\,\mathrm{d}x \approx f(x_i)(x_{i+1}-x_i) = f(x_i)\Delta x_i$. 由于 x_i 与 x_{i+1} 很接近,故 $f(x)$ 在区间 $(x_i, x_{i+1}]$ 上的取值可用 $f(x_i)$ 近似代替,因此 X "离散化"后可视为离散型随机变量 X',其分布律为

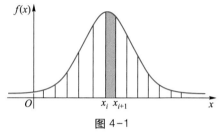

图 4-1

X'	x_1	x_2	$\cdots$	x_n	$\cdots$
P	$f(x_1)\Delta x_1$	$f(x_2)\Delta x_2$	$\cdots$	$f(x_n)\Delta x_n$	$\cdots$

则随机变量 X 的数学期望近似为离散型随机变量 X' 的数学期望,即

$$E(X') = \sum_{i=1}^{+\infty} x_i p_i \approx \sum_{i=1}^{+\infty} x_i f(x_i)\Delta x_i,$$

随着区间 $(x_i, x_{i+1}]$ 越分越小,X' 越来越接近 X,上式右端的和即越来越接近 $\int_{-\infty}^{+\infty} xf(x)\,\mathrm{d}x$. 由此,可以得到连续型随机变量的数学期望的定义.

定义 4.2　设 X 是连续型随机变量,其概率密度为 $f(x)$. 若反常积分 $\int_{-\infty}^{+\infty} xf(x)\,\mathrm{d}x$ 绝对收敛,则称积分 $\int_{-\infty}^{+\infty} xf(x)\,\mathrm{d}x$ 的值为随机变量 X 的**数学期望**,记为 $E(X)$,即

$$E(X) = \int_{-\infty}^{+\infty} xf(x)\,\mathrm{d}x. \tag{4-2}$$

例 4.6　设随机变量 X 的概率密度为

$$f(x) = \begin{cases} x, & 0 \leqslant x < 1, \\ 2-x, & 1 \leqslant x < 2, \\ 0, & \text{其他}, \end{cases}$$

求 X 的数学期望 $E(X)$.

解　由式(4-2)得

$$\begin{aligned} E(X) &= \int_{-\infty}^{+\infty} xf(x)\,\mathrm{d}x \\ &= \int_{-\infty}^{0} x \cdot 0\,\mathrm{d}x + \int_{0}^{1} x \cdot x\,\mathrm{d}x + \int_{1}^{2} x(2-x)\,\mathrm{d}x + \int_{2}^{+\infty} x \cdot 0\,\mathrm{d}x \\ &= \int_{0}^{1} x^2\,\mathrm{d}x + \int_{1}^{2} (2x-x^2)\,\mathrm{d}x = 1. \end{aligned}$$

下面我们计算几种常用的连续型分布的数学期望.

例 4.7 设随机变量 $X \sim U(a,b)$,求 $E(X)$.

解 X 的概率密度为

$$f(x) = \begin{cases} \dfrac{1}{b-a}, & a < x < b, \\ 0, & \text{其他.} \end{cases}$$

由式(4-2)得

$$E(X) = \int_{-\infty}^{+\infty} xf(x)\,\mathrm{d}x = \int_a^b \frac{x}{b-a}\,\mathrm{d}x = \frac{a+b}{2},$$

即数学期望位于区间(a,b)的中点.

例 4.8 设随机变量 $X \sim E(\lambda)$,求 $E(X)$.

解 X 的概率密度为

$$f(x) = \begin{cases} \lambda \mathrm{e}^{-\lambda x}, & x > 0, \\ 0, & \text{其他.} \end{cases}$$

由式(4-2)得

$$E(X) = \int_{-\infty}^{+\infty} xf(x)\,\mathrm{d}x = \int_0^{+\infty} x\lambda \mathrm{e}^{-\lambda x}\,\mathrm{d}x = -\int_0^{+\infty} x\mathrm{d}\mathrm{e}^{-\lambda x} = \int_0^{+\infty} \mathrm{e}^{-\lambda x}\,\mathrm{d}x = \frac{1}{\lambda}.$$

例 4.9 设随机变量 $X \sim N(\mu,\sigma^2)$,求 $E(X)$.

解 X 的概率密度为

$$f(x) = \frac{1}{\sqrt{2\pi}\,\sigma} \mathrm{e}^{-\frac{(x-\mu)^2}{2\sigma^2}}, \quad -\infty < x < +\infty,$$

由式(4-2)得

$$E(X) = \frac{1}{\sqrt{2\pi}\,\sigma} \int_{-\infty}^{+\infty} x\mathrm{e}^{-\frac{(x-\mu)^2}{2\sigma^2}}\,\mathrm{d}x,$$

令 $t = \dfrac{x-\mu}{\sigma}$,则

$$E(X) = \frac{1}{\sqrt{2\pi}\,\sigma} \int_{-\infty}^{+\infty} x\mathrm{e}^{-\frac{(x-\mu)^2}{2\sigma^2}}\,\mathrm{d}x$$

$$= \frac{1}{\sqrt{2\pi}} \int_{-\infty}^{+\infty} (\mu+\sigma t)\mathrm{e}^{-\frac{t^2}{2}}\,\mathrm{d}t$$

$$= \mu + \frac{1}{\sqrt{2\pi}} \int_{-\infty}^{+\infty} \sigma t\mathrm{e}^{-\frac{t^2}{2}}\,\mathrm{d}t = \mu.$$

4.1.3　随机变量函数的数学期望

在许多实际问题中,往往需要计算随机变量函数的数学期望. 例如,圆的面积 $S = \pi R^2$(R 是半径)的数学期望. 更一般地,设 X 是一个随机变量,其概率分布已知,$g(x)$ 是任意实函数,要求随机变量 $Y = g(X)$ 的数学期望. 理论上,可通过 X 的概率分布,求出 $Y = g(X)$ 的概率分布,再按数学期望的定义计算 $Y = g(X)$ 的数学期望 $E[g(X)]$,但这种计算方法一般比较复杂. 下面给出直接计算 $Y = g(X)$ 的数学期望 $E(Y)$ 的方法.

定理 4.1　设 $Y = g(X)$ 是随机变量 X 的函数,其中 g 是连续函数.

(1) 设 X 是离散型随机变量,其分布律为

$$p_k = P\{X = x_k\}, \quad k = 1, 2, \cdots,$$

若级数 $\displaystyle\sum_{k=1}^{+\infty} g(x_k) p_k$ 绝对收敛,则有

$$E(Y) = E[g(X)] = \sum_{k=1}^{+\infty} g(x_k) p_k. \tag{4-3}$$

(2) 设 X 是连续型随机变量,其概率密度为 $f(x)$,若 $\displaystyle\int_{-\infty}^{+\infty} g(x) f(x) \mathrm{d}x$ 绝对收敛,则有

$$E(Y) = E[g(X)] = \int_{-\infty}^{+\infty} g(x) f(x) \mathrm{d}x. \tag{4-4}$$

证明略. 在它被证明之前,统计学家们早就发现并在实际计算中大量使用了,因此这两个公式被称为"**实用统计学家定律**". 这两个公式的意义在于:当我们要计算 $Y = g(X)$ 的数学期望 $E(Y)$ 时,不需要计算 Y 的概率分布,而只需知道 X 的分布即可. 该定理还可以推广到两个或两个以上随机变量的函数的情况.

定理 4.2　设 $Z = g(X, Y)$ 是随机变量 X, Y 的函数,其中 g 是连续函数,那么,Z 是一个一维随机变量.

(1) 设二维离散型随机变量 (X, Y) 的联合分布律为

$$p_{ij} = P\{X = x_i, Y = y_j\}, \quad i, j = 1, 2, \cdots,$$

若 $\displaystyle\sum_{j=1}^{+\infty} \sum_{i=1}^{+\infty} g(x_i, y_j) p_{ij}$ 绝对收敛,则有

$$E(Z) = E[g(X, Y)] = \sum_{j=1}^{+\infty} \sum_{i=1}^{+\infty} g(x_i, y_j) p_{ij}. \tag{4-5}$$

(2) 设二维连续型随机变量 (X, Y) 的联合概率密度为 $f(x, y)$,若 $\displaystyle\int_{-\infty}^{+\infty} \int_{-\infty}^{+\infty} g(x, y) f(x, y) \mathrm{d}x\mathrm{d}y$ 绝对收敛,则有

$$E(Z) = E[g(X, Y)] = \int_{-\infty}^{+\infty} \int_{-\infty}^{+\infty} g(x, y) f(x, y) \mathrm{d}x\mathrm{d}y. \tag{4-6}$$

例 4.10 已知随机变量 X 的分布律为

X	-1	0	1	2
P	0.4	0.1	0.3	0.2

求 $Y=X^2-2X+3$ 的数学期望 $E(Y)$.

解 由式(4-3)得

$$
\begin{aligned}
E(Y) &= E(X^2-2X+3) \\
&= [(-1)^2-2\times(-1)+3]\times0.4+(0^2-2\times0+3)\times0.1+ \\
&\quad (1^2-2\times1+3)\times0.3+(2^2-2\times2+3)\times0.2=3.9.
\end{aligned}
$$

例 4.11 设随机变量 $X\sim N(0,1)$，$Y=|X|$，试求 $E(Y)$.

解 由已知随机变量 X 的概率密度为

$$
f(x)=\frac{1}{\sqrt{2\pi}}e^{-\frac{x^2}{2}}, \quad -\infty<x<+\infty,
$$

由式(4-4)得

$$
E(Y)=E(|X|)=\int_{-\infty}^{+\infty}|x|f(x)\,dx=\int_{-\infty}^{+\infty}|x|\frac{1}{\sqrt{2\pi}}e^{-\frac{x^2}{2}}\,dx
$$

$$
=2\int_{0}^{+\infty}x\frac{1}{\sqrt{2\pi}}e^{-\frac{x^2}{2}}\,dx=\frac{2}{\sqrt{2\pi}}(-e^{-\frac{x^2}{2}})\Big|_{0}^{+\infty}=\sqrt{\frac{2}{\pi}}.
$$

例 4.12 对圆的直径做近似测量，设其测量值 $X\sim U(a,b)$，求圆的面积的平均值.

解 设圆的面积为 S，则 $S=\frac{1}{4}\pi X^2$. 由已知，X 的概率密度为

$$
f(x)=\begin{cases}\dfrac{1}{b-a}, & a\leqslant x\leqslant b, \\ 0, & \text{其他.}\end{cases}
$$

由(4-4)式得

$$
E(S)=\int_{-\infty}^{+\infty}\frac{1}{4}\pi x^2 f(x)\,dx=\int_{a}^{b}\frac{1}{4}\pi x^2\frac{1}{b-a}\,dx=\frac{\pi}{12}(a^2+ab+b^2).
$$

例 4.13 设 (X,Y) 的联合概率密度为

$$
f(x,y)=\begin{cases}\dfrac{x+y}{3}, & 0\leqslant x\leqslant 2,0\leqslant y\leqslant 1, \\ 0, & \text{其他.}\end{cases}
$$

求 $E(X)$, $E(XY)$, $E(X^2+Y^2)$.

解　由题意得,积分区域为 $D = \{(x,y) \mid 0 \le x \le 2, 0 \le y \le 1\}$,因此

$$E(X) = \iint\limits_{D} xf(x,y)\,\mathrm{d}x\mathrm{d}y = \int_0^2 x\mathrm{d}x \int_0^1 \frac{x+y}{3}\mathrm{d}y = \frac{1}{6}\int_0^2 x(2x+1)\mathrm{d}x = \frac{11}{9},$$

$$E(XY) = \iint\limits_{D} xyf(x,y)\,\mathrm{d}x\mathrm{d}y = \int_0^2\int_0^1 xy\frac{x+y}{3}\mathrm{d}y\mathrm{d}x = \int_0^2 \left(\frac{1}{6}x^2 + \frac{1}{9}x\right)\mathrm{d}x = \frac{2}{3},$$

$$E(X^2+Y^2) = \iint\limits_{D} (x^2+y^2)f(x,y)\,\mathrm{d}x\mathrm{d}y = \int_0^2 x^2\mathrm{d}x\int_0^1 \frac{x+y}{3}\mathrm{d}y + \int_0^2\mathrm{d}x\int_0^1 \frac{xy^2+y^3}{3}\mathrm{d}y = \frac{13}{6}.$$

例 4.14　某商店按月出售某种通信电缆,每售出 1 t 可获得纯利润 3 万元,如到月末尚有剩余,则每吨将亏损 1 万元. 设每月该商店对该种通信电缆的销售量 X(单位:t) 是一个随机变量,且服从区间 $[2,4]$ 上的均匀分布. 问该商店月初应进货多少吨才能获得最大的期望利润?

解　设该商店应进货 y t,显然有 $2 \le y \le 4$,由题意得,该商店获得的利润 $Y = g(X)$(单位:万元)

$$Y = g(X) = \begin{cases} 3X-(y-X), & 2 \le X \le y, \\ 3y, & y < X \le 4. \end{cases} = \begin{cases} 4X-y, & 2 \le X \le y, \\ 3y, & y < X \le 4. \end{cases}$$

因为 $X \sim U(2,4)$,所以期望利润为

$$E(Y) = E[g(X)] = \int_{-\infty}^{+\infty} g(x)f(x)\,\mathrm{d}x = \int_{-\infty}^{y} (4x-y)f(x)\,\mathrm{d}x + \int_y^{+\infty} 3yf(x)\,\mathrm{d}x$$

$$= \int_2^y (4x-y)\cdot\frac{1}{2}\mathrm{d}x + \int_y^4 3y\cdot\frac{1}{2}\mathrm{d}x = -y^2 + 7y - 4.$$

例 4.14
MATLAB 求解

现求使得 $E(Y)$ 取得最大值的 y,记 $h(y) = -y^2 + 7y - 4$,令 $h'(y) = -2y + 7 = 0$,解得 $y = 3.5$,因此该商店月初应进货 3.5 t 才能使获得的期望利润最大.

4.1.4　数学期望的性质

由数学期望的定义,容易得到数学期望的下列性质. 假设所涉及随机变量的数学期望均存在.

(1) $E(C) = C$, C 是常数.

(2) 设 X 是一个随机变量,C 是常数,则 $E(CX) = CE(X)$.

(3) 设 X, Y 是两个随机变量,则 $E(X+Y) = E(X) + E(Y)$.

(4) 设 X, Y 是两个相互独立的随机变量,则 $E(XY) = E(X)E(Y)$.

由以上性质可得到如下结论:

1) 设 $X_1, X_2, \cdots, X_n$ 是 n 个随机变量,则

$$E(X_1+X_2+\cdots+X_n) = E(X_1) + E(X_2) + \cdots + E(X_n).$$

2）设 $X_1, X_2, \cdots, X_n$ 为随机变量，$a_1, a_2, \cdots, a_n$ 为一组不全为零的常数，则

$$E\left(\sum_{i=1}^{n} a_i X_i\right) = \sum_{i=1}^{n} a_i E(X_i).$$

3）设随机变量 $X_1, X_2, \cdots, X_n$ 相互独立，则

$$E(X_1 X_2 \cdots X_n) = E(X_1) E(X_2) \cdots E(X_n).$$

例 4.15 对于两个随机变量 X 与 Y，若 $E(X^2), E(Y^2)$ 均存在，证明

$$[E(XY)]^2 \leqslant E(X^2) E(Y^2).$$

证 考虑实变量 t 的二次函数

$$g(t) = E[(tX - Y)^2] = t^2 E(X^2) - 2t E(XY) + E(Y^2).$$

对一切 t，均有 $g(t) \geqslant 0$. 令 $g(t) = 0$，此方程要么无实根，要么只有一个二重根. 故由一元二次方程有实根的判断条件，有 $[E(XY)]^2 - E(X^2) E(Y^2) \leqslant 0$，即

$$[E(XY)]^2 \leqslant E(X^2) E(Y^2).$$

该不等式是著名的柯西-施瓦茨不等式.

例 4.16 将 n 个球随机地放入 m 个盒子中，设每个球放入各个盒子是等可能的，求有球的盒子数 X 的数学期望.

解 记

$$X_i = \begin{cases} 0, & \text{第 } i \text{ 个盒子中无球,} \\ 1, & \text{第 } i \text{ 个盒子中有球,} \end{cases} \quad i = 1, 2, \cdots, m,$$

则 $X = \sum_{i=1}^{m} X_i$. 由题意知，任一个球不落入第 i 个盒子的概率为 $1 - \dfrac{1}{m}$，因此 n 个球都不落入第 i 个盒子的概率为 $P\{X_i = 0\} = \left(1 - \dfrac{1}{m}\right)^n$，从而

$$P\{X_i = 1\} = 1 - P\{X_i = 0\} = 1 - \left(1 - \frac{1}{m}\right)^n, \quad i = 1, 2, \cdots, m,$$

于是

$$E(X_i) = 1 - \left(1 - \frac{1}{m}\right)^n, \quad i = 1, 2, \cdots, m,$$

由数学期望的性质，得

$$E(X) = E\left(\sum_{i=1}^{m} X_i\right) = \sum_{i=1}^{m} E(X_i) = m\left[1 - \left(1 - \frac{1}{m}\right)^n\right].$$

本题是将 X 分解成多个随机变量之和，然后利用数学期望的性质求 X 的数学期望，这种

采用分解的手段化繁为简的处理方法具有一定的普遍意义,通常可使复杂问题简单化.

例 4.17　设某一电路中电流 I(单位:A)与电阻 R(单位:Ω)是两个相互独立的随机变量,其概率密度分别为

$$f_I(x) = \begin{cases} 2x, & 0 \leq x \leq 1, \\ 0, & \text{其他}, \end{cases} \qquad f_R(y) = \begin{cases} \dfrac{y^2}{9}, & 0 \leq y \leq 3, \\ 0, & \text{其他}. \end{cases}$$

试求电压 $U = IR$ 的数学期望.

解　因为随机变量 I 与 R 相互独立,所以根据数学期望的性质,有

$$E(U) = E(IR) = E(I)E(R) = \int_{-\infty}^{+\infty} x f_I(x) \, \mathrm{d}x \int_{-\infty}^{+\infty} y f_R(y) \, \mathrm{d}y$$

$$= \int_0^1 2x^2 \, \mathrm{d}x \int_0^3 \frac{y^3}{9} \, \mathrm{d}y = \frac{3}{2}(\text{V}).$$

数学期望刻画了随机变量取值的平均状况,是随机变量的一个非常重要的数字特征,在工程技术、经济、保险等领域有广泛应用. 此外, 在金融领域,我国著名数学家彭实戈院士建立了动态非线性数学期望理论:g-期望理论,它是研究金融数学的非线性动态定价问题以及动态风险度量问题的重要工具.

习　题　4.1

基　础　题

1. 设随机变量 X 的分布律分别为

(1) $P\left\{X = \dfrac{2^k}{k}\right\} = \dfrac{1}{2^k}, k = 1, 2, \cdots,$

(2) $P\left\{X = (-1)^k \dfrac{2^k}{k}\right\} = \dfrac{1}{2^k}, k = 1, 2, \cdots,$

(3) $P\left\{X = (-1)^k \dfrac{2^k}{k^2}\right\} = \dfrac{1}{2^k}, k = 1, 2, \cdots.$

在这三种情况下,试问随机变量 X 的数学期望 $E(X)$ 是否存在? 为什么?

2. 按规定,某车站每天 8:00—9:00 和 9:00—10:00 都恰有一辆客车到站,但到站的时刻是随机的,且两者到站的时间相互独立. 其规律为

8:00—9:00 到站时间	8:10	8:30	8:50
9:00—10:00 到站时间	9:10	9:30	9:50
概率	$\dfrac{1}{6}$	$\dfrac{3}{6}$	$\dfrac{2}{6}$

一位旅客 8:20 到车站,求该旅客的平均候车时间.

3. 已知随机变量 X 的分布函数为

$$F(x)=\begin{cases}0, & x\leqslant 0, \\ \dfrac{x}{4}, & 0<x\leqslant 4, \\ 1, & x>4.\end{cases}$$

求 $E(X)$.

4. 已知分子速度 X 服从麦克斯韦分布,其概率密度为

$$f(x)=\begin{cases}\dfrac{4x^2}{\sigma^2\sqrt{\pi}}\mathrm{e}^{-\frac{x^2}{\sigma^2}}, & x>0, \\ 0, & x\leqslant 0,\end{cases}$$

其中 $\sigma>0$ 是常数,求分子的平均速度.

5. 设一电子设备是由 3 个相互独立工作的电子元件按一定的方式连接构成,已知电子元件的寿命 $X_i(i=1,2,3)$ 都服从同一指数分布,其概率密度为

$$f(x)=\begin{cases}\lambda\mathrm{e}^{-\lambda x}, & x>0, \\ 0, & x\leqslant 0.\end{cases}$$

试分别求电子元件按串联、并联两种方式连接的情况下,电子设备的平均寿命.

6. 设二维随机变量 (X,Y) 的联合分布律为

X	Y			
	0	1	2	3
1	0	$\dfrac{3}{8}$	$\dfrac{3}{8}$	0
3	$\dfrac{1}{8}$	0	0	$\dfrac{1}{8}$

求 $E(X),E(Y),E(XY)$.

7. 设二维随机变量 (X,Y) 的联合概率密度为

$$f(x,y)=\begin{cases}cxy, & 0\leqslant x\leqslant 1,0\leqslant y\leqslant 2, \\ 0, & 其他.\end{cases}$$

求:(1) 常数 c;(2) X,Y 和 XY 的数学期望.

8. 设随机变量 X 在区间 $[0,\pi]$ 上服从均匀分布，求 $E(\sin X),E(X^2)$ 及 $E[X-E(X)]^2$.

9. 一民航送客车载有 20 位旅客自机场开出，旅客有 10 个车站可以下车. 如到达一个车站没有旅客下车就不停车. 设每位旅客在各个车站下车是等可能的，并设各旅客是否下车相互独立. 设用 X 表示停车的次数，求平均停车次数 $E(X)$.

提 高 题

1. 某种产品的每件表面上的疵点数服从参数 $\lambda=0.8$ 的泊松分布，若规定疵点数不超过 1 个为一等品，价值 10 元；疵点数大于 1 个不多于 4 个为二等品，价值 8 元；疵点数超过 4 个为废品. 求：

   （1）产品的废品率；

   （2）产品价值的平均值.

2. 设随机变量 $X \sim f(x)$，$E(X)=\dfrac{7}{12}$，且

$$f(x)=\begin{cases} ax+b, & 0 \leqslant x \leqslant 1, \\ 0, & \text{其他}. \end{cases}$$

   求 a 与 b 的值，并求分布函数 $F(x)$.

3. 设随机变量 Y 服从参数为 $\lambda=1$ 的指数分布，令随机变量

$$X_k=\begin{cases} 0, & Y \leqslant k, \\ 1, & Y > k, \end{cases} \quad (k=1,2),$$

   （1）求 X_1 与 X_2 的联合概率分布；

   （2）求 $E(X_1+X_2)$.

4. 按季节出售的某种商品，每售出一千克获得利润 6 元，如到季末尚有剩余，则每千克亏损 2 元，设市场对某商店在季节内该种商品的需求量 X（单位：kg）是一随机变量，X 在区间 $(400,800)$ 上服从均匀分布，为使商店所获得利润的数学期望最大，问该商店应进多少货？试用 MATLAB 编程实现.

5. 设随机变量 X 的概率密度为

$$f(x)=\begin{cases} 2^{-x}\ln 2, & x>0, \\ 0, & x \leqslant 0. \end{cases}$$

习题 4.1 提高
题第 5 题讲解

   对 X 进行独立重复的观测，直到 2 个大于 3 的观测值出现时停止，记 Y 为观测次数.

   （1）求 Y 的概率分布；

   （2）求 $E(Y)$.

§4.2   方差

数学期望体现了随机变量取值的平均水平,是随机变量的一个重要数字特征,但在实际应用中仅仅知道平均值是不够的,还需要知道随机变量取值的波动情况,即随机变量的取值与其数学期望的偏离程度.

例 4.18   设某零件的真实长度为 a,现用甲、乙两台仪器各测量 10 次,将测量结果 X 用坐标上的点表示如图 4-2,测量结果的平均值都是 a,如何评价两台仪器的优劣?

显然测量结果的平均值这一指标不能判断仪器的优劣,还需考察测量结果 X 与平均值 $E(X)$ 的偏离程度. 由图观察发现乙仪器的测量结果集中在平均值附近,更稳定,故乙仪器更优. 因此,研究随机变量与其平均值的偏离程度是十分必要的. 为此引入度量这些偏离程度的数字特征——方差.

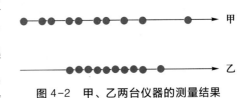

图 4-2   甲、乙两台仪器的测量结果

4.2.1   方差的概念

定义 4.3   设 X 是一随机变量,若 $E\{[X-E(X)]^2\}$ 存在,则称 $E\{[X-E(X)]^2\}$ 为 X 的**方差**,记为 $D(X)$ 或 $Var(X)$,即

$$D(X) = Var(X) = E\{[X-E(X)]^2\}, \tag{4-7}$$

称 $\sqrt{D(X)}$ 为 X 的**标准差**或**均方差**,记为 $\sigma(X)$.

由定义可知,随机变量 X 的方差刻画了 X 的取值对于其数学期望 $E(X)$ 的离散程度. 若 $D(X)$ 较小,则 X 取值比较集中在数学期望 $E(X)$ 的附近;反之,若 $D(X)$ 较大,则表明 X 的取值比较分散. 因此,$D(X)$ 是刻画 X 取值分散程度的一个数字特征.

4.2.2   方差的计算

由定义知,方差实际上是随机变量 X 的函数 $g(X) = [X-E(X)]^2$ 的数学期望. 于是, 对于离散型随机变量 X,若其分布律为 $p_k = P\{X = x_k\}, k = 1, 2, \cdots$,按式(4-3),有

$$D(X) = \sum_{k=1}^{+\infty} [x_k - E(X)]^2 p_k. \tag{4-8}$$

对于连续型随机变量 X,若其概率密度为 $f(x)$,按式(4-4),有

$$D(X) = \int_{-\infty}^{+\infty} [x - E(X)]^2 f(x) \, \mathrm{d}x. \tag{4-9}$$

由数学期望的性质可得方差的**简化计算公式**

$$D(X) = E(X^2) - [E(X)]^2. \tag{4-10}$$

事实上,

$$D(X) = E\{[X - E(X)]^2\} = E\{X^2 - 2XE(X) + [E(X)]^2\}$$

$$= E(X^2) - 2E(X)E(X) + [E(X)]^2 = E(X^2) - [E(X)]^2.$$

下面我们计算几种常用分布的方差.

例 4.19 设随机变量 $X \sim B(1, p)$,求 $D(X)$.

解 X 的分布律为

$$P\{X = 0\} = 1 - p, \quad P\{X = 1\} = p,$$

第4.1节已求得 $E(X) = 0 \cdot (1 - p) + 1 \cdot p = p$,而

$$E(X^2) = 0^2 \cdot (1 - p) + 1^2 \cdot p = p,$$

由式(4-10),

$$D(X) = E(X^2) - [E(X)]^2 = p - p^2 = p(1 - p).$$

例 4.20 设随机变量 $X \sim \pi(\lambda)$,求 $D(X)$.

解 X 的分布律为

$$P\{X = k\} = \frac{\lambda^k \mathrm{e}^{-\lambda}}{k!}, \quad k = 0, 1, 2, \cdots, \lambda > 0,$$

第4.1节已求得 $E(X) = \lambda$,而

$$E(X^2) = \sum_{k=1}^{+\infty} k^2 \frac{\lambda^k \mathrm{e}^{-\lambda}}{k!} = \sum_{k=1}^{+\infty} k(k-1) \frac{\lambda^k \mathrm{e}^{-\lambda}}{k!} + \sum_{k=1}^{+\infty} k \frac{\lambda^k \mathrm{e}^{-\lambda}}{k!}$$

$$= \lambda^2 \mathrm{e}^{-\lambda} \sum_{k=2}^{+\infty} \frac{\lambda^{k-2}}{(k-2)!} + \lambda = \lambda^2 \mathrm{e}^{-\lambda} \mathrm{e}^{\lambda} + \lambda = \lambda^2 + \lambda.$$

因此,由式(4-10),

$$D(X) = E(X^2) - [E(X)]^2 = \lambda.$$

由此可知,泊松分布的数学期望与方差相等,都等于参数 λ. 因为泊松分布只含一个参数 λ,所以只要知道它的数学期望或方差就能完全确定它的分布了.

例 4.21 设随机变量 $X \sim U(a, b)$,求 $D(X)$.

解 X 的概率密度为

$$f(x) = \begin{cases} \dfrac{1}{b-a}, & a<x<b, \\ 0, & 其他. \end{cases}$$

第 4.1 节已经求得 $E(X) = \dfrac{a+b}{2}$. 故由式（4-10），所求方差为

$$D(X) = E(X^2) - [E(X)]^2 = \int_a^b x^2 \frac{1}{b-a}\mathrm{d}x - \left(\frac{a+b}{2}\right)^2 = \frac{(b-a)^2}{12}.$$

例 4.22 设随机变量 $X \sim E(\lambda)$，求 $D(X)$.

解 X 的概率密度为

$$f(x) = \begin{cases} \lambda\,\mathrm{e}^{-\lambda x}, & x>0, \\ 0, & x\leqslant 0, \end{cases} \qquad \lambda>0.$$

第 4.1 节已经算得 $E(X) = \dfrac{1}{\lambda}$，而

$$E(X^2) = \int_{-\infty}^{+\infty} x^2 f(x)\,\mathrm{d}x = \int_0^{+\infty} x^2 \lambda\,\mathrm{e}^{-\lambda x}\mathrm{d}x = -x^2\mathrm{e}^{-\lambda x}\Big|_0^{+\infty} + \int_0^{+\infty} 2x\mathrm{e}^{-\lambda x}\mathrm{d}x = \frac{2}{\lambda^2}.$$

于是由式（4-10）

$$D(X) = E(X^2) - [E(X)]^2 = \frac{2}{\lambda^2} - \frac{1}{\lambda^2} = \frac{1}{\lambda^2}.$$

4.2.3 方差的性质

以下假设所讨论的随机变量的方差均存在.

（1）设 C 是常数，则 $D(C) = 0$.

（2）设 X 是随机变量，C 是常数，则有 $D(CX) = C^2 D(X)$.

（3）设 X, Y 是两个随机变量，则有

$$D(X+Y) = D(X) + D(Y) + 2E\{[X-E(X)][Y-E(Y)]\}.$$

特别地，若 X 与 Y 相互独立，则有

$$D(X+Y) = D(X) + D(Y).$$

（4）$D(X) = 0$ 的充要条件是 X 以概率 1 取常数 C，即 $P\{X=C\} = 1$. 显然，这里 $C = E(X)$.

下面只证明性质（3），其余性质留给读者自己证明.

证 $D(X+Y) = E\{[(X+Y)-E(X+Y)]^2\} = E\{[(X-E(X))+(Y-E(Y))]^2\}$

$\qquad\quad = E\{[X-E(X)]^2\} + E\{[Y-E(Y)]^2\} + 2E\{[X-E(X)][Y-E(Y)]\}$

$\qquad\quad = D(X) + D(Y) + 2E\{[X-E(X)][Y-E(Y)]\}.$

上式右端第三项

$$2E\{[X-E(X)][Y-E(Y)]\}$$
$$= 2E[XY-XE(Y)-YE(X)+E(X)E(Y)]$$
$$= 2[E(XY)-E(X)E(Y)-E(Y)E(X)+E(X)E(Y)]$$
$$= 2[E(XY)-E(X)E(Y)].$$

若 X 与 Y 相互独立,由数学期望的性质(4)知道上式右端为 0,于是

$$D(X+Y) = D(X)+D(Y).$$

这一性质可以推广到任意有限个相互独立的随机变量之和的情况,即若 $X_1, X_2, \cdots, X_n$ 相互独立, 则

$$D\left(\sum_{i=1}^{n} X_i\right) = \sum_{i=1}^{n} D(X_i), \quad D\left(\sum_{i=1}^{n} C_i X_i\right) = \sum_{i=1}^{n} C_i^2 D(X_i).$$

例 4.23 设随机变量 X 具有数学期望 $E(X) = \mu$,方差 $D(X) = \sigma^2 \neq 0$. 记

$$X^* = \frac{X-\mu}{\sigma},$$

求 $E(X^*)$ 和 $D(X^*)$.

解 由数学期望与方差的性质,得

$$E(X^*) = E\left(\frac{X-\mu}{\sigma}\right) = \frac{1}{\sigma}E(X-\mu) = \frac{1}{\sigma}[E(X)-\mu] = 0,$$

$$D(X^*) = D\left(\frac{X-\mu}{\sigma}\right) = \frac{1}{\sigma^2}D(X-\mu) = \frac{1}{\sigma^2}D(X) = \frac{\sigma^2}{\sigma^2} = 1.$$

即 $X^* = \dfrac{X-\mu}{\sigma}$ 的数学期望为 0,方差为 1.通常称 X^* 为 X 的**标准化变量**.

例 4.24 设随机变量 $X_1, X_2, \cdots, X_n$ 相互独立,且 $E(X_i) = \mu, D(X_i) = \sigma^2 (i = 1, 2, \cdots, n)$. 令 $\bar{X} = \dfrac{1}{n} \sum_{i=1}^{n} X_i$,求 $E(\bar{X}), D(\bar{X})$.

解 由数学期望与方差的性质,得

$$E(\bar{X}) = E\left(\frac{1}{n}\sum_{i=1}^{n} X_i\right) = \frac{1}{n}E\left(\sum_{i=1}^{n} X_i\right) = \frac{1}{n}\sum_{i=1}^{n} E(X_i) = \mu,$$

$$D(\bar{X}) = D\left(\frac{1}{n}\sum_{i=1}^{n} X_i\right) = \frac{1}{n^2}D\left(\sum_{i=1}^{n} X_i\right) = \frac{1}{n^2}\sum_{i=1}^{n} D(X_i) = \frac{\sigma^2}{n}.$$

该例的结论在实际应用中十分有用. 例如,在进行精密测量时,往往需要重复测量若干次,然后取其算术平均值,从而减少测量误差. 该例的结果为这种做法提出了合理解释.

例 4.25 设随机变量 $X \sim B(n, p)$,求 $D(X)$.

解 由二项分布的定义知,X 表示 n 重伯努利试验中"成功"的次数,且在每次试验中"成功"的概率为 p.引入随机变量

$$X_i = \begin{cases} 1, & \text{若第 } i \text{ 次试验成功,} \\ 0, & \text{若第 } i \text{ 次试验失败} \end{cases} \quad (i=1,2,\cdots,n),$$

则 $X_i(i=1,2,\cdots,n)$ 服从 $(0-1)$ 分布,且 $X = \sum\limits_{i=1}^{n} X_i$ 是 n 次试验中"成功"的次数. 易知 $D(X_i) = p(1-p)(i=1,2,\cdots,n)$,又由于 $X_1,X_2,\cdots,X_n$ 相互独立,由方差性质(3),得

$$D(X) = D\left(\sum_{i=1}^{n} X_i \right) = \sum_{i=1}^{n} D(X_i) = np(1-p).$$

例 4.26 设随机变量 $X \sim N(\mu,\sigma^2)$,求 $D(X)$.

解 先求标准正态变量 $Z = \dfrac{X-\mu}{\sigma}$ 的期望和方差. 因为 Z 的概率密度为

$$\varphi(t) = \frac{1}{\sqrt{2\pi}} e^{-t^2/2} \quad (-\infty < t < +\infty),$$

于是

$$E(Z) = \frac{1}{\sqrt{2\pi}} \int_{-\infty}^{+\infty} t e^{-t^2/2} \, dt = \frac{-1}{\sqrt{2\pi}} e^{-t^2/2} \Big|_{-\infty}^{+\infty} = 0,$$

$$D(Z) = E(Z^2) = \frac{1}{\sqrt{2\pi}} \int_{-\infty}^{+\infty} t^2 e^{-t^2/2} \, dt = -\frac{1}{\sqrt{2\pi}} \int_{-\infty}^{+\infty} t \, d(e^{-t^2/2})$$

$$= -\frac{t}{\sqrt{2\pi}} e^{-t^2/2} \Big|_{-\infty}^{+\infty} + \frac{1}{\sqrt{2\pi}} \int_{-\infty}^{+\infty} e^{-t^2/2} \, dt = \frac{1}{\sqrt{\pi}} \int_{-\infty}^{+\infty} e^{-(t/\sqrt{2})^2} \, d\left(\frac{t}{\sqrt{2}}\right) = 1,$$

其中利用积分 $\displaystyle\int_{-\infty}^{+\infty} e^{-x^2} \, dx = \sqrt{\pi}$. 因为 $X = \mu + \sigma Z$,由数学期望与方差的性质,得

$$E(X) = E(\mu + \sigma Z) = \mu + \sigma E(Z) = \mu,$$
$$D(X) = D(\mu + \sigma Z) = \sigma^2 D(Z) = \sigma^2.$$

由此可见,正态分布的密度函数中的两个参数 μ 和 σ^2 分别是该分布的数学期望和方差,因而正态分布完全由它的数学期望和方差所确定.

对于正态分布,有如下结论:

若 $X_i \sim N(\mu_i,\sigma_i^2)$,$i=1,2,\cdots,n$,且它们相互独立,则它们的线性组合 $C_1X_1+C_2X_2+\cdots+C_nX_n$($C_1$,$C_2,\cdots,C_n$ 是不全为 0 的常数)仍然服从正态分布,由数学期望和方差的性质得

$$C_1X_1+C_2X_2+\cdots+C_nX_n \sim N\left(\sum_{i=1}^{n} C_i\mu_i, \sum_{i=1}^{n} C_i^2\sigma_i^2 \right).$$

这是一个重要的结果. 例如,若 $X \sim N(0,1)$,$Y \sim N(1,1)$,且 X 与 Y 相互独立,则 $Z = 2X - 5Y$ 也

服从正态分布,而

$$E(Z) = 2 \times 0 - 5 \times 1 = -5, \quad D(Z) = 2^2 \times 1 + 5^2 \times 1 = 29,$$

故有 $Z \sim N(-5, 29)$.

对于一些常用分布,其数字特征往往与分布中的参数有关,在实际问题中经常用到,附表 1 列出了常用分布的数学期望与方差.

例 4.27　设随机变量 (X, Y) 在以点 $(0, 1)$,$(1, 0)$,$(1, 1)$ 为顶点的三角形区域 G 上服从均匀分布,试求随机变量 $Z = X + Y$ 的期望与方差.

解　以点 $(0, 1)$,$(1, 0)$,$(1, 1)$ 为顶点的三角形区域 G 如图 4-3 所示,G 的面积为 $\dfrac{1}{2}$,所以随机变量 (X, Y) 的联合概率密度为

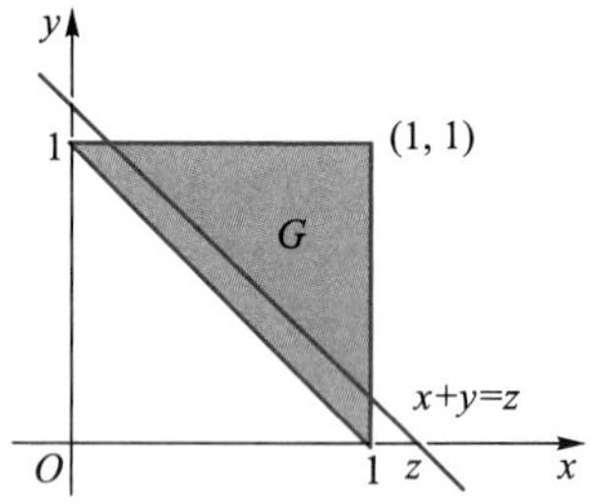

$$f(x, y) = \begin{cases} 2, & (x, y) \in G, \\ 0, & (x, y) \notin G. \end{cases}$$

图 4-3

由式 (4-6),得

$$E(X + Y) = \int_{-\infty}^{+\infty} \int_{-\infty}^{+\infty} (x + y) f(x, y) \, dx \, dy$$

$$= \int_0^1 dx \int_{1-x}^1 2(x + y) \, dy = \int_0^1 (x^2 + 2x) \, dx = \left(\frac{x^3}{3} + x^2 \right) \bigg|_0^1 = \frac{4}{3},$$

$$E[(X + Y)^2] = \int_{-\infty}^{+\infty} \int_{-\infty}^{+\infty} (x + y)^2 f(x, y) \, dx \, dy$$

$$= \int_0^1 dx \int_{1-x}^1 2 (x + y)^2 \, dy = \frac{2}{3} \int_0^1 (x^3 + 3x^2 + 3x) \, dx = \frac{11}{6},$$

所以

$$D(X + Y) = E[(X + Y)^2] - [E(X + Y)]^2 = \frac{1}{18}.$$

习　题　4.2

基　础　题

1. 已知随机变量 X 的分布律为

X	-1	0	1	2
P	0.4	0.1	0.3	0.2

求 $Y = -2X + 3$ 的方差 $D(Y)$.

2. 设随机变量 X 服从几何分布,其分布律为

$$p_k = P\{X = k\} = pq^{k-1}, \quad k = 1, 2, \cdots, q = 1 - p.$$

求 $E(X)$ 和 $D(X)$.

3. 设随机变量 X 的分布律为

$$p_k = P\{X = k\} = \frac{a^k}{(1+a)^{k+1}}, \quad k = 0, 1, 2, \cdots,$$

其中 $a > 0$,求 $E(X)$ 和 $D(X)$.

4. 设随机变量 X 的概率密度为

$$f(x) = \frac{1}{2}e^{-|x|}, \quad -\infty < x < +\infty,$$

求 $E(X)$ 和 $D(X)$. 试用 MATLAB 编程求解.

习题 4.2 基础题第 4 题
MATLAB 求解

5. 设随机变量 (X, Y) 在区域 $G = \{(x, y) \mid 0 < x < 1, -x < y < x\}$ 上服从均匀分布,试求随机变量 $Z = 2X + 1$ 的数学期望与方差.

6. 已知随机变量 X_1, X_2, X_3 相互独立,且 $X_1 \sim U(3, 8)$,$X_2 \sim N(1, 3)$,$X_3 \sim E(5)$,求 $Y = X_1 - 2X_2 + 3X_3$ 的数学期望与方差.

7. 设随机变量 X 的概率密度为

$$f(x) = \begin{cases} ax e^{-x}, & x \geq 0, \\ 0, & x < 0. \end{cases}$$

求常数 $a, E(X), D(X)$.

8. 设随机变量 X 与 Y 相互独立,都服从正态分布 $N\left(0, \dfrac{1}{2}\right)$. 试求 $E(|X - Y|)$ 和 $D(|X - Y|)$.

9. 设随机变量 X 的概率密度为

$$f(x) = \begin{cases} \dfrac{1}{2}\cos\dfrac{x}{2}, & 0 \leq x \leq \pi, \\ 0, & 其他. \end{cases}$$

对 X 进行 4 次独立重复观测,记 Y 为观测值大于 $\dfrac{\pi}{3}$ 的次数,求 $E(Y^2)$.

10. 某人的常用密码有 n 个,其中只有一个是笔记本电脑的,由于长时间没有使用忘记了密码. 现在任意输入一个尝试,不能打开者除去,求打开笔记本电脑所需试开次数的数学期望与方差.

提 高 题

1. 有三个分布:三角分布、均匀分布、倒三角分布,它们的概率密度分别为:

三角分布:$X \sim f_X(x) = \begin{cases} 1 + x, & -1 \leq x < 0, \\ 1 - x, & 0 \leq x < 1, \\ 0, & 其他. \end{cases}$

$$均匀分布:Y \sim f_Y(y) = \begin{cases} \dfrac{1}{2}, & -1 \leqslant y \leqslant 1, \\ 0, & 其他. \end{cases}$$

$$倒三角分布:Z \sim f_Z(z) = \begin{cases} -z, & -1 \leqslant z < 0, \\ z, & 0 \leqslant z < 1, \\ 0, & 其他. \end{cases}$$

分别求三个分布的数学期望与方差.

2. 设某学校计划更新电路系统,现有甲、乙两家供货商可供选择,据历史数据,甲、乙两家供货商的电路系统的使用年限与概率如下.

习题 4.2 提高题第 2 题

MATLAB 求解

甲供货商

X/年	8	12	18
P	0.4	0.5	0.1

乙供货商

Y/年	6	10	21
P	0.3	0.5	0.2

请问该学校应该如何选择? 试用 MATLAB 编程求解.

3. 设随机变量 X 服从超几何分布,其分布律为

$$P\{X=k\} = \frac{C_M^k C_{N-M}^{n-k}}{C_N^n}, \quad k = 0,1,2,\cdots,\min\{n,M\}, M \leqslant N, n \leqslant N,$$

求 $E(X)$ 和 $D(X)$.

4. 设随机变量 X 的概率密度为

$$f(x) = \begin{cases} ax^2 + bx + c, & 0 \leqslant x \leqslant 1, \\ 0, & 其他. \end{cases}$$

已知 $E(X) = 0.5, D(X) = 0.15$,求常数 a,b,c.

5. 设随机变量 X 与 Y 相互独立,都服从标准正态分布 $N(0,1)$. 求 $Z = \sqrt{X^2+Y^2}$ 的数学期望与方差.

6. 设随机变量 X 与 Y 相互独立,证明:

$$D(XY) = D(X)D(Y) + [E(X)]^2 D(Y) + [E(Y)]^2 D(X).$$

习题 4.2 提高题
第 7 题讲解

7. 假设某品牌热水器的寿命服从参数为 λ 的指数分布,为安全起见,该品牌销售商建议热水器用到第 m 年就要被淘汰(m 为正整数),否则会有安全隐患. 如果用户按照销售商的建议至多 m 年就淘汰热水器,那么对于用户来说,热水器寿命的均值和方差各是多少?

§4.3　协方差与相关系数

前两节介绍了一维随机变量的数学期望和方差,它们是重要的数字特征. 但是对于二维随机变量 (X,Y),除了讨论随机变量 X 与 Y 各自的数学期望与方差,还需要研究 X 与 Y 之间相互关系的数字特征. 例如,假设某种商品的广告支出 X 与销售收入 Y 都为随机变量,X 与 Y 往往是有关联的. 本节将讨论随机变量之间相互关系的数字特征.

4.3.1　协方差

在上一节方差的性质(3)的证明中我们发现,如果随机变量 X 与 Y 相互独立,则有 $E\{[X-E(X)][Y-E(Y)]\}=0$,这表明当 $E\{[X-E(X)][Y-E(Y)]\}\neq 0$ 时,意味着 X 与 Y 不相互独立,因而存在着一种依赖关系,我们可以用这个量作为描述 X 与 Y 之间相互关系的一个数字特征.

定义 4.4　设 (X,Y) 是二维随机变量,若 $E\{[X-E(X)][Y-E(Y)]\}$ 存在,则称其为随机变量 X 与 Y 的**协方差**,记为 $\mathrm{Cov}(X,Y)$,即

$$\mathrm{Cov}(X,Y)=E\{[X-E(X)][Y-E(Y)]\}. \tag{4-11}$$

由上述定义可知,$\mathrm{Cov}(X,X)=E\{[X-E(X)]^2\}=D(X)$. 既然 $[X-E(X)]$ 与 $[X-E(X)]$ 之积的数学期望称为方差,现在把其中的一个 $[X-E(X)]$ 换成 $[Y-E(Y)]$. 由于其形式与方差类似,又是 X 与 Y 协同参与的结果,故称之为"协方差".

按定义,若 (X,Y) 为离散型随机变量,其联合分布律为

$$p_{ij}=P\{X=x_i,Y=y_j\},\quad i,j=1,2,\cdots,$$

则

$$\mathrm{Cov}(X,Y)=\sum_{i=1}^{+\infty}\sum_{j=1}^{+\infty}\{[x_i-E(X)][y_j-E(Y)]\}\cdot p_{ij}.$$

若 (X,Y) 为连续型随机向量,其概率密度为 $f(x,y)$,则

$$\mathrm{Cov}(X,Y)=\int_{-\infty}^{+\infty}\int_{-\infty}^{+\infty}\{[x-E(X)][y-E(Y)]\}f(x,y)\mathrm{d}x\mathrm{d}y.$$

由协方差的定义及数学期望的性质,可得协方差的以下计算公式:

$$\mathrm{Cov}(X,Y)=E(XY)-E(X)E(Y). \tag{4-12}$$

这是因为

$$\text{Cov}(X,Y) = E\{[X-E(X)][Y-E(Y)]\}$$
$$= E(XY)-E(X)E(Y)-E(Y)E(X)+E(X)E(Y)$$
$$= E(XY)-E(X)E(Y).$$

特别地,若 X 与 Y 相互独立,则 $\text{Cov}(X,Y)=0$.

由协方差的定义,以及数学期望和方差的性质,可得协方差的如下性质.

(1) $\text{Cov}(X,C)=0, C$ 是常数;

(2) $\text{Cov}(X,Y)=\text{Cov}(Y,X)$;

(3) $D(X+Y)=D(X)+D(Y)+2\text{Cov}(X,Y)$;

特别地,若 X 与 Y 相互独立,则 $D(X+Y)=D(X)+D(Y)$.

(4) $\text{Cov}(aX,bY)=ab\text{Cov}(X,Y), a,b$ 是常数;

(5) $\text{Cov}(X_1+X_2,Y)=\text{Cov}(X_1,Y)+\text{Cov}(X_2,Y)$,

$$\text{Cov}(X,Y_1+Y_2)=\text{Cov}(X,Y_1)+\text{Cov}(X,Y_2).$$

例 4.28 已知二维离散型随机变量 (X,Y) 的联合分布律为

X	Y		
	-1	0	2
0	0.1	0.2	0
1	0.3	0.05	0.1
2	0.15	0	0.1

求 $\text{Cov}(X,Y)$.

解 容易求得 X 的分布律为

$$P\{X=0\}=0.3, \quad P\{X=1\}=0.45, \quad P\{X=2\}=0.25,$$

Y 的分布律为

$$P\{Y=-1\}=0.55, \quad P\{Y=0\}=0.25, \quad P\{Y=2\}=0.2,$$

于是有

$$E(X)=0\times0.3+1\times0.45+2\times0.25=0.95,$$
$$E(Y)=-1\times0.55+0\times0.25+2\times0.2=-0.15,$$

计算得

$$E(XY)=0\times(-1)\times0.1+0\times0\times0.2+0\times2\times0+1\times(-1)\times0.3+1\times0\times0.05+$$
$$1\times2\times0.1+2\times(-1)\times0.15+2\times0\times0+2\times2\times0.1=0.$$

于是

$$\text{Cov}(X,Y) = E(XY) - E(X)E(Y) = 0.95 \times 0.15 = 0.1425.$$

例 4.29 设连续型随机变量 (X,Y) 的联合概率密度为

$$f(x,y) = \begin{cases} 8xy, & 0 \leq x \leq y \leq 1, \\ 0, & \text{其他}. \end{cases}$$

求 $\text{Cov}(X,Y)$, $D(X+Y)$.

解 由 (X,Y) 的联合概率密度可求得其边缘概率密度分别为

$$f_X(x) = \begin{cases} 4x(1-x^2), & 0 \leq x \leq 1, \\ 0, & \text{其他}, \end{cases} \qquad f_Y(y) = \begin{cases} 4y^3, & 0 \leq y \leq 1, \\ 0, & \text{其他}. \end{cases}$$

于是

$$E(X) = \int_{-\infty}^{+\infty} x f_X(x)\,\mathrm{d}x = \int_0^1 x \cdot 4x(1-x^2)\,\mathrm{d}x = \frac{8}{15},$$

$$E(Y) = \int_{-\infty}^{+\infty} y f_Y(y)\,\mathrm{d}y = \int_0^1 y \cdot 4y^3\,\mathrm{d}y = \frac{4}{5},$$

$$E(XY) = \int_{-\infty}^{+\infty}\int_{-\infty}^{+\infty} xy f(x,y)\,\mathrm{d}x\mathrm{d}y = \int_0^1 \mathrm{d}x \int_x^1 xy \cdot 8xy \cdot \mathrm{d}y = \frac{4}{9},$$

从而

$$\text{Cov}(X,Y) = E(XY) - E(X)E(Y) = \frac{4}{225},$$

又

$$E(X^2) = \int_{-\infty}^{+\infty} x^2 f_X(x)\,\mathrm{d}x = \int_0^1 x^2 \cdot 4x(1-x^2)\,\mathrm{d}x = \frac{1}{3},$$

$$E(Y^2) = \int_{-\infty}^{+\infty} y^2 f_Y(y)\,\mathrm{d}y = \int_0^1 y^2 \cdot 4y^3\,\mathrm{d}y = \frac{2}{3},$$

所以

$$D(X) = E(X^2) - [E(X)]^2 = \frac{1}{3} - \left(\frac{8}{15}\right)^2 = \frac{11}{225},$$

$$D(Y) = E(Y^2) - [E(Y)]^2 = \frac{2}{3} - \left(\frac{4}{5}\right)^2 = \frac{2}{75},$$

故

$$D(X+Y) = D(X) + D(Y) + 2\text{Cov}(X,Y) = \frac{1}{9}.$$

4.3.2 相关系数

协方差的大小在一定程度上反映了 X 与 Y 的相关性,但它还受 X 与 Y 本身度量单位的影响. 为此,我们引入相关系数的概念.

定义 4.5 设 (X,Y) 是二维随机变量,若 $\mathrm{Cov}(X,Y)$ 存在,且 $D(X)>0$, $D(Y)>0$,则称 $\dfrac{\mathrm{Cov}(X,Y)}{\sqrt{D(X)}\sqrt{D(Y)}}$ 为随机变量 X 与 Y 的**相关系数**,记为 ρ_{XY},即

$$\rho_{XY}=\frac{\mathrm{Cov}(X,Y)}{\sqrt{D(X)}\sqrt{D(Y)}}. \tag{4-13}$$

当 $\rho_{XY}=0$ 时,称 X 与 Y **不相关**.

设随机变量 X 与 Y 的相关系数 ρ_{XY} 存在,则

(1) $|\rho_{XY}|\leqslant 1$;

(2) $|\rho_{XY}|=1$ 的充要条件是 X 与 Y 以概率 1 呈线性关系,即存在常数 $a,b(b\neq 0)$ 使 $P\{Y=a+bX\}=1$.

相关系数的
意义

由此可知:相关系数 ρ_{XY} 是用来表征 X 与 Y 之间线性关系程度的一个数量指标. $|\rho_{XY}|$ 越大,则 X 与 Y 之间线性相关的程度越好. 当 $|\rho_{XY}|=1$ 时, X 与 Y 之间以概率 1 存在着线性关系. $|\rho_{XY}|$ 越小,则 X 与 Y 之间线性相关的程度越差. 当 $\rho_{XY}=0$ 时, X 与 Y 之间无线性关系,也就是所谓的不相关.

(3) 若 X 与 Y 相互独立,则 $\rho_{XY}=0$,即 X 与 Y 不相关. 但反之不成立.

例 4.30 设二维连续型随机变量 (X,Y) 的联合概率密度为

$$f(x,y)=\begin{cases}\dfrac{1}{9\pi}, & x^2+y^2\leqslant 9,\\[2mm] 0, & \text{其他}.\end{cases}$$

试验证 X 与 Y 是不相关的,但 X 与 Y 是不相互独立的.

证 由联合概率密度可得 X,Y 的边缘概率密度分别为

$$f_X(x)=\int_{-\infty}^{+\infty}f(x,y)\,\mathrm{d}y=\int_{-\sqrt{9-x^2}}^{\sqrt{9-x^2}}\frac{1}{9\pi}\,\mathrm{d}y=\frac{2\sqrt{9-x^2}}{9\pi},\quad -3\leqslant x\leqslant 3,$$

$$f_Y(y)=\int_{-\infty}^{+\infty}f(x,y)\,\mathrm{d}x=\int_{-\sqrt{9-y^2}}^{\sqrt{9-y^2}}\frac{1}{9\pi}\,\mathrm{d}x=\frac{2\sqrt{9-y^2}}{9\pi},\quad -3\leqslant y\leqslant 3,$$

于是

$$E(X)=\int_{-\infty}^{+\infty}xf_X(x)\,\mathrm{d}x=\int_{-3}^{3}x\frac{2\sqrt{9-x^2}}{9\pi}\,\mathrm{d}x=0,$$

$$E(Y) = \int_{-\infty}^{+\infty} y f_Y(y) \mathrm{d}y = \int_{-3}^{3} y \frac{2\sqrt{9-y^2}}{9\pi} \mathrm{d}y = 0,$$

$$E(XY) = \int_{-\infty}^{+\infty} \int_{-\infty}^{+\infty} xy f(x,y) \mathrm{d}x\mathrm{d}y = \frac{1}{9\pi} \int_{-3}^{3} x\mathrm{d}x \int_{-\sqrt{9-y^2}}^{\sqrt{9-y^2}} y\mathrm{d}y = 0,$$

因此

$$\mathrm{Cov}(X,Y) = E(XY) - E(X)E(Y) = 0,$$

从而

$$\rho_{XY} = \frac{\mathrm{Cov}(X,Y)}{\sqrt{D(X)}\sqrt{D(Y)}} = 0,$$

即 X 与 Y 不相关.

又由于 $f(x,y) \neq f_X(x)f_Y(y)$,因此随机变量 X 与 Y 并不独立.

因此,两个随机变量"相互独立"与"不相关"是两个不同的概念,其含义是不同的."不相关"只说明两个随机变量之间没有线性关系,而"相互独立"说明两个随机变量之间没有任何关系,既没有线性关系,也没有非线性关系. 因此,"相互独立"是比"不相关"更强的一个概念,"相互独立"必然导致"不相关",反之不然. 它们之间的关系如图 4-4 所示.

值得注意的是,对于二维正态分布 (X,Y),X 与 Y 不相关与相互独立是等价的. 事实上,假设 (X,Y) 服从 $N(\mu_1,\mu_2,\sigma_1^2,\sigma_2^2,\rho)$,则由第三章例 3.11 的结论知,$X$ 与 Y 相互独立的充要条件是 $\rho=0$;又由下例可知,X 与 Y 的相关系数为 $\rho_{XY}=\rho$.

图 4-4

例 4.31　设二维随机变量 $(X,Y) \sim N(\mu_1,\mu_2,\sigma_1^2,\sigma_2^2,\rho)$,求相关系数 ρ_{XY}.

解　根据二维正态分布的边缘概率密度知

$$E(X) = \mu_1, \quad E(Y) = \mu_2, \quad D(X) = \sigma_1^2, \quad D(Y) = \sigma_2^2,$$

而

$$\begin{aligned}
\mathrm{Cov}(X,Y) &= \int_{-\infty}^{+\infty} \int_{-\infty}^{+\infty} (x-\mu_1)(y-\mu_2) f(x,y) \mathrm{d}x\mathrm{d}y \\
&= \frac{1}{2\pi\sigma_1\sigma_2\sqrt{1-\rho^2}} \int_{-\infty}^{+\infty} \int_{-\infty}^{+\infty} (x-\mu_1)(y-\mu_2) \cdot \\
&\quad \exp\left\{ -\frac{1}{2(1-\rho^2)} \left[\frac{(x-\mu_1)^2}{\sigma_1^2} - 2\rho \frac{(x-\mu_1)}{\sigma_1} \frac{(y-\mu_2)}{\sigma_2} + \frac{(y-\mu_2)^2}{\sigma_2^2} \right] \right\} \mathrm{d}x\mathrm{d}y \\
&= \frac{1}{2\pi\sigma_1\sigma_2\sqrt{1-\rho^2}} \int_{-\infty}^{+\infty} \int_{-\infty}^{+\infty} (x-\mu_1)(y-\mu_2) \cdot
\end{aligned}$$

$$\exp\left[-\frac{1}{2(1-\rho^2)}\left(\frac{y-\mu_2}{\sigma_2}-\rho\frac{x-\mu_1}{\sigma_1}\right)^2-\frac{(x-\mu_1)^2}{2\sigma_1^2}\right]dxdy$$

令 $t=\dfrac{1}{\sqrt{1-\rho^2}}\left(\dfrac{y-\mu_2}{\sigma_2}-\rho\dfrac{x-\mu_1}{\sigma_1}\right),u=\dfrac{x-\mu_1}{\sigma_1}$,则有

$$\begin{aligned}
\mathrm{Cov}(X,Y)&=\frac{1}{2\pi}\int_{-\infty}^{+\infty}\int_{-\infty}^{+\infty}(\sigma_1\sigma_2\sqrt{1-\rho^2}\,tu+\rho\sigma_1\sigma_2u^2)\mathrm{e}^{-\frac{u^2+t^2}{2}}\mathrm{d}t\mathrm{d}u\\
&=\sigma_1\sigma_2\sqrt{1-\rho^2}\left(\int_{-\infty}^{+\infty}u\frac{1}{\sqrt{2\pi}}\mathrm{e}^{-\frac{u^2}{2}}\mathrm{d}u\right)\left(\int_{-\infty}^{+\infty}t\frac{1}{\sqrt{2\pi}}\mathrm{e}^{-\frac{t^2}{2}}\mathrm{d}t\right)+\\
&\quad\rho\sigma_1\sigma_2\left(\int_{-\infty}^{+\infty}u^2\frac{1}{\sqrt{2\pi}}\mathrm{e}^{-\frac{u^2}{2}}\mathrm{d}u\right)\left(\int_{-\infty}^{+\infty}\frac{1}{\sqrt{2\pi}}\mathrm{e}^{-\frac{t^2}{2}}\mathrm{d}t\right)\\
&=\rho\sigma_1\sigma_2,
\end{aligned}$$

于是

$$\rho_{XY}=\frac{\mathrm{Cov}(X,Y)}{\sqrt{D(X)}\sqrt{D(Y)}}=\rho.$$

注 从本例的结果可见,二维正态随机变量 (X,Y) 的分布完全由 X 与 Y 各自的数学期望、方差以及它们的相关系数所确定. 此外,若 (X,Y) 服从二维正态分布,则 X 与 Y 相互独立, 当且仅当 X 与 Y 不相关.

例 4.32 设随机变量 X 与 Y 相互独立,且 $X\sim N(1,2)$, $Y\sim N(0,1)$,试求 $Z=2X-Y+3$ 的概率密度.

解 由于 $X\sim N(1,2)$, $Y\sim N(0,1)$,且 X 与 Y 相互独立,故 X 与 Y 的联合分布为正态分布,且 X 与 Y 线性组合仍服从正态分布,即

$$Z=2X-Y+3\sim N(E(Z),D(Z)),$$

其中 $E(Z)=2E(X)-E(Y)+3=5$, $D(Z)=4D(X)+D(Y)=9$,因此 $Z\sim N(5,9)$,即 Z 的概率密度是

$$f_Z(z)=\frac{1}{3\sqrt{2\pi}}\mathrm{e}^{-\frac{(z-5)^2}{18}},\quad-\infty<z<+\infty.$$

例 4.33 已知随机变量 $X\sim N(1,3^2)$, $Y\sim N(0,4^2)$,且 X 与 Y 的相关系数 $\rho_{XY}=-\dfrac{1}{2}$,设 $Z=\dfrac{X}{3}-\dfrac{Y}{2}$,求 $D(Z)$ 及 ρ_{XZ}.

解 由已知 $D(X)=3^2$, $D(Y)=4^2$,且

$$\mathrm{Cov}(X,Y)=\rho_{XY}\sqrt{D(X)}\sqrt{D(Y)}=-\frac{1}{2}\times3\times4=-6,$$

所以

$$D(Z) = D\left(\frac{X}{3} - \frac{Y}{2}\right) = D\left(\frac{X}{3}\right) + D\left(\frac{Y}{2}\right) - 2\text{Cov}\left(\frac{X}{3}, \frac{Y}{2}\right)$$

$$= \frac{1}{9}D(X) + \frac{1}{4}D(Y) - 2 \times \frac{1}{3} \times \frac{1}{2}\text{Cov}(X,Y) = 7.$$

又因为

$$\text{Cov}(X,Z) = \text{Cov}\left(X, \frac{X}{3} - \frac{Y}{2}\right) = \text{Cov}\left(X, \frac{X}{3}\right) - \text{Cov}\left(X, \frac{Y}{2}\right)$$

$$= \frac{1}{3}\text{Cov}(X,X) - \frac{1}{2}\text{Cov}(X,Y) = \frac{1}{3}D(X) - \frac{1}{2}\text{Cov}(X,Y) = 6,$$

故

$$\rho_{XZ} = \frac{\text{Cov}(X,Z)}{\sqrt{D(X)}\sqrt{D(Z)}} = \frac{6}{3 \times \sqrt{7}} = \frac{2\sqrt{7}}{7}.$$

习 题 4.3

基 础 题

1. 设二维离散型随机变量 (X, Y) 的联合分布律为

X	Y	
	0	1
0	0.3	0.2
1	0.4	0.1

求 $E(X), E(Y), E(X-2Y), D(X), D(2Y), \text{Cov}(X,Y), \rho_{XY}$.

2. 随机变量 X 与 Y 的联合概率密度为

$$f(x,y) = \begin{cases} \dfrac{1}{3}(x+y), & 0 \leqslant x \leqslant 2, 0 \leqslant y \leqslant 2, \\ 0, & \text{其他.} \end{cases}$$

求 $\text{Cov}(X,Y)$ 和 ρ_{XY}.

3. 设二维离散型随机变量 (X, Y) 的联合分布律为

$$P\{X=0, Y=10\} = P\{X=1, Y=5\} = 0.5.$$

试求 ρ_{XY}.

4. 设 X 与 Y 相互独立，X 的分布律为 $P\{X=-1\}=P\{X=1\}=\dfrac{1}{2}$，$Y$ 服从参数为 λ 的泊松分布，$Z=XY$，求 $\mathrm{Cov}(X,Z)$.

5. 设 X 与 Y 相互独立，且同服从正态分布 $N(\mu,\sigma^2)$，令 $U=aX+bY$，$V=cX+dY$，a,b,c,d 均为常数，求 ρ_{UV}.

6. 设随机变量 X 的概率密度为

$$f(x)=\frac{1}{2}\mathrm{e}^{-|x|},\quad -\infty<x<+\infty,$$

试求 $\mathrm{Cov}(X,|X|)$，问 X 与 $|X|$ 是否相关？

7. 设二维随机变量 (X,Y) 的联合概率密度为

$$f(x,y)=\begin{cases}3x, & 0<y<x<1,\\ 0, & \text{其他}.\end{cases}$$

习题 4.3 基础题第 7 题

MATLAB 求解　　试用 MATLAB 求 $E(X)$，$E(Y)$，$E(XY)$，$D(X)$，$D(Y)$，$\mathrm{Cov}(X,Y)$，ρ_{XY}.

8. 设 A,B 是两随机事件，随机变量

$$X=\begin{cases}1, & \text{若 }A\text{ 出现},\\ -1, & \text{若 }A\text{ 不出现},\end{cases}\qquad Y=\begin{cases}1, & \text{若 }B\text{ 出现},\\ -1, & \text{若 }B\text{ 不出现}.\end{cases}$$

证明随机变量 X 与 Y 不相关的充要条件是 A 与 B 相互独立.

提 高 题

1. 设 $W=(aX+3Y)^2$，$E(X)=E(Y)=0$，$D(X)=4$，$D(Y)=16$，$\rho_{XY}=-0.5$，求常数 a 使 $E(W)$ 为最小，并求 $E(W)$ 的最小值.

2. 随机变量 X 与 Y 的联合概率密度为

$$f(x,y)=\begin{cases}A\sin(x+y), & 0\leqslant x\leqslant\dfrac{\pi}{2},0\leqslant y\leqslant\dfrac{\pi}{2},\\ 0, & \text{其他}.\end{cases}$$

（1）求系数 A；（2）问 X 与 Y 是否独立，为什么？（3）求 ρ_{XY}.

3. 设随机变量 Z 服从区间 $[-\pi,\pi]$ 上的均匀分布，令 $X=\sin Z$，$Y=\cos Z$.试验证 X 与 Y 是不相关的，但 X 与 Y 是不相互独立的.

4. $X_1,X_2,\cdots,X_n$ 是独立同分布且方差有限的随机变量，设 $\overline{X}=\dfrac{1}{n}\sum_{i=1}^{n}X_i$，证明 $X_i-\overline{X}$ 与 $X_j-\overline{X}$ 的相关系数为 $-\dfrac{1}{n-1}$.

5. 设随机变量 T 服从区间 $[0,2\pi]$ 上的均匀分布，$X=\sin T$，$Y=\sin(a+T)$（a 为常数），讨论随

机变量 X 和 Y 的相关系数和线性相关的情况.

6. 随着经济社会发展水平的不断提高,居民对医疗卫生服务的需求逐年增加,政府也加大了对医疗卫生事业的支持和投入.选取 2011 年至 2020 年国内生产总值(GDP)与政府卫生支出(GHE)数据记录如下表所示(数据来自国家统计局网站,未包括香港、澳门特别行政区和台湾省的地区数据):

单位:万亿元

年份	2011	2012	2013	2014	2015	2016	2017	2018	2019	2020
GDP	48.79	53.86	59.30	64.36	68.89	74.64	83.20	91.93	98.65	101.36
GHE	0.75	0.84	0.95	1.06	1.25	1.39	1.52	1.64	1.80	2.19

试分析 GDP 与 GHE 之间的关系.

7. 调查全班同学的学习成绩与学习时间数据,并进行相关性分析.

§4.4 矩与协方差矩阵

这一节我们介绍随机变量的其他几个数字特征.

4.4.1 矩的概念

矩是随机变量的重要数字特征之一,前面讨论的数学期望和方差都是矩的特例.在数理统计中,将会看到矩的重要应用.下面给出矩的概念.

定义 4.6 设 X 和 Y 是随机变量,若

$$\mu_k = E(X^k), \quad k = 1, 2, \cdots$$

存在,则称 μ_k 为 X 的 k **阶原点矩**,简称 k **阶矩**.

若

$$\nu_k = E\{[X - E(X)]^k\}, \quad k = 2, 3, \cdots$$

存在,则称 ν_k 为 X 的 k **阶中心矩**.

若

$$E(X^k Y^l), \quad k, l = 1, 2, \cdots$$

存在,则称 $E(X^k Y^l)$ 为 X 和 Y 的 $k+l$ **阶混合矩**.

若

$$E\{[X - E(X)]^k [Y - E(Y)]^l\}, \quad k, l = 1, 2, \cdots$$

存在,则称 $E\{[X-E(X)]^k [Y-E(Y)]^l\}$ 为 X 和 Y 的 $k+l$ **阶混合中心矩.**

显然,X 的数学期望 $E(X)$ 是 X 的一阶原点矩,方差 $D(X)$ 是 X 的二阶中心矩,协方差 $\mathrm{Cov}(X,Y)$ 是 X 和 Y 的二阶混合中心矩.

例 4.34 设随机变量 X 在区间 $[a,b]$ 上服从均匀分布,求 X 的 k 阶原点矩和三阶中心矩.

解 由定义 4.6,有

$$E(X^k) = \int_{-\infty}^{+\infty} x^k f(x)\,\mathrm{d}x = \int_a^b x^k \frac{1}{b-a}\mathrm{d}x$$

$$= \frac{1}{k+1}\frac{x^{k+1}}{b-a}\bigg|_a^b = \frac{1}{k+1}\frac{b^{k+1}-b^{k+1}}{b-a}.$$

当 $k=1$ 时,有 $E(X)=\dfrac{a+b}{2}$,故

$$E\{[X-E(X)]^3\} = \int_{-\infty}^{+\infty}\left(x-\frac{a+b}{2}\right)^3 \frac{1}{b-a}\mathrm{d}x = 0.$$

例 4.35 设随机变量 $X \sim N(0,1)$,试证明

$$E(X^k) = \begin{cases} (k-1)\cdot(k-3)\cdot\cdots\cdot 3\cdot 1, & \text{当 } k \text{ 为偶数时,} \\ 0, & \text{当 } k \text{ 为奇数时.} \end{cases}$$

证 记 $I_k = E(X^k) = \displaystyle\int_{-\infty}^{+\infty} x^k \frac{1}{\sqrt{2\pi}}\mathrm{e}^{-\frac{x^2}{2}}\mathrm{d}x$,当 k 为奇数时,$I_k = E(X^k) = 0$,当 k 为偶数时,

$$I_k = E(X^k) = \int_{-\infty}^{+\infty} x^k \frac{1}{\sqrt{2\pi}}\mathrm{e}^{-\frac{x^2}{2}}\mathrm{d}x = -\int_{-\infty}^{+\infty} x^{k-1}\frac{1}{\sqrt{2\pi}}\mathrm{de}^{-\frac{x^2}{2}}$$

$$= -\left\{\frac{1}{\sqrt{2\pi}}x^{k-1}\mathrm{e}^{-\frac{x^2}{2}}\bigg|_{-\infty}^{+\infty} - (k-1)\int_{-\infty}^{+\infty} x^{k-2}\frac{1}{\sqrt{2\pi}}\mathrm{e}^{-\frac{x^2}{2}}\mathrm{d}x\right\}$$

$$= (k-1)I_{k-2},$$

所以

$$I_k = (k-1)I_{k-2} = (k-1)\cdot(k-3)\cdot\cdots\cdot 3\cdot 1\cdot I_0 = (k-1)\cdot(k-3)\cdot\cdots\cdot 3\cdot 1 = (k-1)!!,$$

其中 $(k-1)!!$ 表示从 1 到 $(k-1)$ 的所有奇数的乘积. 因此

$$E(X^k) = \begin{cases} (k-1)\cdot(k-3)\cdot\cdots\cdot 3\cdot 1, & \text{当 } k \text{ 为偶数时,} \\ 0, & \text{当 } k \text{ 为奇数时.} \end{cases}$$

例 4.36 已知随机变量 $X \sim N(3,2)$,试计算 $E[(X-3)^{10}]$.

解 因为 $\dfrac{X-3}{\sqrt{2}} \sim N(0,1)$,所以

$$E\left[(X-3)^{10}\right] = 2^5 E\left[\left(\frac{X-3}{\sqrt{2}}\right)^{10}\right] = 2^5 \cdot 9!! = 30\ 240.$$

4.4.2 协方差矩阵

对于二维随机变量 (X_1, X_2)，假设四个二阶中心矩都存在，分别为

$$c_{11} = E\{[X_1 - E(X_1)]^2\} = D(X_1),$$

$$c_{12} = E\{[X_1 - E(X_1)][X_2 - E(X_2)]\} = \mathrm{Cov}(X_1, X_2),$$

$$c_{21} = E\{[X_2 - E(X_2)][X_1 - E(X_1)]\} = \mathrm{Cov}(X_2, X_1),$$

$$c_{22} = E\{[X_2 - E(X_2)]^2\} = D(X_2),$$

将它们排成矩阵的形式

$$C = \begin{pmatrix} c_{11} & c_{12} \\ c_{21} & c_{22} \end{pmatrix},$$

称此矩阵为二维随机变量 (X_1, X_2) 的**协方差矩阵**.

一般地，对于 n 维随机变量 $(X_1, X_2, \cdots, X_n)$，若二阶中心矩

$$c_{ij} = E\{[X_i - E(X_i)][X_j - E(X_j)]\} = \mathrm{Cov}(X_i, X_j),\ i,j = 1, 2, \cdots, n$$

都存在，则称矩阵

$$C = \begin{pmatrix} c_{11} & c_{12} & \cdots & c_{1n} \\ c_{21} & c_{22} & \cdots & c_{2n} \\ \vdots & \vdots & & \vdots \\ c_{n1} & c_{n2} & \cdots & c_{nn} \end{pmatrix}$$

为 n 维随机变量 $(X_1, X_2, \cdots, X_n)$ 的**协方差矩阵**.

由于 $c_{ij} = c_{ji}(i, j = 1, 2, \cdots, n)$，因此，协方差矩阵 C 是一个对称矩阵. 可以证明它是半正定矩阵.

例 4.37 设已知二维随机变量 (X, Y) 的协方差矩阵为 $\begin{pmatrix} 9 & -3 \\ -3 & 16 \end{pmatrix}$，试计算 $D(3X - 2Y + 1)$，ρ_{XY}.

解 由 (X, Y) 的协方差矩阵可知，

$$D(X) = 9, \quad D(Y) = 16, \quad \mathrm{Cov}(X, Y) = -3,$$

故

$$D(3X - 2Y + 1) = 9D(X) + 4D(Y) - 12\mathrm{Cov}(X, Y) = 181,$$

$$\rho_{XY} = \frac{\text{Cov}(X, Y)}{\sqrt{D(X)D(Y)}} = \frac{-3}{\sqrt{9 \times 16}} = -\frac{1}{4}.$$

一般情况下, 二维 (多维) 随机变量的分布或者未知或者过于复杂, 以至于在数学上很难处理, 此时引入协方差矩阵可使问题便于描述. 因此协方差矩阵在实际应用中发挥重要作用.

例 4.38   设二维随机变量 $(X_1, X_2) \sim N(\mu_1, \mu_2, \sigma_1^2, \sigma_2^2, \rho)$, 试求其协方差矩阵.

解   已经求得 $c_{11} = \sigma_1^2, c_{22} = \sigma_2^2, c_{12} = c_{21} = \rho\sigma_1\sigma_2$, 于是

$$C = \begin{pmatrix} \sigma_1^2 & \rho\sigma_1\sigma_2 \\ \rho\sigma_1\sigma_2 & \sigma_2^2 \end{pmatrix}.$$

我们知道, 二维正态随机变量 (X_1, X_2) 的概率密度为

$$f(x_1, x_2) = \frac{1}{2\pi\sigma_1\sigma_2\sqrt{1-\rho^2}}\exp\left\{-\frac{1}{2(1-\rho^2)}\left[\frac{(x_1-\mu_1)^2}{\sigma_1^2} - 2\rho\frac{(x_1-\mu_1)}{\sigma_1}\frac{(x_2-\mu_2)}{\sigma_2} + \frac{(x_2-\mu_2)^2}{\sigma_2^2}\right]\right\}$$

记 $\boldsymbol{x} = (x_1, x_2)^{\mathrm{T}}, \boldsymbol{\mu} = (\mu_1, \mu_2)^{\mathrm{T}}$, 则二维正态随机变量 $(X_1, X_2)^{\mathrm{T}}$ 的联合概率密度可以简洁地表示为

$$f(\boldsymbol{x}) = f(x_1, x_2) = \frac{1}{(\sqrt{2\pi})^2 |\boldsymbol{C}|^{1/2}}\exp\left\{-\frac{1}{2}(\boldsymbol{x}-\boldsymbol{\mu})^{\mathrm{T}} \boldsymbol{C}^{-1}(\boldsymbol{x}-\boldsymbol{\mu})^{\mathrm{T}}\right\},$$

其中 $|\boldsymbol{C}|$ 表示协方差矩阵 $\boldsymbol{C}$ 的行列式, 即 $|\boldsymbol{C}| = \sigma_1^2\sigma_2^2(1-\rho^2) \neq 0, \boldsymbol{C}$ 的逆矩阵为

$$\boldsymbol{C}^{-1} = \frac{1}{|\boldsymbol{C}|}\begin{pmatrix} \sigma_2^2 & -\rho\sigma_1\sigma_2 \\ -\rho\sigma_1\sigma_2 & \sigma_2^2 \end{pmatrix}.$$

一般地, 对于 n 维正态随机变量 $(X_1, X_2, \cdots, X_n)$, 记

$$\boldsymbol{x} = \begin{pmatrix} x_1 \\ x_2 \\ \vdots \\ x_n \end{pmatrix}, \quad \boldsymbol{\mu} = \begin{pmatrix} \mu_1 \\ \mu_2 \\ \vdots \\ \mu_n \end{pmatrix} = \begin{pmatrix} E(X_1) \\ E(X_2) \\ \vdots \\ E(X_n) \end{pmatrix},$$

则 n 维正态随机变量 $(X_1, X_2, \cdots, X_n)$ 的联合概率密度可以表示为

$$f(\boldsymbol{x}) = f(x_1, x_2, \cdots, x_n) = \frac{1}{(\sqrt{2\pi})^n |\boldsymbol{C}|^{\frac{1}{2}}}\exp\left\{-\frac{1}{2}(\boldsymbol{x}-\boldsymbol{\mu})^{\mathrm{T}} \boldsymbol{C}^{-1}(\boldsymbol{x}-\boldsymbol{\mu})^{\mathrm{T}}\right\},$$

其中 $\boldsymbol{C}$ 为 $(X_1, X_2, \cdots, X_n)$ 的协方差矩阵.

对于 n 维正态随机变量 $(X_1, X_2, \cdots, X_n)$, 有如下重要性质, 它们在数理统计和随机过程中有着非常重要的作用.

（1）n 维正态随机变量 $(X_1, X_2, \cdots, X_n)$ 的每一个分量 $X_i (i=1,2,\cdots,n)$ 都是正态随机变量;反之,若 $X_1, X_2, \cdots, X_n$ 是 n 个相互独立的正态随机变量,则 $(X_1, X_2, \cdots, X_n)$ 是 n 维正态随机变量.

（2）n 维随机变量 $(X_1, X_2, \cdots, X_n)$ 服从 n 维正态分布的充要条件是任意线性组合 $a_1 X_1 + a_2 X_2 + \cdots + a_n X_n$ 服从一维正态分布(其中 $a_1, a_2, \cdots, a_n$ 是不全为零的实数).

（3）若 $(X_1, X_2, \cdots, X_n)$ 服从 n 维正态分布, $Y_1, Y_2, \cdots, Y_n$ 是 $X_i (i=1,2,\cdots,n)$ 的线性函数,则 $(Y_1, Y_2, \cdots, Y_n)$ 也服从多维正态分布.

这一性质称为正态随机变量的线性变换不变性.

（4）设 $(X_1, X_2, \cdots, X_n)$ 服从 n 维正态分布,则"$X_1, X_2, \cdots, X_n$ 相互独立"与"$X_1, X_2, \cdots, X_n$ 两两不相关"是等价的.

习 题 4.4

基 础 题

1. 设随机变量 $X \sim N(\mu, \sigma^2)$,试求 X 的 k 阶中心矩.

2. 已知随机变量 $X \sim N(-3,3)$,试计算 $E[(X+3)^{10}]$.

3. 设二维随机变量 (X,Y) 的协方差矩阵为 $\begin{pmatrix} 4 & 5 \\ 5 & 16 \end{pmatrix}$,求 $D(2X-5Y+3)$, ρ_{XY}.

4. 假设随机变量 X 与 Y 独立同服从参数为 λ 的泊松分布,令 $U=2X+Y, V=2X-Y$,求 ρ_{UV} 及协方差矩阵 C.

5. 已知 (X,Y) 的概率密度为
$$f(x,y) = \begin{cases} A, & 0 \leqslant x \leqslant 1, 0 \leqslant y \leqslant x, \\ 0, & \text{其他}, \end{cases}$$
求（1）系数 A;（2）相关系数 ρ_{XY};（3）协方差矩阵.

6. 设随机变量 (X,Y) 服从二维正态分布,且 $X \sim N(0,3)$, $Y \sim N(0,4)$,相关系数 $\rho_{XY} = -\dfrac{1}{4}$,试求 X 和 Y 的联合概率密度.

提 高 题

1. 设二维正态随机变量 (X,Y) 的数学期望分别为 $E(X)=0, E(Y)=2$,协方差矩阵为 $C = \begin{pmatrix} 1 & 0.5 \\ 0.5 & 16 \end{pmatrix}$,求 $D(2X+5Y-6)$, $E(2X^2 - XY + Y^2)$.

2. 设随机变量 X 服从参数为 1 的指数分布,记随机变量

$$Y_1 = 2e^{-X} - X, \quad Y_2 = e^{-X} + \frac{X}{2}.$$

(1) 判断 Y_1 与 Y_2 是否相互独立;

(2) 求 Y_1 与 Y_2 的协方差矩阵的特征值的和.

3. 设随机变量 (X,Y) 服从二维正态分布,且有 $D(X) = \sigma_X^2, D(Y) = \sigma_Y^2.$ 证明当 $a = \dfrac{\sigma_X^2}{\sigma_Y^2}$ 时,随机变量 $W = X - aY$ 与 $V = X + aY$ 相互独立.

4. 试用 MATLAB 代码产生 4 个满足标准正态分布的随机变量,并求出协方差矩阵和相关系数矩阵.

习题 4.4 提高题第 5 题

MATLAB 求解

5. 试用 MATLAB 代码生成一组 40 000 个正态分布的随机数,使其均值为 0.5,标准差为 1.5.

(1) 试分析这样的数据实际的均值、方差和标准差;

(2) 试求正态分布的随机数的各阶矩.

§4.5 综合应用

随机变量的数字特征在工程技术、经济管理、金融保险、人工智能等领域具有广泛应用. 本节通过几个实例介绍数字特征在解决实际问题中的简单应用.

例 4.39(免费抽奖问题) 随着我国市场经济日益繁荣,市场竞争也更加激烈,各商家为了追求高额利润,推出了各种各样的销售手段,其中"免费抽奖""有奖酬宾"等活动吸引了不少消费者的眼球,那么这到底是商家"真正的让利销售"还是对消费者的"二次欺骗"呢?

假设某商家在"双十一"期间举办"购物免费抽奖"活动,其具体操作如下:

(1) 先将商品价格上涨 30%,即原来卖 100 元的商品,现价 130 元;

(2) 凡在商场购物满 100 元者,可免费参加抽奖一次;

(3) 抽奖方式为:箱中 20 个球,其中 10 红 10 白,任取 10 球. 根据取出球的颜色确定中奖等级,具体如下:

等级	颜色	奖品	价值/元
1	10 个全红或全白	微波炉一台	1 000
2	1 红 9 白或 1 白 9 红	电吹风一台	100
3	2 红 8 白或 2 白 8 红	洗发水一瓶	30
4	3 红 7 白或 3 白 7 红	香皂一块	3
5	4 红 6 白或 4 白 6 红	洗衣皂一块	1.5
6	5 红 5 白	梳子一把	1

分析 多数消费者看到头奖后,都急切地想去试一把,于是就买了一些自己不需要的商品,使消费总数达到 100 元甚至更多,以便为自己争得一次抽奖的机会,但结果却令大多数人失望,很多人都是拿着梳子或洗衣皂悻悻而去. 即便有人得到二等奖或三等奖,也被销售人员宣扬而引来更多人"中标".

下面用概率统计方法揭穿商家的"阴谋诡计".

解 从箱中取 20 个球,其中 10 红 10 白,任取 10 球共会有 C_{20}^{10} 种情形.根据红球的个数 i,这些情形又可分为 11 类.

记 A_i 表示任取 10 个球,有 i 个红球,$10-i$ 个白球,则由古典概型计算公式:

$$P(A_i)=\frac{C_{10}^i C_{10}^{10-i}}{C_{20}^{10}}, \quad i=0,1,2,\cdots,10.$$

各类中奖概率见下表:

事件	A_0,A_{10}	A_1,A_9	A_2,A_8	A_3,A_7	A_4,A_6	A_5
概率 P	0.000 005	0.000 541	0.010 960	0.077 941	0.238 693	0.343 718
奖品价值(元)	1 000	100	30	3	1.5	1

通过上表可计算:消费者每消费 100 元,多消费 30 元,而中奖的均值:

$$E(X)=1\,000\times0.000\,005\times2+100\times0.000\,541\times2+30\times0.010\,960\times2+$$
$$3\times0.077\,941\times2+1.5\times0.238\,693\times2+1\times0.343\,718=2.30(元).$$

通过上面的计算和比较:商家每一次投资中获利 $30-2.30=27.70$(元). 消费者将平均花费 27.70 元来享受这种"免费"抽奖的机会,而获得所谓"大奖"是小概率事件,从客观意义上来讲,几乎不会发生. 由此分析,可以看出"免费抽奖"的本质其实是平均花费 27.70 元来碰一下"运气"而已. 所以大家不要盲目跟风,学会理性消费.

例 4.40(传染病检测问题) 传染病是由各种病原体引起的能在人与人、动物与动物或人与动物之间相互传播的一类疾病. 对传染病的快速有效的检测对于传染病预防与控制十分关键,医学上常采用血液检测、核酸检测等来判断是否被感染,若检验结果呈阳性,则认为患有此种疾病,呈阴性则无此种疾病. 现假设在一个人数很多的人群中普查某种疾病. 一种方案是对人群中每个人的采集样本进行逐一检测,则共需要检验 N 次. 为了减少工作量,一位统计学家建议用另一种方案:将人群中的 N 个人分成 n 组,每组的人数为 k,将每组的 k 份样本混在一起进行化验,若化验结果呈阴性,则表明该组全体成员均为阴性,不需要重新化验,因而这 k 个人只要检验 1 次就够了,相当于每个人检验 $\frac{1}{k}$ 次,检验的工作量明显降低了. 如果混合样本检验结果呈阳性,就说明此组的 k 个人中至少有一个样本呈阳性反应,则再对此 k 个人的样本分别进行检验,因而这 k 个人的样本检验 $k+1$ 次,相当于每个人检验 $1+\frac{1}{k}$ 次,此时增加了检验次数. 假设该疾病的发病率为 p, 且彼此得病相互独立. 那么第二种方案能否减少检验次数? 若能减少, 减少了多少?

解 令 X 表示该人群中每个人需要检验的次数, 则 X 的分布律为

X	$\dfrac{1}{k}$	$1+\dfrac{1}{k}$
P	$(1-p)^k$	$1-(1-p)^k$

从而每个人的平均验血次数为

$$E(X)=\frac{1}{k}(1-p)^k+\left(1+\frac{1}{k}\right)\left[1-(1-p)^k\right]=1-(1-p)^k+\frac{1}{k},$$

而第二种方案比第一种方案平均减少的验血次数为

$$1-E(X)=(1-p)^k-\frac{1}{k}.$$

只要 $E(X)<1$, 即 $(1-p)^k>\dfrac{1}{k}$, 就能减少工作量, 而且还可以选择合适的 k 使其达到最小.

例如, 取 $p=0.1, k=2$, 那么 $1-E(X)=(1-0.1)^2-\dfrac{1}{2}=0.31$ (次), 如果人群中有 10 000 人, 则可减少 3 100 次, 即减少 31% 的工作量.

类似地, 可以进行如下计算: 若取 $p=0.1$, 则当 $k=4$ 时, 可使得 $E(X)$ 的值最小, 这时可以减少 40.61% 的工作量, 然后又逐渐增加, $k=34$, 那么 $E(X)>1$, 第二种方案反而增加工作量. 通过 MATLAB 编程, 我们可以得到不同的 p 与 k 对应的 $E(X)$ 值如表 4-1, 对应的 $E(X)$ 的数值与变化曲线如图 4-5. 可见, 患某种疾病的概率 p 越小, 使 $E(X)$ 取得最小值的 k 值越大, 减少的工作量 $1-E(X)=(1-p)^k-\dfrac{1}{k}$ 就越大.

表 4-1 不同的 p 与 k 对应的 $E(X)$

k	$p=0.1$	$p=0.05$	$p=0.01$	$p=0.005$	$p=0.001$
2	0.310 0	0.402 5	0.480 1	0.490 0	0.498 0
4	0.406 1	0.564 5	0.710 6	0.730 1	0.746 0
5	0.390 5	0.573 8	0.751 0	0.775 2	0.795 0
8	0.305 5	0.538 4	0.797 7	0.835 7	0.867 0
10	0.248 7	0.498 7	0.804 4	0.851 1	0.890 0
13	0.177 3	0.436 4	0.800 6	0.860 0	0.910 2
16	0.122 8	0.377 6	0.789 0	0.860 4	0.921 6
20	0.071 6	0.308 5	0.767 9	0.854 6	0.930 2

续表

k	$p = 0.1$	$p = 0.05$	$p = 0.01$	$p = 0.005$	$p = 0.001$
25	0.031 8	0.237 4	0.737 8	0.842 2	0.935 3
30	0.009 1	0.181 3	0.706 4	0.827 1	0.937 1
35	-0.003 5	0.137 5	0.674 9	0.810 5	0.937 0
40	-0.010 2	0.103 5	0.644 0	0.793 3	0.935 8
45	-0.013 5	0.077 2	0.614 0	0.775 8	0.933 8
50	-0.014 8	0.056 9	0.585 0	0.758 3	0.931 2

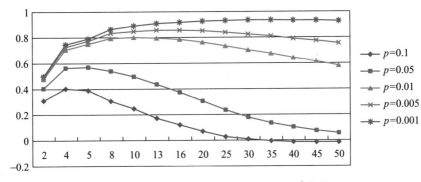

图 4-5 不同的 p 与 k 对应的 $E(X)$ 变化曲线

例 4.41（最佳订货问题） 一经销商正在与某出版社联系订购下一年的某种图书问题，已知的有关条件如下：该书的零售价 80 元/本，成本 50 元/本（批发价），经销商可得毛利 30 元/本，若当年的 12 月 31 日以后该书尚未售出，经销商不得不降价到 20 元/本全部销售出去. 根据该经销商以往 10 年的销售情况，他所得出的需求概率如下：在当年 12 月 31 日以前售出 150 本、160 本、170 本、180 本的概率分别为 0.1，0.4，0.3，0.2. 根据以上条件，该经销商应订购多少本，可使期望利润最大？

解 根据需求情况，低于 150 本供不应求，超过 180 本供大于求，所以该经销商订购的图书数量应在 150~180 本. 该经销商的订购方案有四种：150 本、160 本、170 本、180 本，设其利润分别为 X_1，X_2，X_3，X_4，根据购进、售出的数量可得利润见表 4-2.

表 4-2 利 润 表 单位：元

订购方案	出售 150 本（概率 0.1）	出售 160 本（概率 0.4）	出售 170 本（概率 0.3）	出售 180 本（概率 0.2）
订购 150 本获利 X_1	4 500	4 500	4 500	4 500
订购 160 本获利 X_2	4 200	4 800	4 800	4 800
订购 170 本获利 X_3	3 900	4 500	5 100	5 100
订购 180 本获利 X_4	3 600	4 200	4 800	5 400

由于各种订购方案的获利都是随机变量,所以应该选择期望利润最大的订购方案. 各订购方案的期望利润分别为:

$$E(X_1) = 0.1 \times 4\,500 + 0.4 \times 4\,500 + 0.3 \times 4\,500 + 0.2 \times 4\,500 = 4\,500;$$

$$E(X_2) = 0.1 \times 4\,200 + 0.4 \times 4\,800 + 0.3 \times 4\,800 + 0.2 \times 4\,800 = 4\,740;$$

$$E(X_3) = 0.1 \times 3\,900 + 0.4 \times 4\,500 + 0.3 \times 5\,100 + 0.2 \times 5\,100 = 4\,740;$$

$$E(X_4) = 0.1 \times 3\,600 + 0.4 \times 4\,200 + 0.3 \times 4\,800 + 0.2 \times 5\,400 = 4\,560.$$

由于 $E(X_2) = E(X_3) > E(X_4) > E(X_1)$,所以订购 160 本或 170 本可使销售利润最大.

这种决策方法是建立在风险中性的基础上的,风险中性的决策者这样认为:1 单位期望利润等于 1 单位确定利润. 大多数决策者都是风险规避型的,认为 1 单位期望利润不如 1 单位确定利润,因为它具有不确定性. 一个保守的决策者可能订购 150 本,稳得 4 500 元利润,至于订购 150 本以上,虽然期望利润大于 4 500 元,但也有可能出现利润低于 4 500 元的情况. 在销售市场上,机会与风险并存,不愿冒风险也不可能博取高额利润. 因此对于风险型决策往往持风险中性态度,以期望利润最大原则进行决策. 由于风险需求的不确定性,各种订购方案的利润都是随机变量,随机变量的期望值反映了它的平均水平,即期望利润;随机变量的方差反映了它取值的不确定性,因此反映了经销的风险. 在期望利润相等(或很接近)的情况下,应选择利润方差(风险)最小的方案. 本例中订购 160 本、170 本的销售利润最大也相等,选择哪个方案使得风险更小一些,考虑方差 $D(X_2) = 32\,400$,$D(X_3) = 158\,400$,由于 $D(X_2) < D(X_3)$. 所以,订购 160 本是最优方案.

例 4.42(投资组合问题) 假设有 10 万元,投资 2 只股票及固定收益.设这两只股票每年每股的收益是随机变量 R_1,R_2,它们相互独立,且

$$E(R_1) = 6, \quad D(R_1) = 55, \quad E(R_2) = 4, \quad D(R_2) = 28.$$

设股票 1 价格为 60 元/股,股票 2 价格为 48 元/股,固定收益投资的年收益率 3.6%. 求平均收益不低于 7 000 元时的最优投资组合方案.

解 记 s_1 表示股票 1 的股数,s_2 表示股票 2 的股数,s_3 表示固定收益投资量.由题意

$$60s_1 + 48s_2 + s_3 = 100\,000,$$

投资组合的总收益为

$$R = s_1 R_1 + s_2 R_2 + 0.036 s_3.$$

投资组合的平均收益和风险分别为

$$E(R) = E(s_1 R_1 + s_2 R_2 + 0.036 s_3) = 6s_1 + 4s_2 + 0.036 s_3,$$

$$D(R) = D(s_1 R_1 + s_2 R_2 + 0.036 s_3) = s_1^2 D(R_1) + s_2^2 D(R_2) + 0 = 55 s_1^2 + 28 s_2^2.$$

根据马科维茨投资组合原理,建立数学模型

$$\min 55s_1^2 + 28s_2^2$$

$$\text{s.t.} \begin{cases} E(R) \geqslant 7\,000, \\ 60s_1 + 48s_2 + s_3 = 10\,000. \end{cases}$$

利用 MATLAB 软件求解得最优投资组合方案

$$s_1 = 524.7 \text{ 股}, \quad s_2 = 609.7 \text{ 股}, \quad s_3 = 38\,250 \text{ 元}$$

此时 $D(R) = 2.56 \times 10^7$.

该例可以推广到更加一般的**投资组合问题**, 详细内容可查阅有关文献, 可以看出组合投资可分散风险, 正所谓"不要把所有鸡蛋放在一只篮子中".

例 4.43(信号−噪声模型) 在当代通信理论中, 人们关心的是未知信号 S, 信号在传输过程中不可避免地受到随机噪声 N 的干扰. 因此, 我们接收到的是受到随机干扰的观测值 X, 它满足

$$X = S + N.$$

为了正确恢复信号 S, 可以进行大量重复观察, 得到的观测值分别为 $X_1, X_2, \cdots, X_n$. 计算其平均值

$$\bar{X} = \frac{1}{n} \sum_{i=1}^{n} X_i = \frac{1}{n} \sum_{i=1}^{n} S + \frac{1}{n} \sum_{i=1}^{n} N_i = S + \frac{1}{n} \sum_{i=1}^{n} N_i.$$

假设 $N_1, N_2, \cdots, N_n$ 相互独立且同分布, 均值为 0, 方差为 σ^2, 则

$$D\left(\frac{1}{n} \sum_{i=1}^{n} X_i\right) = \frac{\sigma^2}{n}.$$

因而, 经过如此处理, 使得噪声方差降为原来的 $\frac{1}{n}$, 从而大大提高了信号对噪声的功率比 (信噪比), 可以实现强噪声背景下的弱信号的接收.

习 题 4.5

1. (月饼订购问题) 在人们的日常生活中, 经常会购买一些具有季节性强、保鲜时间短、更新换代快等特点的商品, 如时装、生鲜食品和报纸等. 因此, 在商品销售过程中只考虑一次进货, 也就是说, 当存货售完时, 并不发生二次进货的问题, 这往往会产生一种两难局面: 订货量过多, 出现商品积压, 会造成损失; 订货量少, 有可能错失销售机会, 影响收益. 每年中秋节前的月饼销售就面临这种局面. 某销售商在中秋节前从食品厂订购了一批盒装月饼, 若中秋节期间销售不完可退回食品厂. 假设每盒月饼的售价为 a (单位: 元), 购进价为 b, 退回价为 c, 满足 $c < b < a$, 由于退回月饼数过多会赔本, 销售商应该如何确定购进月饼的盒数?

2. (求职决策问题)毕业季王同学向多家企业投递了自己的求职简历,以增大求职成功率. 假设有 3 家企业看中了王同学的求职简历并愿意为其提供面试机会. 按面试时间由企业 1、企业 2、到企业 3 的先后顺序,每家企业都可能提供高薪、中薪和低薪三种职位,每家企业将根据面试情况决定给予何种职位或拒绝提供职位,规定求职双方在面试后需立刻决策且不许毁约,职业规划老师根据对王同学的学业成绩和综合素质进行评估后认为,他获得高薪、中薪和低薪职位的可能性分别为 0.2,0.3 和 0.5,三家企业的工资数据如下表所示.

单位:元

企业	高薪 (概率 0.2)	中薪 (概率 0.3)	低薪 (概率 0.5)
企业 1	12 000	8 000	5 000
企业 2	11 000	9 000	5 500
企业 3	12 000	8 000	5 500

如果把工资数高低作为首要条件,那么王同学如何决策?

3. (投资决策问题)某家庭有 10 万元可以在一年内投资使用,有两种投资方案:一是存入银行获取利息,假设年利率为 1.85%;二是购买股票,买股票的收益取决于当年的经济形势,假设可分为形势好、形势中等、形势不好(即经济衰退)三种状态,若形势好可以获利 4 万元;若形势中等可以获利 1 万元;若形势不好将会损失 3 万元.据经济专家分析,当年经济形势好、形势中等、形势不好的概率分别为 20%,45% 和 35%.试问:选择哪一种投资方案可使投资的收益较大?

第 4 章自测题

第 4 章自测题答案

第5章 大数定律与中心极限定理

世界是纷繁复杂的,但在这纷繁复杂之中又蕴含着和谐统一.本章研究的大数定律与中心极限定理很好地诠释了这一自然规律,它们是概率论中的两类重要极限定理.大数定律是随机现象统计规律性的一般理论,中心极限定理描述了大量独立同分布的随机变量之和近似服从正态分布.大数定律与中心极限定理揭示了随机现象的重要统计规律,是后续数理统计的理论基础,有着重要的理论价值和应用价值.

§5.1 大数定律

在第1章,我们介绍过事件发生的频率具有稳定性,即随着试验次数的增加,事件的频率逐渐稳定到事件的概率.在实际中人们还发现大量随机变量观测值的算术平均值也具有稳定性.概率论中用来阐述大量随机现象平均结果稳定性的理论统称为大数定律.

5.1.1 切比雪夫不等式

例 5.1 设随机变量 $X \sim N(\mu, \sigma^2)$,计算 $P\{|X-\mu| \geqslant 3\sigma\}$.

解 由于 $X \sim N(\mu, \sigma^2)$,则 $\dfrac{X-\mu}{\sigma} \sim N(0,1)$.于是有

$$P\{|X-\mu| \geqslant 3\sigma\} = P\left\{\left|\frac{X-\mu}{\sigma}\right| \geqslant 3\right\} = 2(1-\Phi(3)) = 0.0026.$$

在例 5.1 中随机变量 X 的分布是已知的,若 X 的分布未知,如何计算形如上式的概率 $P\{|X-E(X)| \geqslant \varepsilon\}$ 呢? 切比雪夫不等式给出了此概率的一个上界.

定理 5.1(切比雪夫不等式) 设随机变量 X 具有数学期望 $E(X) = \mu$,方差 $D(X) = \sigma^2$,则对于任意 $\varepsilon > 0$,有

$$P\{|X-\mu| \geqslant \varepsilon\} \leqslant \frac{\sigma^2}{\varepsilon^2}. \tag{5-1}$$

证 这里仅证明离散型随机变量的情形.设随机变量 X 的分布律为 $P\{X = x_k\} = p_k, k = 1, 2, \cdots$,则

$$P\{|X-\mu| \geqslant \varepsilon\} = \sum_{|x_k-\mu| \geqslant \varepsilon} P\{X = x_k\}$$

$$\leqslant \sum_{|x_k-\mu|\,\geqslant\,\varepsilon} \frac{(x_k-\mu)^2}{\varepsilon^2}p_k$$

$$\leqslant \sum_{k=1}^{+\infty} \frac{(x_k-\mu)^2}{\varepsilon^2}p_k = \frac{\sigma^2}{\varepsilon^2}.$$

对于连续型随机变量的情形,只需把其中的分布律替换为概率密度,求和替换为积分即可.

例 5.2 设随机变量 $X \sim N(\mu, \sigma^2)$,试用切比雪夫不等式估计 $P\{|X-\mu| \geqslant 3\sigma\}$.

解 由式(5-1)可得

$$P\{|X-\mu| \geqslant 3\sigma\} \leqslant \frac{\sigma^2}{(3\sigma)^2} = \frac{1}{9}.$$

与例 5.1 的结果相比,显然用切比雪夫不等式估计的概率非常粗糙.但它具有非常重要的理论意义,是证明大数定律的工具之一.

此外,式(5-1)也可以写成如下的等价形式

$$P\{|X-\mu| < \varepsilon\} \geqslant 1 - \frac{\sigma^2}{\varepsilon^2}. \tag{5-2}$$

式(5-2)表明随机变量 X 的方差 σ^2 越小,事件 $\{|X-\mu| < \varepsilon\}$ 发生的概率越大,即 X 取值集中在其数学期望 μ 附近的概率就越大,这进一步说明方差刻画了随机变量取值的分散程度.

例 5.3 设某学生群体每天使用智能手机的时间(单位:min)为 X,据统计 $E(X) = 170$,$D(X) = 400$.试估计该学生群体使用智能手机的时间在区间 $(120, 220)$ 内的概率.

解 由式(5-2)可得该学生群体使用智能手机的时间 X 在区间 $(120, 220)$ 内的概率为

$$P\{120 < X < 220\} = P\{|X-170| < 50\} \geqslant 1 - \frac{400}{50^2} = 0.84.$$

5.1.2　几个基本的大数定律

本小节介绍三个基本的大数定律:切比雪夫大数定律、伯努利大数定律和辛钦大数定律.在正式给出这几个定律之前,先介绍随机变量序列的一种收敛性,即依概率收敛.

定义 5.1 设 $X_1, X_2, \cdots, X_n, \cdots$ 是随机变量序列,a 为常数,如果对于任意 $\varepsilon > 0$,都有

$$\lim_{n \to +\infty} P\{|X_n-a| < \varepsilon\} = 1 \quad \text{或} \quad \lim_{n \to +\infty} P\{|X_n-a| \geqslant \varepsilon\} = 0,$$

则称随机变量序列 $\{X_n\}$ **依概率收敛于** a,记为

$$X_n \xrightarrow{P} a.$$

随机变量序列 $\{X_n\}$ 依概率收敛于 a 可理解为:当 n 很大时,X_n 与 a 有较大偏差的可能性很小.

定理 5.2(切比雪夫大数定律) 设随机变量序列 $X_1, X_2, \cdots, X_n, \cdots$ 相互独立,且具有相同的数学期望和方差:$E(X_k) = \mu$, $D(X_k) = \sigma^2$, $k = 1, 2, \cdots$,作前 n 个随机变量的算术平均 $\frac{1}{n} \sum\limits_{k=1}^{n} X_k$,则对于任意 $\varepsilon > 0$,有

$$\lim_{n \to +\infty} P\left\{ \left| \frac{1}{n} \sum_{k=1}^{n} X_k - \mu \right| < \varepsilon \right\} = 1. \tag{5-3}$$

证 因为随机变量序列 $X_1, X_2, \cdots, X_n, \cdots$ 相互独立,所以

$$E\left(\frac{1}{n} \sum_{k=1}^{n} X_k \right) = \frac{1}{n} \sum_{k=1}^{n} E(X_k) = \frac{1}{n} \cdot n\mu = \mu,$$

$$D\left(\frac{1}{n} \sum_{k=1}^{n} X_k \right) = \frac{1}{n^2} \sum_{k=1}^{n} D(X_k) = \frac{1}{n^2} \cdot n\sigma^2 = \frac{1}{n}\sigma^2.$$

由式(5-2)及概率的性质得

$$1 \geqslant P\left\{ \left| \frac{1}{n} \sum_{k=1}^{n} X_k - \mu \right| < \varepsilon \right\} \geqslant 1 - \frac{\sigma^2}{n\varepsilon^2}.$$

上式中令 $n \to +\infty$,可得

$$\lim_{n \to +\infty} P\left\{ \left| \frac{1}{n} \sum_{k=1}^{n} X_k - \mu \right| < \varepsilon \right\} = 1.$$

定理 5.3(伯努利大数定律) 设 n_A 是 n 重伯努利试验中事件 A 发生的次数,$p(0 < p < 1)$ 是事件 A 在每次试验中发生的概率,则对于任意 $\varepsilon > 0$,有

$$\lim_{n \to +\infty} P\left\{ \left| \frac{n_A}{n} - p \right| < \varepsilon \right\} = 1. \tag{5-4}$$

证 在 n 重伯努利试验中,设

$$X_k = \begin{cases} 0, & \text{第 } k \text{ 次试验 } A \text{ 不发生,} \\ 1, & \text{第 } k \text{ 次试验 } A \text{ 发生,} \end{cases} \quad k = 1, 2, \cdots, n,$$

则 $X_1, X_2, \cdots, X_n$ 相互独立,且都服从参数为 p 的 $(0-1)$ 分布,因而 $E(X_k) = p$, $k = 1, 2, \cdots, n$. 因为 $n_A \sim B(n, p)$,所以有 $n_A = X_1 + X_2 + \cdots + X_n$,由式(5-3)得

$$\lim_{n \to +\infty} P\left\{ \left| \frac{n_A}{n} - p \right| < \varepsilon \right\} = 1.$$

伯努利大数
定律 MATLAB
验证实验

实际上,定理 5.3 可以看成定理 5.2 的一个特例.伯努利大数定律表明,

在大量独立重复试验中,随着试验次数的增大事件发生的频率逐渐稳定到事件发生的概率.因此,在实际应用中,当试验次数足够大时,可用频率作为概率的估计.

定理5.4(辛钦大数定律) 设随机变量序列 $X_1, X_2, \cdots, X_n, \cdots$ 相互独立,服从同一分布,且具有数学期望 $E(X_k) = \mu, k = 1, 2, \cdots$,则对于任意 $\varepsilon > 0$,有

$$\lim_{n \to +\infty} P\left\{ \left| \frac{1}{n} \sum_{k=1}^{n} X_k - \mu \right| < \varepsilon \right\} = 1.$$

在一些实际问题中,方差不一定存在.辛钦证明了在独立同分布的情况下,仅存在期望时大数定律的结论仍然成立.

例5.4 设随机变量序列 $X_1, X_2, \cdots, X_n, \cdots$ 是独立同分布的,其分布律为

$$P\{X_k = (-1)^{k-1} k\} = \frac{6}{\pi^2 k^2}, \quad k = 1, 2, \cdots,$$

问此随机变量序列是否服从辛钦大数定律?

解 辛钦大数定律适用的条件是随机变量的数学期望存在,即需下式收敛

$$\sum_{k=1}^{+\infty} \left| (-1)^{k-1} k \frac{6}{\pi^2 k^2} \right|.$$

由于

$$\sum_{k=1}^{+\infty} \left| (-1)^{k-1} k \frac{6}{\pi^2 k^2} \right| = \sum_{k=1}^{+\infty} \frac{6}{\pi^2 k} = \frac{6}{\pi^2} \sum_{k=1}^{+\infty} \frac{1}{k}$$

发散,所以数学期望不存在,故随机变量序列不服从辛钦大数定律.

习 题 5.1

基 础 题

1. 设随机变量 $X \sim U(0,4)$,求概率 $P\{|X - E(X)| \geqslant 2\}$,并用切比雪夫不等式估计 $P\{|X - E(X)| \geqslant 2\}$.

2. 某车间生产一种电子器件,月平均产量为 9 500 个,标准差为 100 个,试用切比雪夫不等式估计车间月产量在区间 $(9\ 000, 10\ 000)$ 内的概率.

3. 设随机变量序列 $X_1, X_2, \cdots, X_n, \cdots$ 是独立同分布的,且概率密度为

$$f(x) = \begin{cases} 2x, & 0 < x < 1, \\ 0, & \text{其他}. \end{cases}$$

问此随机变量序列是否服从大数定律?

提 高 题

1. 设随机变量 X 和 Y 的期望分别为 -2 和 2,方差分别为 1 和 4,相关系数为 -0.5,试用切比雪夫不等式估计 $P\{|X+Y| \geqslant 6\}$.

2. 设随机变量序列 $X_1, X_2, \cdots, X_n, \cdots$ 是独立同分布的,其分布函数为

$$F(x) = a + \frac{1}{\pi}\arctan\frac{x}{b}, \quad b \neq 0.$$

问辛钦大数定律对此随机变量序列是否适用?

3. (泊松大数定律)设 $X_1, X_2, \cdots, X_n, \cdots$ 为相互独立的随机变量序列,且 $P\{X_k = 1\} = p_k, P\{X_k = 0\} = q_k = 1 - p_k, k = 1, 2, \cdots$,试证明对于任意给定的 $\varepsilon > 0$,有

$$\lim_{n \to +\infty} P\left\{\left|\frac{1}{n}\sum_{k=1}^{n} X_k - \frac{1}{n}\sum_{k=1}^{n} p_k\right| < \varepsilon\right\} = 1.$$

§5.2 中心极限定理

在实际问题中,有许多随机变量是由大量相互独立的随机因素综合影响所形成的,其中每一个因素在总的影响中所起的作用都是微小的,这类随机变量往往服从或近似服从正态分布,这种现象就是中心极限定理的客观背景.

定理 5.5(独立同分布中心极限定理) 设 $X_1, X_2, \cdots, X_n, \cdots$ 为独立同分布的随机变量序列,且具有相同的期望和方差:$E(X_k) = \mu, D(X_k) = \sigma^2 (0 < \sigma^2 < +\infty), k = 1, 2, \cdots$,则随机变量之和 $\sum_{k=1}^{n} X_k$ 的标准化变量

$$Y_n = \frac{\sum\limits_{k=1}^{n} X_k - E\left(\sum\limits_{k=1}^{n} X_k\right)}{\sqrt{D\left(\sum\limits_{k=1}^{n} X_k\right)}} = \frac{\sum\limits_{k=1}^{n} X_k - n\mu}{\sqrt{n}\,\sigma}$$

的分布函数 $F_n(x)$ 对于任意 x 满足

$$\lim_{n \to +\infty} F_n(x) = \lim_{n \to +\infty} P\left\{\frac{\sum\limits_{k=1}^{n} X_k - n\mu}{\sqrt{n}\,\sigma} \leqslant x\right\} = \int_{-\infty}^{x} \frac{1}{\sqrt{2\pi}} \mathrm{e}^{-\frac{t^2}{2}} \mathrm{d}t = \Phi(x).$$

定理 5.5 表明均值为 μ 和方差为 σ^2 的独立同分布随机变量 $X_1, X_2, \cdots, X_n$ 之和 $\sum_{k=1}^{n} X_k$ 的标准化变量,当 n 充分大时近似服从标准正态分布,即

$$\frac{\sum\limits_{k=1}^{n} X_k - n\mu}{\sqrt{n}\,\sigma} \overset{\text{近似}}{\sim} N(0,1). \tag{5-5}$$

因此,实际应用中常用下式估算 $\sum\limits_{k=1}^{n} X_k$ 落在某个区间上的概率

$$P\left\{ a < \sum_{k=1}^{n} X_k \leqslant b \right\} \approx \Phi\left(\frac{b-n\mu}{\sqrt{n}\,\sigma}\right) - \Phi\left(\frac{a-n\mu}{\sqrt{n}\,\sigma}\right). \tag{5-6}$$

独立同分布
中心极限定理
MATLAB
验证实验

此外,式(5-5)也可以写成

$$\frac{\dfrac{1}{n}\sum\limits_{k=1}^{n} X_k - \mu}{\sigma / \sqrt{n}} \overset{\text{近似}}{\sim} N(0,1).$$

这表明均值为 μ 和方差为 σ^2 的独立同分布随机变量 $X_1, X_2, \cdots, X_n$ 的算术平均值,当 n 充分大时近似服从均值为 μ 和方差为 σ^2/n 的正态分布,这一结论正是数理统计中大样本统计推断的理论基础.

例 5.5　根据以往经验,某种电器元件的寿命服从均值为 100 h 的指数分布,现随机地取 16 只,设它们的寿命是相互独立的.求这 16 只电器元件的寿命总和大于 1 920 h 的概率.

解　设 $X_k(k=1,2,\cdots,16)$ 表示第 k 只电器元件的寿命,由题意可知

$$\mu = E(X_k) = 100, \quad \sigma^2 = D(X_k) = 100^2, \quad k = 1,2,\cdots,16.$$

由式(5-6)可得

$$P\left\{ \sum_{k=1}^{16} X_k > 1\,920 \right\} = 1 - P\left\{ \sum_{k=1}^{16} X_k \leqslant 1\,920 \right\}$$

$$= 1 - P\left\{ \frac{\sum\limits_{k=1}^{16} X_k - 16 \times 100}{\sqrt{16}\,\sqrt{100^2}} \leqslant \frac{1\,920 - 16 \times 100}{\sqrt{16}\,\sqrt{100^2}} \right\}$$

$$\approx 1 - \Phi(0.8) = 0.211\,9.$$

定理 5.6(棣莫弗-拉普拉斯定理)　设 n_A 是 n 重伯努利试验中事件 A 发生的次数,$p(0<p<1)$ 是事件 A 在每次试验中发生的概率,则对于任意的 x,有

$$\lim_{n \to +\infty} P\left\{ \frac{n_A - np}{\sqrt{np(1-p)}} \leqslant x \right\} = \int_{-\infty}^{x} \frac{1}{\sqrt{2\pi}} e^{-\frac{t^2}{2}} dt = \Phi(x).$$

证　在 n 重伯努利试验中,设

$$X_k = \begin{cases} 0, & \text{第 } k \text{ 次试验 } A \text{ 不发生,} \\ 1, & \text{第 } k \text{ 次试验 } A \text{ 发生,} \end{cases} \quad k = 1,2,\cdots,n,$$

则 $X_1, X_2, \cdots, X_n$ 相互独立,且 $n_A = X_1 + X_2 + \cdots + X_n$. 由于 $X_1, X_2, \cdots, X_n$ 均服从参数为 p 的 $(0-1)$ 分布,所以 $E(X_k) = p, D(X_k) = p(1-p)$. 由定理 5.5 可得

$$\lim_{n \to +\infty} P\left\{ \frac{n_A - np}{\sqrt{np(1-p)}} \leq x \right\} = \int_{-\infty}^{x} \frac{1}{\sqrt{2\pi}} e^{-\frac{t^2}{2}} \, dt = \Phi(x).$$

定理 5.6 说明,服从二项分布的随机变量 X 的标准化变量,当 n 充分大时近似服从标准正态分布,即

$$\frac{X - np}{\sqrt{np(1-p)}} \overset{近似}{\sim} N(0,1).$$

定理 5.6 实际上是定理 5.5 的一个特例,它是概率论历史上最早的中心极限定理,由棣莫弗提出并由拉普拉斯推广,因此称为棣莫弗-拉普拉斯定理.

例 5.6 设某高性能计算中心有同型号的大型服务器 200 台,在工作期间由于需要检修常需停工. 假设每台服务器的开工率为 0.6,开、关是相互独立的,且在开工时需电力 15 kW,问应供应多少千瓦的电力就能以 99.9% 的概率保证该计算中心不会因供电不足而影响服务器正常工作?

解 令 X 表示在某时刻开工的服务器数,由题意可知 $X \sim B(200, 0.6)$. 假设需要 M kW 的电力就能以 99.9% 的概率保证该计算中心不会因供电不足而影响服务器正常工作,故应有 $P\{15X \leq M\} \geq 0.999$. 又有

$$P\{15X \leq M\} = P\{X \leq M/15\} = P\left\{ \frac{X - 120}{\sqrt{48}} \leq \frac{M/15 - 120}{\sqrt{48}} \right\} \approx \Phi\left(\frac{M/15 - 120}{\sqrt{48}} \right),$$

且查表得 $\Phi(3.09) = 0.999$.

根据分布函数的单调不减性,欲使 $P\{15X \leq M\} \geq 0.999$,只需满足

$$\frac{M/15 - 120}{\sqrt{48}} \geq 3.09.$$

由上式解得

$$M \geq 15(120 + 3.09\sqrt{48}) = 2\ 121.1.$$

因此,应供应 2 121.1 kW 的电力就能以 99.9% 的概率保证计算中心不会因供电不足而影响服务器正常工作.

习　题　5.2

基　础　题

1. 连续掷一颗骰子 4 次,点数和记为随机变量 X,试估计概率 $P\{10<X<18\}$.

2. 设各零件的质量都是随机变量,且独立同分布,其数学期望为 0.5 kg,标准差为 0.1 kg,求 5 000 个零件的总质量超过 2 510 kg 的概率是多少?

3. 某计算机系统有 120 个终端,每个终端有 10% 的时间要与主机交换数据.若同一时刻有超过 20 台的终端要与主机交换数据,系统将发生数据传送堵塞,假设各终端工作是相互独立的.求系统发生堵塞现象的概率是多少?

提　高　题

1. 某工人修理一台机器需要相互独立的两个阶段,第一阶段所需要的时间服从均值为 0.2 h 的指数分布,第二阶段所需要的时间服从均值为 0.3 h 的指数分布.现有 20 台机器需要修理,问该工人能在 8 h 内修完的概率是多少?

2. 一生产线生产的产品成箱包装,每箱的质量都是随机变量,假设每箱的平均质量为 50 kg,标准差为 5 kg.若用最大装载质量为 5 t 的汽车承运,试用中心极限定理求出每辆车最多可以装多少箱,才能保障不超载的概率大于 0.977 2?

3. 某种电子器件的寿命具有数学期望 μ(未知),方差 $\sigma^2=400$.为估计期望 μ,随机地取 n 只这种电子器件进行测试,测得寿命分别为 $X_1,X_2,\cdots,X_n$,记其算术平均值 $\overline{X}$ 作为 μ 的估计.问 n 至少取多少,能使 $P\{|\overline{X}-\mu|<1\}\geqslant0.95$?

4. 在街头赌博中,庄家在高尔顿钉板的底板两端距离原点超出 8 格的位置放置了值钱的东西来吸引顾客,试用中心极限定理来揭穿这个街头赌博中的骗术.设钉子有 16 排.

§5.3　综合应用

本节给出了中心极限定理在毕业生就业和计算机并行计算中的两个综合应用案例.

例 5.7　某毕业生在一家保险公司应聘时,面试官给他的问题是:假设当地正在销售一项疾病保险,客户的数目大概是 1 万人左右(按 1 万人计),投保人每年交 200 元保费,一旦发生索赔,赔付金额为 5 万元,据估计当地该疾病的发病率为 0.25% 左右,请帮助该毕业生分析出保险公司这项保险的年收益情况.

解　保险公司这项保险的年收益情况显然与投保人中患该疾病的人数密切相关,设 X 表示 1 万人中患有该疾病的人数,则可认为 X 服从二项分布.由题意得:$X \sim B(10\,000, 0.002\,5)$,则数学期望和方差分别为

$$E(X) = np = 25, \quad D(X) = np(1-p) = 24.937\,5 \approx 25.$$

根据棣莫弗–拉普拉斯中心极限定理,该二项分布随机变量 X 近似服从正态分布,即

$$X \overset{\text{近似}}{\sim} N(25, 5^2).$$

根据已知条件可知,该项保险的年收益为 $200-5X$ 万元,容易分析出保险公司该项保险的年收益情况.比如,可近似计算出该项保险收益在 50 万元至 100 万元的概率为

$$P\{50 \leqslant 200-5X \leqslant 100\} = P\{20 \leqslant X \leqslant 30\}$$

$$= P\left\{-1 \leqslant \frac{X-25}{5} \leqslant 1\right\}$$

$$= 2\Phi(1) - 1 = 0.682\,6.$$

而保险公司在该项保险中亏本的概率为

$$P\{200-5X < 0\} = P\{X > 40\} = P\left\{\frac{X-25}{5} \geqslant 3\right\}$$

$$\approx 1 - \Phi(3) = 0.001\,3.$$

因此,可以看出保险公司在该项保险业务中有较高的概率获得较大收益,而亏本的可能性非常小.

例 5.8 某大型计算机系统由 100 台可用于并行计算的计算机组成,在执行某个计算任务时每台计算机大约有 10% 的时间在使用,假设各台计算机的使用与否是相互独立的.问:

(1) 计算在任意时刻同时最多有 15 台计算机在进行并行计算的概率;

(2) 用中心极限定理计算在任意时刻同时最多有 15 台计算机在进行并行计算的概率的近似值;

(3) 用泊松定理计算在任意时刻同时最多有 15 台计算机在进行并行计算的概率的近似值.

解 引入服从 (0–1) 分布的随机变量

$$X_i = \begin{cases} 0, & \text{第 } i \text{ 台计算机未使用,} \\ 1, & \text{否则,} \end{cases} \quad i = 1, 2, \cdots, 100.$$

由题意可知随机变量 $X_1, X_2, \cdots, X_{100}$ 相互独立,且都服参数 $p = 0.1$ 的 (0–1) 分布.因此,同时使用的计算机数

$$\sum_{i=1}^{100} X_i \sim B(100, 0.1).$$

（1）借助计算机计算得

$$P\left\{\sum_{i=1}^{100} X_i \leqslant 15\right\} = \sum_{k=0}^{15} C_{100}^k 0.1^k 0.9^{100-k} = 0.960\ 1.$$

故在任意时刻同时最多有 15 台计算机在进行并行计算的概率为 0.960 1.

（2）由于

$$E\left(\sum_{i=1}^{100} X_i\right) = np = 10, \quad D\left(\sum_{i=1}^{100} X_i\right) = np(1-p) = 9,$$

由棣莫弗-拉普拉斯中心极限定理可得 $X \overset{近似}{\sim} N(10,3^2)$,因此

$$P\left\{\sum_{i=1}^{100} X_i \leqslant 15\right\} \approx \Phi\left(\frac{15-10}{3}\right) = \Phi\left(\frac{5}{3}\right) = 0.952\ 2.$$

故由中心极限定理计算在任意时刻同时最多有 15 台计算机在进行并行计算的概率的近似值为 0.952 2.

（3）由于 $n \geqslant 10, p \leqslant 0.1$,则由泊松定理可得 $X \overset{近似}{\sim} \pi(10)$,因此借助计算机可得

$$P\left\{\sum_{i=1}^{100} X_i \leqslant 15\right\} = \sum_{k=0}^{15} \frac{10^k}{k!} e^{-10} = 0.951\ 3.$$

故由泊松定理计算在任意时刻同时最多有 15 台计算机在进行并行计算的概率的近似值为 0.951 3.

注意在对二项分布进行近似计算时,泊松近似受条件 $n \geqslant 10, p \leqslant 0.1$ 的限制,而正态近似只要求 n 较大即可.在该例中,用正态分布的近似效果较好.

习 题 5.3

1. 某计算机程序在进行加法运算时,对每个加数取整(取最接近它的整数),假设所有的取整误差相互独立,且都服从 $(-0.5, 0.5)$ 上的均匀分布.

（1）若将 1 500 个数相加,求误差总和的绝对值超过 15 的概率是多少?

（2）最多几个数相加能使得误差总和的绝对值小于 10 的概率不小于 0.9?

2. 某药厂断言,其生成的某种药品对于治疗一种血液疾病的治愈率为 0.8,医院随机抽查 100 名使用此药品的患者,如果有多于 75 人被治愈,就接受药厂的断言,否则就拒绝其断言.

（1）若实际上此药品对这种血液病的治愈率为 0.8,求接受药厂的这一断言的概率是多少?

（2）若实际上此药品对这种血液病的治愈率为 0.7,求接受药厂的这一断言的概率又是多少?

3. 为响应国家"碳中和"的环保理念,某品牌汽车公司要求其生产的某型号出租汽车,尾气排放中的氧化氮的排放量的数学期望为 0.9 g/km,标准差为 1.9 g/km.假设某出租车公司有 100 辆该型号出租汽车,用 $\overline{X}$ 表示这些车辆的氧化氮排放量的算术平均值.问当 L 为何值时,$P\{\overline{X}>L\}\leqslant 0.01$?

第 5 章自测题

第 5 章自测题答案

第6章 统计量及其分布

前5章讨论了概率论的基本内容,从本章起介绍数理统计的相关知识.在许多实际问题中,要想全面地了解研究对象的整体情况往往是不现实的,只能通过试验得到它的局部信息.由于局部和整体是密切相联系的,可以利用这些局部信息来推断整体的特性,这就是数理统计方法的基本思想.数理统计是以概率论为理论基础,根据观测或试验所得的数据,来研究如何用有效的方法对这些数据进行整理和分析,从而对所研究的随机现象的统计规律性做出合理的推断,为采取某种决策和行动提供科学的依据.

本章介绍总体、样本及统计量等基本概念,并着重讨论几种常用的统计量及抽样分布,为今后学习统计推断奠定基础.

§6.1 总体、样本及统计量

6.1.1 总体与样本

在数理统计中,常把研究对象的全体称为**总体**,而把构成总体的每一个成员称为**个体**.例如,我们研究某学校学生的体重情况,该学校的全体学生构成一个总体,而每一名学生就是一个个体.事实上,每一名同学有许多的特征,如身高、体重和年龄等,而该问题中只关心学生的体重情况,这样就可以把每名学生的体重数值指标看作个体,而把全体学生的体重数值指标看作总体.

若抛开实际的应用背景,总体就是由一组数组成,有的大有的小,有的出现次数多有的出现次数少,因此就可以用一个概率分布来描述总体的统计规律性,这样一个总体就相当于一个随机变量 X.在今后的讨论中,我们对二者不再进行区分,总是把总体看成是一个具有分布的随机变量 X,对总体的研究就是对随机变量 X 的研究.

为掌握总体的分布情况,在相同条件下随机地从总体 X 中抽取 n 个个体 $X_1, X_2, \cdots, X_n$,称为来自总体 X 的一个**样本**,其中 n 称作**样本容量**.抽样之后经过观测,就得到样本的观测值 $x_1, x_2, \cdots, x_n$,称作**样本值**.

为了使抽取的样本很好地反映总体的信息,最常用的方法是满足下面两个基本要求的"简单随机抽样".

(1)代表性:即样本中的每个个体都与总体 X 同分布;

(2)独立性:即抽取的每个个体必须是相互独立的,抽样结果互不影响.

此时的样本是 n 个相互独立且与总体有相同分布的随机变量,这样的样本 $X_1,X_2,\cdots,X_n$ 称为**容量为 n 的简单随机样本**.本书所提到的样本,均指简单随机样本.

总体中包含有限个个体,称为**有限总体**;包含无限个个体,称为**无限总体**.在实际问题中,大多都是有限总体,但当个体数充分大时,也可以将有限总体近似看成无限总体.同样地,对于有限总体一般只有放回抽样才能获得简单随机样本,但当总体数远大于样本容量时,也可以将不放回抽样获得的样本近似看成简单随机样本.

由简单随机样本的定义,若总体 X 的分布函数为 $F(x)$,则样本 $X_1,X_2,\cdots,X_n$ 的联合分布函数为

$$F(x_1,x_2,\cdots,x_n) = \prod_{i=1}^{n} F(x_i).$$

特别地,若总体 X 为离散型随机变量,其分布律为 $P\{X=x\}=p(x)$,其中 x 取遍 X 的所有可能取值,则样本 $X_1,X_2,\cdots,X_n$ 的联合分布律为

$$P\{X_1=x_1,X_2=x_2,\cdots,X_n=x_n\} = \prod_{i=1}^{n} p(x_i).$$

若总体 X 为连续型随机变量,其概率密度为 $f(x)$,则样本 $X_1,X_2,\cdots,X_n$ 的联合概率密度为

$$f(x_1,x_2,\cdots,x_n) = \prod_{i=1}^{n} f(x_i).$$

例 6.1 设总体 $X \sim B(1,p)$,$X_1,X_2,\cdots,X_n$ 为来自总体 X 的一个样本,求样本的联合分布律.

解 因为总体 $X \sim B(1,p)$,其分布律可以写为

$$P\{X=x\} = p^x (1-p)^{1-x}, \quad x=0,1,$$

所以来自总体 X 的样本 $X_1,X_2,\cdots,X_n$ 的联合分布律为

$$\begin{aligned}
P\{X_1=x_1,X_2=x_2,\cdots,X_n=x_n\} &= \prod_{i=1}^{n} P\{X_i=x_i\} \\
&= \prod_{i=1}^{n} p^{x_i}(1-p)^{1-x_i} \\
&= p^{\sum_{i=1}^{n} x_i} (1-p)^{n-\sum_{i=1}^{n} x_i}, x_i=0,1(i=1,2,\cdots,n).
\end{aligned}$$

例 6.2 设总体 $X \sim U(-\theta,\theta)$,$X_1,X_2,\cdots,X_n$ 为来自总体 X 的一个样本,求样本的联合概率密度.

解 因为总体 $X \sim U(-\theta,\theta)$,其概率密度可以写为

$$f(x) = \begin{cases} \dfrac{1}{2\theta}, & -\theta < x < \theta, \\ 0, & \text{其他}. \end{cases}$$

所以来自总体 X 的样本 $X_1, X_2, \cdots, X_n$ 的联合概率密度为

$$f(x_1, x_2, \cdots, x_n) = \prod_{i=1}^{n} f(x_i) = \begin{cases} \dfrac{1}{2^n \theta^n}, & -\theta < x_1, x_2, \cdots, x_n < \theta, \\ 0, & \text{其他}. \end{cases}$$

6.1.2 频率直方图

样本都是来自于总体,带有总体分布的相关信息.因此当总体的分布未知时,可以利用样本观测值的分布情况来近似确定总体的分布.根据伯努利大数定律,用频率来近似代替概率可以画出近似估计总体分布的一种简单的图形——**频率直方图**.本小节将通过具体的实例对连续型随机变量 X 引入频率直方图,使人们对于总体 X 的分布有一个粗略的了解.

例 6.3 下面给出了 100 个某种电子元件质量的样本观测值(单位:g),现在来画这些数据的频率直方图.

249	254	244	256	252	254	252	249	255	259
244	263	255	252	247	252	242	247	247	251
247	246	249	255	264	253	250	253	242	252
244	240	245	245	257	246	259	253	249	254
252	253	248	251	244	255	250	246	240	251
246	250	252	258	247	251	244	248	252	253
252	249	255	251	248	252	242	249	245	250
256	256	250	248	252	247	251	251	252	237
249	260	246	250	254	249	258	265	250	246
243	255	257	254	258	250	249	247	247	246

解 表中数据显然是杂乱无章的,我们首先需要对其进行整理.找到这些样本观测值的最小值和最大值分别为 237 和 265,即表中所有数据均在区间 $[237, 265]$ 内.现取能够覆盖区间 $[237, 265]$ 的区间 $[236.5, 266.5]$,再把该区间等分为 10 个小区间.注意这里取的区间其下限要比最小观测值稍小,其上限要比最大观测值稍大,然后将该区间等分为 k 个小区间,通常当 $n < 50$ 时 k 取 5 或 6,而当 n 较大时 k 取 $10 \sim 20$.这里 $n = 100$,k 取 10,这样就将这 100 个数据分成 10 组.

此外,小区间的端点称为组限,而小区间的长度称为组距,记为 Δ,组距 $\Delta = (266.5 - 236.5)/10 = 3$.数出落在每一个小区间内数据的频数 n_i,并算出对应的频率 $f_i = n_i/n$($i = 1$, $2,\cdots,10$)如下表所示:

组限	频数 n_i	频率 f_i	累积频率
$[236.5,239.5]$	1	0.01	0.01
$(239.5,242.5]$	5	0.05	0.06
$(242.5,245.5]$	9	0.09	0.15
$(245.5,248.5]$	19	0.19	0.34
$(248.5,251.5]$	24	0.24	0.58
$(251.5,254.5]$	22	0.22	0.80
$(254.5,257.5]$	11	0.11	0.91
$(257.5,260.5]$	6	0.06	0.97
$(260.5,263.6]$	1	0.01	0.98
$(263.5,266.5]$	2	0.02	1

现在在平面直角坐标系中自左向右依次在 10 个小区间上作以 f_i/Δ 为高的小矩形,如图 6-1 所示,这样的图形就是频率直方图.从直方图的外廓看出,它中间高,两头低,且比较对称.这表明样本很可能是来自某一正态分布总体 X.

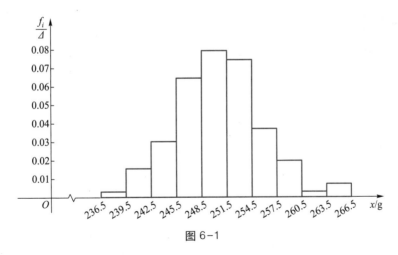

图 6-1

6.1.3　统计量

数理统计的主要任务之一就是利用样本信息对总体分布中的未知参数进行推断.但样本通常表现为一组数据,并不能直接利用样本来进行统计推断,而是需要对样本进行加工.常用的样本加工方式是构造样本函数,即统计量.

定义 6.1　设 $X_1,X_2,\cdots,X_n$ 是来自总体 X 的一个样本,则称不含任何未知参数的样本函

数 $g(X_1, X_2, \cdots, X_n)$ 为**统计量**.若 $x_1, x_2, \cdots, x_n$ 为 $X_1, X_2, \cdots, X_n$ 的样本值,则称 $g(x_1, x_2, \cdots, x_n)$ 为**统计量的观测值**或**统计值**.

例 6.4　设 $X_1, X_2, \cdots, X_n$ 是来自正态总体 $X \sim N(\mu, \sigma^2)$ 的一个样本,其中 μ 和 σ^2 均为未知常数,则下列样本函数中哪些是统计量,哪些不是统计量?

$$T_1 = \sum_{i=1}^{n} X_i, \quad T_2 = X_1 + X_n - \mu, \quad T_3 = \frac{1}{n} \sum_{i=1}^{n} X_i^2, \quad T_4 = \frac{1}{\sigma^2} \sum_{i=1}^{n} X_i.$$

解　T_1 和 T_3 不含未知常数是统计量,而 T_2 和 T_4 含有未知常数不是统计量.

通常不同的问题需要构造不同的统计量,下面介绍几种常用的统计量.

1. 样本均值

$$\overline{X} = \frac{1}{n} \sum_{i=1}^{n} X_i.$$

2. 样本方差

$$S^2 = \frac{1}{n-1} \sum_{i=1}^{n} (X_i - \overline{X})^2 = \frac{1}{n-1} \left(\sum_{i=1}^{n} X_i^2 - n\overline{X}^2 \right).$$

3. 样本标准差

$$S = \sqrt{\frac{1}{n-1} \sum_{i=1}^{n} (X_i - \overline{X})^2}.$$

4. 样本 k 阶原点矩

$$A_k = \frac{1}{n} \sum_{i=1}^{n} X_i^k, \quad k = 1, 2, \cdots.$$

5. 样本 k 阶中心矩

$$B_k = \frac{1}{n} \sum_{i=1}^{n} (X_i - \overline{X})^k, \quad k = 2, 3, \cdots.$$

常用统计量的
MATLAB 计算

注意到 $A_1 = \overline{X}, B_2 = \frac{n-1}{n} S^2$.此外,若给定样本 $X_1, X_2, \cdots, X_n$ 的一组观测值 $x_1, x_2, \cdots, x_n$,则上述统计量 $\overline{X}, S^2, S, A_k, B_k$ 的观测值对应的表示为 $\overline{x}, s^2, s, a_k, b_k$.

例 6.5　某篮球运动员在 2005—2006 赛季比赛中表现非常优异.与 A 队四场比赛的得分分别为 22,29,24,26;与 B 队四场比赛的得分分别为 25,29,17,22.问(1)分别计算该运动员对阵 A 队和 B 队的各四场比赛中,平均每场得多少分?(2)他在与两队的比赛中,对阵哪个队的发挥更稳定?

解 （1）该运动员对阵 A 队四场比赛的场均得分为

$$\bar{x}_1 = \frac{1}{4} \times (22+29+24+26) = 25.25,$$

对阵 B 队四场比赛的场均得分为

$$\bar{x}_2 = \frac{1}{4} \times (25+29+17+22) = 23.25.$$

（2）该运动员对阵 A 队四场比赛得分的方差为

$$s_1^2 = \frac{1}{3} \sum_{i=1}^{4} (x_i - \bar{x}_1)^2 = 8.9167,$$

对阵 B 队四场比赛得分的方差为

$$s_2^2 = \frac{1}{3} \sum_{i=1}^{4} (x_i - \bar{x}_2)^2 = 25.5833.$$

因为 $s_1^2 < s_2^2$，所以该运动员在对阵 A 队的四场比赛中发挥更稳定.

习 题 6.1

基 础 题

1. 为了解某高校签约的应届毕业生月薪情况，随机调查了 108 名签约的应届毕业生月薪情况.请问该项调查的总体和样本分别是什么？

2. 设 $X_1, X_2, \cdots, X_n$ 是来自正态总体 $X \sim N(\mu, \sigma^2)$ 的一个样本，其中 μ 已知，σ^2 未知，则下列样本函数中哪些是统计量？

$$T_1 = \sum_{i=1}^{n} X_i^2, \quad T_2 = \bar{X} - \mu, \quad T_3 = \sum_{i=1}^{n} \left(\frac{X_i - \mu}{\sigma} \right)^2, \quad T_4 = \max\{X_1, X_2, \cdots, X_n\}.$$

3. 设 $X_1, X_2, \cdots, X_6$ 是来自均匀分布总体 $X \sim U(0, \theta)$ 的一个样本，其中 θ 未知.

（1）写出样本 $X_1, X_2, \cdots, X_6$ 的联合概率密度；

（2）设样本的一组观测值为 $0.5, 1, 0.6, 1, 0.7, 1$，计算样本均值、样本方差和样本标准差.

提 高 题

1. 在正态总体 $N(52, 6.3^2)$ 中抽取容量为 36 的一个样本，计算样本均值落在区间 $(50.8, 53.8)$ 内的概率.

2. 设 $X_1, X_2, \cdots, X_{10}$ 是来自正态总体 $X \sim N(\mu, \sigma^2)$ 的一个样本.

（1）写出样本 $X_1, X_2, \cdots, X_{10}$ 的联合概率密度；

（2）写出样本均值 $\bar{X}$ 的概率密度.

3. 设 $X_1, X_2, \cdots, X_n$ 是来自总体 X 的一个样本，若 $E(X) = \mu, D(X) = \sigma^2$，证明：

（1）$E(\bar{X}) = \mu, D(\bar{X}) = \dfrac{\sigma^2}{n}$；

（2）$E(S^2) = \sigma^2$.

§6.2 抽样分布

从总体中抽取样本后，通常借助由样本所构造的统计量来对未知的总体分布进行推断. 因此，需要进一步研究统计量所服从的分布，即抽样分布.

6.2.1 三个常用的统计分布

在实际的统计推断问题中，除了常用到概率论中所学过的正态分布外，还有本节所介绍统计学中的三个常用的统计分布：χ^2 分布、t 分布和 F 分布.

1. χ^2 分布

定义 6.2 设 $X_1, X_2, \cdots, X_n$ 是来自总体 $N(0,1)$ 的样本，则称统计量

$$\chi^2 = X_1^2 + X_2^2 + \cdots + X_n^2$$

服从自由度为 n 的 χ^2 分布，记为 $\chi^2 \sim \chi^2(n)$.

$\chi^2(n)$ 分布的概率密度为

$$f(x) = \begin{cases} \dfrac{1}{2^{\frac{n}{2}} \Gamma\left(\dfrac{n}{2}\right)} x^{\frac{n}{2}-1} \mathrm{e}^{-\frac{x}{2}}, & x > 0, \\ 0, & x \leqslant 0. \end{cases}$$

其中 $\Gamma(x) = \displaystyle\int_0^{+\infty} t^{x-1} \mathrm{e}^{-t} \mathrm{d}t \ (x > 0)$ 是 Γ 函数.

$\chi^2(n)$ 分布概率密度曲线见图 6-2.

χ^2 分布具有如下性质：

（1）χ^2 分布的可加性

设随机变量 $X \sim \chi^2(n)$，$Y \sim \chi^2(m)$，且 X 与 Y 相互独立，则 $X + Y \sim \chi^2(n+m)$.

（2）χ^2 分布的数学期望和方差

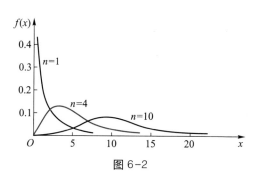

图 6-2

设随机变量 $X^2 \sim X^2(n)$，则 $E(X^2)=n, D(X^2)=2n$.

此外，给出 X^2 分布的上 α 分位数.

设随机变量 $X^2 \sim X^2(n)$，对于给定的正数 $\alpha(0<\alpha<1)$，称满足条件

$$P\{X^2 > X_\alpha^2(n)\} = \int_{X_\alpha^2(n)}^{+\infty} f(x)\,\mathrm{d}x = \alpha$$

的数 $X_\alpha^2(n)$ 为 $X^2(n)$ 分布的上 α 分位数（见图 6-3）.

对于给定的 α 和 n，通过查附表 5 可得 $X_\alpha^2(n)$ 的值，例如 $X_{0.1}^2(25)=34.382$.

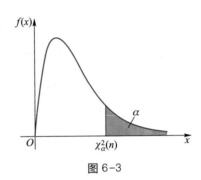

图 6-3

例 6.6 设 $X_1, X_2, \cdots, X_8$ 是来自标准正态分布总体 $N(0,1)$ 的样本，令

$$Y=(X_1+X_2+X_3+X_4)^2+(X_5+X_6+X_7+X_8)^2.$$

求常数 C，使得 CY 服从 X^2 分布.

解 由题意得 $X_1+X_2+X_3+X_4 \sim N(0,4)$，$X_5+X_6+X_7+X_8 \sim N(0,4)$，进而

$$\frac{X_1+X_2+X_3+X_4}{\sqrt{4}} \sim N(0,1), \qquad \frac{X_5+X_6+X_7+X_8}{\sqrt{4}} \sim N(0,1),$$

且相互独立. 于是

$$\left(\frac{X_1+X_2+X_3+X_4}{\sqrt{4}}\right)^2+\left(\frac{X_5+X_6+X_7+X_8}{\sqrt{4}}\right)^2 \sim X^2(2).$$

因此，应取常数 $C=\dfrac{1}{4}$，使得 $\dfrac{1}{4}Y \sim X^2(2)$.

2. t 分布

定义 6.3 设 $X \sim N(0,1), Y \sim X^2(n)$，且 X 与 Y 相互独立，则称统计量

$$T=\frac{X}{\sqrt{Y/n}}$$

服从自由度为 n 的 t 分布，记为 $T \sim t(n)$.

t 分布也称为学生氏（Student）分布. $t(n)$ 分布的概率密度为

$$f(x)=\frac{\Gamma\left(\dfrac{n+1}{2}\right)}{\sqrt{n\pi}\,\Gamma\left(\dfrac{n}{2}\right)}\left(1+\frac{x^2}{n}\right)^{-\frac{n+1}{2}}, \quad -\infty<x<+\infty.$$

t 分布的概率密度曲线见图 6-4.

t 分布具有如下性质：

（1） $f(x)$ 的图形关于 y 轴对称，且 $\lim\limits_{x \to +\infty} f(x) = 0$.

（2） 当 n 充分大时，t 分布近似于 $N(0,1)$ 分布.利用 Γ 函数的性质可得

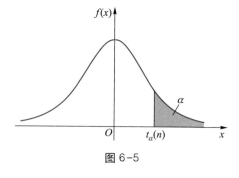

图 6-4

$$\lim_{n \to +\infty} f(x) = \frac{1}{\sqrt{2\pi}} \mathrm{e}^{-\frac{x^2}{2}}.$$

但当 n 较小时，t 分布与 $N(0,1)$ 分布相差较大.

此外，给出 t 分布的上 α 分位数.

设 $T \sim t(n)$，对于给定的正数 $\alpha\,(0 < \alpha < 1)$，称满足条件

$$P\{T > t_\alpha(n)\} = \int_{t_\alpha(n)}^{+\infty} f(x)\,\mathrm{d}x = \alpha$$

的数 $t_\alpha(n)$ 为 $t(n)$ 分布的上 α 分位数（见图 6-5）.

结合概率密度 $f(x)$ 的对称性知

$$t_{1-\alpha}(n) = -t_\alpha(n).$$

对于给定的 α 和 n，通过查附表 4 可得 $t_\alpha(n)$ 的值，例如 $t_{0.01}(10) = 2.763\ 8$，$t_{0.95}(30) = -t_{0.05}(30) = -1.697\ 3$.

例 6.7　设 $X_1, X_2, \cdots, X_6$ 和 $Y_1, Y_2, \cdots, Y_6$ 分别是来自相互独立的正态分布总体 $X \sim N(0,6)$ 和

$Y \sim N(0,6)$ 的样本，求统计量 $T = \dfrac{X_1 + X_2 + \cdots + X_6}{\sqrt{Y_1^2 + Y_2^2 + \cdots + Y_6^2}}$ 服从的分布.

解　由总体 $X \sim N(0,6)$ 可得 $X_1 + X_2 + \cdots + X_6 \sim N(0,6^2)$，进而

$$\frac{X_1 + X_2 + \cdots + X_6}{6} \sim N(0,1).$$

由总体 $Y \sim N(0,6)$ 可得 $\dfrac{Y_i}{\sqrt{6}} \sim N(0,1)$，$i = 1, 2, \cdots, 6$，进而

$$\frac{Y_1^2 + Y_2^2 + \cdots + Y_6^2}{6} \sim \chi^2(6).$$

于是

$$T = \frac{X_1 + X_2 + \cdots + X_6}{\sqrt{Y_1^2 + Y_2^2 + \cdots + Y_6^2}} = \frac{\dfrac{X_1 + X_2 + \cdots + X_6}{6}}{\sqrt{\dfrac{Y_1^2 + Y_2^2 + \cdots + Y_6^2}{6^2}}} \sim t(6).$$

3. F 分布

定义 6.4 设 $U \sim \chi^2(n_1)$，$V \sim \chi^2(n_2)$，且 U 和 V 相互独立，则称统计量

$$F = \frac{U/n_1}{V/n_2}$$

服从自由度为 (n_1, n_2) 的 F 分布，记为 $F \sim F(n_1, n_2)$．

$F(n_1, n_2)$ 分布的概率密度为

$$f(x) = \begin{cases} \dfrac{\Gamma\left(\dfrac{n_1 + n_2}{2}\right)}{\Gamma\left(\dfrac{n_1}{2}\right)\Gamma\left(\dfrac{n_2}{2}\right)}\left(\dfrac{n_1}{n_2}\right)\left(\dfrac{n_1}{n_2}x\right)^{\frac{n_1}{2}-1}\left(1 + \dfrac{n_1}{n_2}x\right)^{-\frac{n_1 + n_2}{2}}, & x > 0, \\ 0, & x \leqslant 0. \end{cases}$$

F 分布的概率密度曲线见图 6-6．

利用 MATLAB 绘制 χ^2 分布、t 分布和 F 分布的概率密度曲线见二维码．

F 分布具有如下性质：

（1）若 $X \sim t(n)$，则 $X^2 \sim F(1, n)$．

（2）若 $F \sim F(n_1, n_2)$，则 $\dfrac{1}{F} \sim F(n_2, n_1)$．

此外，给出 F 分布的上 α 分位数．

设 $F \sim F(n_1, n_2)$，对于给定的正数 $\alpha(0 < \alpha < 1)$，称满足条件

$$P\{F > F_\alpha(n_1, n_2)\} = \int_{F_\alpha(n_1, n_2)}^{+\infty} f(x)\,\mathrm{d}x = \alpha$$

的数 $F_\alpha(n_1, n_2)$ 为 $F(n_1, n_2)$ 分布的上 α 分位数（见图 6-7）．

MATLAB 绘制
三大分布的
概率密度曲线

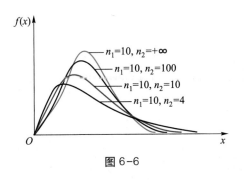

图 6-6

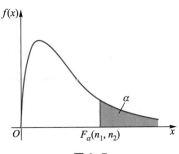

图 6-7

F 分布的上 α 分位数可通过查附表 6 得到,并且可以证明

$$F_\alpha(n_1,n_2)=\frac{1}{F_{1-\alpha}(n_2,n_1)}.$$

例如, $F_{0.95}(12,9)=\dfrac{1}{F_{0.05}(9,12)}=\dfrac{1}{2.8}=0.357\ 1.$

例 6.8 设随机变量 $T\sim t(n)$, $F=\dfrac{1}{T^2}$,求 F 服从的分布.

解 由题意 $T\sim t(n)$,不妨设 $T=\dfrac{X}{\sqrt{Y/n}}$,其中 $X\sim N(0,1)$, $Y\sim\chi^2(n)$,且 X 与 Y 相互独立.于是

$$F=\frac{1}{T^2}=\frac{Y/n}{X^2}.$$

因为 $X^2\sim\chi^2(1)$,且 X^2 与 Y 相互独立,进而由 F 分布定义可知

$$F=\frac{1}{T^2}=\frac{Y/n}{X^2/1}\sim F(n,1).$$

6.2.2 正态总体的抽样分布

抽样分布就是指统计量的分布.在实际问题中常常遇到正态总体,因此下面简单介绍由来自正态总体的样本所构造的几个统计量的分布.

定理 6.1(单正态总体的抽样分布) 设 $X_1,X_2,\cdots,X_n$ 是来自正态总体 $X\sim N(\mu,\sigma^2)$ 的样本,样本均值和样本方差分别记为 $\bar{X},S^2$,则有

(1) $\bar{X}\sim N\left(\mu,\dfrac{\sigma^2}{n}\right)$,即 $\dfrac{\bar{X}-\mu}{\sigma/\sqrt{n}}\sim N(0,1)$;

(2) $\dfrac{(n-1)S^2}{\sigma^2}\sim\chi^2(n-1)$;

(3) $\dfrac{\bar{X}-\mu}{S/\sqrt{n}}\sim t(n-1)$.

定理 6.2(双正态总体的抽样分布) 设 $X_1,X_2,\cdots,X_{n_1}$ 和 $Y_1,Y_2,\cdots,Y_{n_2}$ 分别是来自两个相互独立的正态总体 $X\sim N(\mu_1,\sigma_1^2)$ 和 $Y\sim N(\mu_2,\sigma_2^2)$ 的样本,样本均值分别记为 $\bar{X},\bar{Y}$,样本方差分别记为 S_1^2,S_2^2,将 S_1^2 和 S_2^2 的一个加权平均记为 S_w^2,即

$$S_w^2=\frac{(n_1-1)S_1^2+(n_2-1)S_2^2}{n_1+n_2-2},$$

则有

(1) $\bar{X}-\bar{Y}\sim N\left(\mu_1-\mu_2,\dfrac{\sigma_1^2}{n_1}+\dfrac{\sigma_2^2}{n_2}\right)$，即 $\dfrac{(\bar{X}-\bar{Y})-(\mu_1-\mu_2)}{\sqrt{\dfrac{\sigma_1^2}{n_1}+\dfrac{\sigma_2^2}{n_2}}}\sim N(0,1)$；

(2) $\dfrac{S_1^2/S_2^2}{\sigma_1^2/\sigma_2^2}\sim F(n_1-1,n_2-1)$；

(3) 当 $\sigma_1^2=\sigma_2^2$ 时，$\dfrac{(\bar{X}-\bar{Y})-(\mu_1-\mu_2)}{S_w\sqrt{\dfrac{1}{n_1}+\dfrac{1}{n_2}}}\sim t(n_1+n_2-2)$.

　　上述定理所介绍的结论在第七、八章的区间估计和假设检验等内容中有着重要的应用. 需要注意的是这些结论都是在正态总体的基本假设下得到的.

　　例 6.9　在设计导弹的发射装置时，研究弹着点偏离目标中心的距离的方差很重要. 设一类导弹发射装置的弹着点偏离目标中心的距离服从 $N(\mu,\sigma^2)$，其中 $\sigma^2=90$ m². 现进行 25 次发射试验，记弹着点偏离目标中心的距离的样本方差为 S^2，试估计 S^2 超过 45 m² 的概率.

　　解　由定理 6.1 知，$\dfrac{(n-1)S^2}{\sigma^2}\sim\chi^2(n-1)$. 于是有

$$P\{S^2>45\}=P\left\{\frac{(n-1)S^2}{\sigma^2}>\frac{(25-1)\times45}{90}\right\}$$

$$=P\{\chi^2(24)>12\}>P\{\chi^2(24)>12.401\}=0.975.$$

这说明 S^2 超过 45 m² 的概率大于 0.975.

　　例 6.10　设两个相互独立的正态总体 $X\sim N(25,4)$ 和 $Y\sim N(25,3)$，从中分别抽取容量为 $n_1=9$ 和 $n_2=12$ 的两个样本，试计算 $P\{|\bar{X}-\bar{Y}|>0.5\}$.

　　解　由定理 6.2 知，

$$\frac{(\bar{X}-\bar{Y})-(25-25)}{\sqrt{\dfrac{4}{9}+\dfrac{3}{12}}}=\frac{\bar{X}-\bar{Y}}{5/6}\sim N(0,1).$$

于是有

$$P\{|\bar{X}-\bar{Y}|>0.5\}=1-P\left\{\left|\frac{\bar{X}-\bar{Y}}{5/6}\right|\leqslant\frac{0.5}{5/6}\right\}$$

$$=1-[2\Phi(0.6)-1]$$

$$=2-2\Phi(0.6)=0.5486.$$

习 题 6.2

基 础 题

1. 设 $X_1, X_2, \cdots, X_n$ 是来自正态总体 $X \sim N(\mu, \sigma^2)$ 的样本,求 $\sum\limits_{i=1}^{n} \left(\dfrac{X_i - \mu}{\sigma} \right)^2$ 服从的分布.

2. 设随机变量 $X \sim t(10)$,求常数 c 使得 $P\{X > c\} = 0.95$.

3. 设 $X_1, X_2, \cdots, X_n$ 是来自正态总体 $X \sim N(\mu, 36)$ 的样本,求样本容量 n 取多大,才能使得 $P\{|\bar{X} - \mu| < 1\} \geqslant 0.95$ 成立.

提 高 题

1. 设在正态总体 $N(\mu, \sigma^2)$ 中抽取容量为 16 的样本,其中 μ, σ^2 均未知,求

(1) $P\left\{ \dfrac{S^2}{\sigma^2} \leqslant 2.041 \right\}$,其中 S^2 为样本方差;

(2) $D(S^2)$.

2. 设 $X_1, X_2, \cdots, X_{10}$ 和 $Y_1, Y_2, \cdots, Y_{15}$ 是从正态总体 $N(20, 3)$ 中抽取的两个相互独立的样本,求概率 $P\{|\bar{X} - \bar{Y}| > 0.3\}$.

3. 设随机变量 $X \sim N(\mu, \sigma^2)$,$X_1, X_2, \cdots, X_{2n}$ 是来自总体 X 的样本,求统计量

$$Y = \sum_{i=1}^{n} (X_i + X_{n+i} - 2\bar{X})^2$$

的数学期望 $E(Y)$.

§6.3 综合应用

本节首先介绍数理统计中一个重要的概念——经验分布函数,然后给出它的一个综合应用案例.

当总体 X 的分布函数 $F(x) = P\{X \leqslant x\}$ 未知时,设 $X_1, X_2, \cdots, X_n$ 是从总体 X 中抽取的容量为 n 的一个样本,$m(x)$ 表示 $X_1, X_2, \cdots, X_n$ 中不大于 x 的随机变量个数,则**经验分布函数**定义为

$$F_n(x) = \frac{m(x)}{n}, \quad -\infty < x < +\infty.$$

对于一个样本观测值,经验分布函数的观测值是容易获得的.为了简便起见,其观测值仍然用 $F_n(x)$ 表示.设 $x_1, x_2, \cdots, x_n$ 是总体 X 的一个容量为 n 的样本值,将其从小到大排列并重

新编号为 $x_{(1)} < x_{(2)} < \cdots < x_{(l)}$，对应的频数为 $m_1, m_2, \cdots, m_l$ 且 $m_1 + m_2 + \cdots + m_l = n$，则经验分布函数 $F_n(x)$ 的观测值为

$$F_n(x) = \begin{cases} 0, & x < x_{(1)}, \\ \dfrac{m_1 + m_2 + \cdots + m_k}{n}, & x_{(k)} \leq x < x_{(k+1)}, \quad k = 1, 2, \cdots, l-1, \\ 1, & x \geq x_{(l)}. \end{cases}$$

总体 X 的分布函数 $F(x)$ 表示事件 $\{X \leq x\}$ 发生的概率，而样本分布函数 $F_n(x)$ 表示事件 $\{X \leq x\}$ 的频率. 根据伯努利大数定律可知，对于任意 $\varepsilon > 0$，有下式成立

$$\lim_{n \to +\infty} P\{ |F_n(x) - F(x)| < \varepsilon \} = 1.$$

这是我们在数理统计中利用样本去推断总体的理论依据.

例 6.11 钢材中的硅含量是研究钢材性能的一项重要指标. 在炼钢过程中，由于各种随机因素的影响，各炉钢的硅含量 X 是有差别的. 了解硅含量 X 的概率分布是分析钢材性能的重要依据. 记录某炼钢厂正常生产的 120 炉 25MnSi 钢的硅含量(单位:%)如下:

0.86	0.83	0.77	0.81	0.81	0.80	0.79	0.82	0.82	0.81	0.82	0.78
0.80	0.81	0.87	0.81	0.77	0.78	0.77	0.78	0.77	0.71	0.95	0.78
0.81	0.79	0.80	0.77	0.76	0.82	0.84	0.79	0.90	0.82	0.79	0.82
0.79	0.86	0.81	0.78	0.82	0.78	0.73	0.84	0.81	0.81	0.83	0.89
0.78	0.86	0.78	0.84	0.84	0.75	0.81	0.81	0.74	0.78	0.76	0.80
0.75	0.79	0.85	0.78	0.74	0.71	0.88	0.82	0.76	0.85	0.81	0.79
0.77	0.81	0.81	0.87	0.83	0.65	0.64	0.78	0.80	0.80	0.77	0.84
0.85	0.83	0.90	0.80	0.85	0.81	0.82	0.84	0.85	0.84	0.82	0.85
0.84	0.82	0.85	0.84	0.81	0.77	0.82	0.83	0.82	0.74	0.73	0.75
0.77	0.78	0.87	0.77	0.80	0.75	0.82	0.78	0.78	0.82	0.78	0.78

试求所给硅含量样本数据的经验分布函数.

解 MATLAB 中绘制经验分布函数图像的命令为: [h, stats] = cdfplot(X)，其中输入参数 X 为样本数据向量; 输出参数 h 是图形句柄, stats 是关于样本数据的几个重要的统计量, 包括样本的最小值、最大值、均值、中值和标准差.

在 MATLAB 中输入程序:

```
X = [0.86  0.83  0.77  0.81  0.81  0.80  0.79  0.82  0.82  0.81  0.82  0.78 ...
     0.80  0.81  0.87  0.81  0.77  0.78  0.77  0.78  0.77  0.71  0.95  0.78 ...
     0.81  0.79  0.80  0.77  0.76  0.82  0.84  0.79  0.90  0.82  0.79  0.82 ...
     0.79  0.86  0.81  0.78  0.82  0.78  0.73  0.84  0.81  0.81  0.83  0.89 ...
```

0.78 0.86 0.78 0.84 0.84 0.75 0.81 0.81 0.74 0.78 0.76 0.80 …

0.75 0.79 0.85 0.78 0.74 0.71 0.88 0.82 0.76 0.85 0.81 0.79 …

0.77 0.81 0.81 0.87 0.83 0.65 0.64 0.78 0.80 0.80 0.77 0.84 …

0.85 0.83 0.90 0.80 0.85 0.81 0.82 0.84 0.85 0.84 0.82 0.85 …

0.84 0.82 0.85 0.84 0.81 0.77 0.82 0.83 0.82 0.74 0.73 0.75 …

0.77 0.78 0.87 0.77 0.80 0.75 0.82 0.78 0.78 0.82 0.78 0.78];

$[h, stats] = cdfplot(X)$

运行结果为:

h =

174.0016

stats =

min : 0.6400

max : 0.9500

mean : 0.8034

median : 0.8100

std : 0.0450

由图 6-8 和输出结果可以看出样本的经验分布函数图像上升速度较快,样本均值和中值比较接近,图像的形状均衡对称.这些特征表明 25MnSi 钢的含硅量可能近似服从 $N(0.803\ 4, 0.045)$.

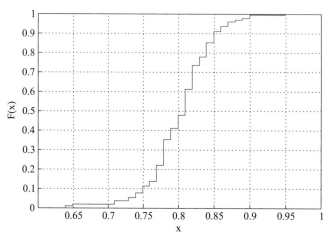

图 6-8 硅含量样本的经验分布函数图像

本小节介绍的经验分布函数是一种在大样本条件下估计随机变量分布形态的重要工具.在实际应用中可将所得的经验分布函数图像与可能分布类型的分布函数图像进行对比,从而得出所研究随机变量分布形态的结论.

习 题 6.3

1. 某地 80 名 11 岁男孩的体重(单位:kg)如下:

$$
\begin{array}{llllllllllllllll}
53 & 45 & 44 & 47 & 40 & 49 & 50 & 48 & 46 & 45 & 51 & 44 & 46 & 45 & 38 & 47 \\
47 & 51 & 48 & 39 & 46 & 42 & 47 & 43 & 45 & 49 & 49 & 41 & 48 & 47 & 49 & 44 \\
46 & 43 & 45 & 60 & 43 & 44 & 43 & 41 & 49 & 47 & 47 & 37 & 47 & 50 & 45 & 47 \\
45 & 46 & 48 & 41 & 46 & 48 & 45 & 44 & 51 & 42 & 49 & 46 & 42 & 43 & 43 & 45 \\
45 & 52 & 47 & 40 & 45 & 39 & 36 & 41 & 42 & 42 & 46 & 47 & 48 & 52 & 50 & 46
\end{array}
$$

(1) 试求所给体重样本数据的经验分布函数;

(2) 据此估计本题体重随机变量所服从的分布.

2. 某鸟类学家随机地观察了 n 个鸟窝,发现每个鸟窝中鸟蛋的个数为 $x_1, x_2, \cdots, x_n$,调查的目的是为了解本季节中鸟窝中鸟蛋的平均个数.假定每对鸟在每一个生育季节的产蛋个数 X 服从参数为 λ 的泊松分布:

$$
P\{X = k\} = \frac{\lambda^k}{k!} e^{-\lambda}, \quad k = 0, 1, 2, \cdots.
$$

(1) 为此问题建立一个统计模型;

(2) 将本题中的实际问题叙述为统计模型中的数学问题;

(3) 设 $X_1, X_2, \cdots, X_{10}$ 是来自总体 X 的一个样本,记 $T = \sum_{i=1}^{10} X_i$,试求统计量 T 的分布.

第 6 章自测题　　　　　第 6 章自测题答案

第7章 参数估计

第 6 章已经介绍了总体和样本的概念.由于在对工程技术、社会经济生活等获得的各种试验数据进行处理时,总体分布的类型及其参数通常是未知的,需要根据实际应用过程中获得的数据来假定服从某种类型的分布,这就是统计推断问题.一般来说,在数理统计中的统计推断问题主要有参数估计问题和假设检验问题.本章将讨论参数估计问题.这里将讨论的参数是指分布中所含的未知参数、分布中所含的未知参数的函数、分布中的各种特征数.参数估计问题就是根据样本对上述各种未知参数做出估计.参数估计的形式有两种:点估计和区间估计.

§7.1 点估计

设总体 X 的分布已知,但它的一个或多个参数未知,需借助总体 X 的一组样本值去估计未知参数值,这样的问题被称为参数的点估计.点估计也称定值估计,它是用抽样得到的样本值作为总体参数估计值的一种推断方法.

定义 7.1 设总体 X 的分布函数为 $F(x,\theta)$,且 $F(x,\theta)$ 的形式已知,θ 是未知参数.X_1,$X_2,\cdots,X_n$ 是来自总体 X 的一组样本.构造适当的统计量 $\hat{\theta}=\hat{\theta}(X_1,X_2,\cdots,X_n)$ 去估计未知参数 θ,这种用统计量 $\hat{\theta}$ 去估计未知参数 θ 的方法,称为对未知参数 θ 的**点估计**.此时 $\hat{\theta}=\hat{\theta}(X_1,X_2,\cdots,X_n)$ 称为 θ 的**点估计量**.

由于样本是一组相互独立且与总体 X 同分布的随机变量,所以估计量 $\hat{\theta}$ 也是随机变量.若给定一组样本值 $x_1,x_2,\cdots x_n$,则称 $\hat{\theta}(x_1,x_2,\cdots,x_n)$ 为待估计参数 θ 的**点估计值**.即估计量是样本的函数,而估计值是由给定的一组样本值代入得到的一个函数值.在不引起混淆的情况下,估计量与估计值统称为**点估计**,简称为**估计**,记为 $\hat{\theta}$.由此可见,点估计的问题,就是寻找一个能与未知参数 θ 最接近的估计量 $\hat{\theta}(X_1,X_2,\cdots,X_n)$ 的问题,并且未知参数的点估计值是随着样本值的不同而不同.

若总体 X 分布中含有多个未知参数 $\theta_1,\theta_2,\cdots,\theta_r$,则称统计量 $\hat{\theta}_i(X_1,X_2,\cdots,X_n)$($i=1$,$2,\cdots,r$)为 θ_i 的估计量,称 $\hat{\theta}_i(x_1,x_2,\cdots,x_n)$($i=1,2,\cdots,r$)为 θ_i 的估计值.

例 7.1 为了响应国家的碳中和、碳达峰目标,汽车企业纷纷用 LED 大灯取代普通卤素灯,这样做可以大大节约电能,从而减少二氧化碳的排放(一般来说,每节省 $1\ \mathrm{kW\cdot h}$ 电可以减少 $0.272\ \mathrm{kg}$ 二氧化碳的排放).设汽车上使用的某种型号的 LED 大灯的使用寿命(单位:$10^4\ \mathrm{h}$)

X 的概率密度为 $f(x,\theta)=\dfrac{1}{\theta}\mathrm{e}^{-\frac{x}{\theta}}(x>0,\theta>0)$,其中 θ 为未知参数.现测得样本值为

$$9.8,7.8,7.9,9.3,7.4,9.4,11.2,9.2,10.8.$$

试估计未知参数 θ.

解 由题意知,总体 X 的均值为 $\bar{X}$,所以可用样本均值 $\bar{X}$ 作为 θ 的估计量.对给定的样本值,经计算得

$$\bar{x}=\frac{1}{9}(9.8+7.8+7.9+\cdots+10.8)=9.2,$$

故 $\hat{\theta}=\bar{X}$ 与 $\hat{\theta}=\bar{x}=9.2$ 分别是 θ 的一个估计量与估计值.

点估计方法要求我们适当选择一个统计量 $\hat{\theta}$ 作为未知参数 θ 的估计量,构造统计量 $\hat{\theta}$ 常用的方法有两种:矩估计法和最大似然估计法.

7.1.1 矩估计法

矩估计法是由英国统计学家卡尔·皮尔逊于 1894 年提出的一种求参数点估计的方法,其理论依据是大数定律.它是用样本的矩去估计总体的矩,从而获得有关参数的估计量.这种求点估计的方法叫做**矩估计法**.这里的矩可以是原点矩,也可以是中心矩.矩是由随机变量的分布唯一确定的,而样本来源于总体,由大数定律可知,样本矩在一定程度上反映总体矩的特征.

用矩估计法确定的估计量称为**矩估计量**,相应的估计值称为**矩估计值**,矩估计量与矩估计值统称为矩估计,可简记为 *ME*.

矩估计法的特点是并不要求知道总体分布的类型,只要未知参数可以表示成总体矩的函数,就能求出其矩估计.当总体分布类型已知时,由于没有充分利用总体分布所提供的信息,矩估计不一定是理想的估计,但因矩法估计简便易行,所以应用仍然十分广泛.

1. 矩估计法的基本思想

矩估计法的基本思想是替换原理:用样本矩去替换相应的总体矩.具体方法是将待估计的参数表示成总体各阶矩(包括原点矩和中心矩)的某个已知函数,再将函数中的各阶总体矩换成相应的样本矩就可得到待估计参数的矩估计量.例如 $E(\hat{X})=\bar{X},D(\hat{X})=\dfrac{1}{n}\sum\limits_{i=1}^{n}(X_i-\bar{X})^2$.

只要能将待估计参数表示成总体各阶矩的某个已知函数,就能用矩估计法.如果待估计参数不能表示成总体矩的函数,就不能用矩估计法.有时候同一个待估计参数可以表示成总体矩的不同函数,这时就可以得到同一待估计参数的不同矩估计量.

一般地,若记

$$\alpha_k = E(X^k), \quad \beta_k = E[X - E(X)]^k,$$

$$A_k = \frac{1}{n}\sum_{i=1}^{n} X_i^k, \quad B_k = \frac{1}{n}\sum_{i=1}^{n}(X_i - \bar{X})^k,$$

则总体的 k 阶原点矩用相应的样本 k 阶原点矩来估计,而总体的 k 阶中心矩用相应的样本 k 阶中心矩来估计,即

$$\hat{\alpha}_k = A_k, \quad k = 1, 2, \cdots; \quad \hat{\beta}_k = B_k, \quad k = 2, 3, \cdots.$$

2. 矩估计的求法

按照矩估计法的基本思想,求矩估计的具体步骤如下:

设总体 X 的分布中包含 m 个未知参数 $\theta_1, \theta_2, \cdots, \theta_m, X_1, X_2, \cdots, X_n$ 为来自总体 X 的一组样本,如果总体矩存在,则

(1) 从总体矩入手,将待估计参数 $\theta_i(i = 1, 2, \cdots, m)$ 表示为总体矩的函数,即

$$\theta_i = g_i(\alpha_1, \cdots, \alpha_s; \beta_2, \cdots, \beta_t);$$

(2) 用 A_k, B_k 分别替换 g 中的 α_k, β_k;

(3) $\hat{\theta}_i = g_i(\hat{\alpha}_1, \cdots, \hat{\alpha}_s; \hat{\beta}_2, \cdots, \hat{\beta}_t) = g_i(A_1, \cdots, A_s; B_2, \cdots, B_t)$,$\hat{\theta}_i$ 即为 θ_i 的矩估计.

使用矩估计法时,既可以用原点矩,也可以用中心矩建立关于待估计参数的方程组,而且矩的阶数有多种选择,故矩估计是不唯一的.为了计算方便,在矩估计的计算中应尽量采用低阶矩给出待估计参数的矩估计.

例 7.2 设总体 X 是某种饮料供应商每天的发货批次,其分布律为

X	1	2	3
P	θ^2	$2\theta(1-\theta)$	$(1-\theta)^2$

其中 θ 为未知参数,$0 < \theta < 1$.现抽得某连续 8 天的发货批次:2,5,3,2,1,1,3,3,求 θ 的矩估计值.

解 总体 X 的一阶原点矩为

$$E(X) = 1 \times \theta^2 + 2 \times 2\theta(1-\theta) + 3 \times (1-\theta)^2 = 3 - 2\theta,$$

样本的一阶原点矩为

$$\bar{x} = \frac{1}{8}(2+5+3+2+1+1+3+3) = \frac{5}{2},$$

由 $E(X) = \bar{x}$ 得 $3 - 2\theta = \frac{5}{2}$,推出 $\hat{\theta} = \frac{1}{4}$,即 θ 的矩估计值为 $\hat{\theta} = \frac{1}{4}$.

例 7.3 设总体 X 的概率密度为

$$f(x;\theta,\mu) = \begin{cases} \dfrac{1}{\theta} \mathrm{e}^{-\frac{x-\mu}{\theta}}, & x \geqslant \mu, \\ 0, & x < \mu. \end{cases}$$

其中参数 θ,μ 均未知, $\theta > 0$, $X_1, X_2, \cdots, X_n$ 为取自总体 X 的一组样本. 试求 θ,μ 的矩估计量.

解　令 $t = \dfrac{x-\mu}{\theta}$, 则

$$\begin{aligned} E(X) &= \int_{-\infty}^{+\infty} xf(x;\theta,\mu)\mathrm{d}x = \int_{\mu}^{+\infty} \frac{x}{\theta} \mathrm{e}^{-\frac{x-\mu}{\theta}} \mathrm{d}x \\ &= \int_{0}^{+\infty} (\theta t + \mu) \mathrm{e}^{-t} \mathrm{d}t = \theta\Gamma(2) + \mu\Gamma(1) \\ &= \theta + \mu, \end{aligned}$$

$$\begin{aligned} D(X) &= \int_{-\infty}^{+\infty} (x - E(X))^2 f(x;\theta,\mu)\mathrm{d}x \\ &= \int_{\mu}^{+\infty} \frac{(x-\theta-\mu)^2}{\theta} \mathrm{e}^{-\frac{x-\mu}{\theta}} \mathrm{d}x \\ &= \theta^2\Gamma(3) - 2\theta^2\Gamma(2) + \theta^2\Gamma(1) = \theta^2. \end{aligned}$$

于是, 从方程组 $\begin{cases} E(X) = \theta + \mu, \\ D(X) = \theta^2 \end{cases}$ 解得

$$\begin{cases} \theta = \sqrt{D(X)}, \\ \mu = E(X) - \sqrt{D(X)}. \end{cases}$$

又 $E(\hat{X}) = \overline{X}, D(\hat{X}) = \dfrac{1}{n}\sum_{i=1}^{n}(X_i - \overline{X})^2$, 从而, θ 与 μ 的矩估计量分别为

$$\hat{\theta} = \sqrt{\frac{1}{n}\sum_{i=1}^{n}(X_i - \overline{X})^2}, \qquad \hat{\mu} = \overline{X} - \sqrt{\frac{1}{n}\sum_{i=1}^{n}(X_i - \overline{X})^2}.$$

矩估计法简便、直观, 比较常用, 即使不知道总体分布类型, 只要知道未知参数与总体各阶原点矩的关系就能使用该方法, 但它也有其局限性: 首先, 矩估计法要求总体 X 的原点矩存在, 若不存在则无法估计, 例如柯西分布的数学期望不存在, 就无法使用矩估计法; 其次, 矩估计法不能充分地利用估计时已掌握的有关总体分布形式的信息, 这样的结果往往精度不高; 最后一点, 矩估计可能不唯一.

下面介绍另一种求参数点估计的方法——最大似然估计法.

7.1.2　最大似然估计法

最大似然估计法也称为极大似然估计法. 它的思想始于德国数学家高斯在 1821 年提出的误差理论, 英国统计学家费希尔在 1912 年再次提出了这种方法, 并在 1922 年证明了最大

似然估计的一些优良性质,从而使之成为一种普遍使用的方法.

许多统计学家的大量研究表明,在各种估计方法中,最大似然估计法一般更为优良,其理论依据是实际推断原理,即概率最大的随机事件在一次试验中最有可能发生.我们也可以这样理解:若在一次随机试验中,某一事件 A 已发生,则有理由认为事件 A 发生的概率大,而概率大的事件发生的可能性也大.因而最大似然估计法是建立在一种直观想法的基础上,即在已经得到试验结果的情况下,应该寻找使这个结果出现的可能性最大的那个 θ 值作为 θ 的估计 $\hat{\theta}$.

1. 最大似然估计法的基本思想

下面通过一个具体例子来说明这一估计法的基本思想.

例 7.4(通信信道的信息传输) 假设要估计通过通信信道成功传输一个消息的概率 p. 现观察了 n 个消息的传输,其中有 k 个消息在传输时没有发生错误.从这些数据中,希望能够得到参数 p 的一个"好"的估计量.

解 单个消息的传输可以应用伯努利随机变量 X 来建模,即 $X \sim B(1,p)$,X 的分布律为

$$P\{X=x\} = p^x(1-p)^{1-x}, \quad x=0,1; 0 \leq p \leq 1.$$

抽样得到一组随机样本 $X_1, X_2, \cdots, X_n$. 由于 X_i 为 0 时代表一个错误的消息传输,为 1 时代表一次成功的消息传输,所以 $\sum X_i$ 即为所有成功的消息传输的总条数.现在的问题是要确定估计量 $W(X_1, X_2, \cdots, X_n)$,使得 $W(x_1, x_2, \cdots, x_n)$ 是参数 p 的一个"好"的估计,其中 $x_1, x_2, \cdots, x_n$ 是随机样本的观测值,为此,取样本 $X_1, X_2, \cdots, X_n$ 的联合分布律为

$$\begin{aligned}
P\{X_1=x_1, X_2=x_2, \cdots, X_n=x_n\} &= \prod_{i=1}^{n} p^{x_i}(1-p)^{1-x_i} \\
&= p^{\sum x_i}(1-p)^{n-\sum x_i}.
\end{aligned}$$

如果联合分布律中的 n 和观测值 $x_1, x_2, \cdots, x_n$ 都确定,那么其就变成关于 p 的函数,记为

$$L(x_1, x_2, \cdots, x_n; p) = p^{\sum x_i}(1-p)^{n-\sum x_i}, \quad 0 \leq p \leq 1.$$

根据实际推断原理,使 $L(x_1, x_2, \cdots, x_n; p)$ 达到最大的参数 p(记为 $\hat{p}$)就被称为 p 的最大似然估计值,即估计值 $\hat{p}$ 就是参数 p 的一个"好"的估计值.

最大化 $L(x_1, x_2, \cdots, x_n; p)$ 等同于最大化 $L(x_1, x_2, \cdots, x_n; p)$ 的自然对数,即

$$\ln L(x_1, x_2, \cdots, x_n; p) = \left(\sum_{i=1}^{n} x_i \right) \ln p + \left(n - \sum_{i=1}^{n} x_i \right) \ln(1-p).$$

为了找到该函数的最大值,当 $0 < p < 1$ 时,令

$$\frac{\mathrm{d}\ln L(x_1, x_2, \cdots, x_n; p)}{\mathrm{d}p} = \left(\sum_{i=1}^{n} x_i \right) \frac{1}{p} + \left(n - \sum_{i=1}^{n} x_i \right) \frac{1}{p-1} = 0,$$

解得

$$p = \frac{1}{n} \sum_{i=1}^{n} x_i = \bar{x}.$$

可以验证 $\ln L(x_1, x_2, \cdots, x_n; p)$ 的二阶微分是负的,故可以得出 $p = \bar{x}$ 能够使 $\ln L(x_1, x_2, \cdots, x_n; p)$ 达到最大值,因而参数 p 的一个"好"的估计量为

$$\hat{p} = \frac{1}{n} \sum_{i=1}^{n} X_i = \bar{X}.$$

下面分别就离散型总体和连续型总体情形作具体讨论.

定义 7.2 （1）若 X 为离散型总体,$X_1, X_2, \cdots, X_n$ 是来自总体 X 的一个样本,总体 X 的分布律为 $P\{X=x\} = p(x; \theta_1, \theta_2, \cdots, \theta_m)$,对于给定的一组样本值 $x_1, x_2, \cdots, x_n$,记联合分布律

$$L = L(x_1, x_2, \cdots, x_n; \theta_1, \theta_2, \cdots, \theta_m) = \prod_{i=1}^{n} p(x_i; \theta_1, \theta_2, \cdots, \theta_m),$$

称 L 为**样本的似然函数**.

（2）若 X 为连续型总体,$X_1, X_2, \cdots, X_n$ 是来自总体 X 的一个样本,总体 X 概率密度为 $f(x; \theta_1, \theta_2, \cdots, \theta_m)$,对于给定的一组样本值 $x_1, x_2, \cdots, x_n$,记联合概率密度为

$$L = L(x_1, x_2, \cdots, x_n; \theta_1, \theta_2, \cdots, \theta_m) = \prod_{i=1}^{n} f(x_i; \theta_1, \theta_2, \cdots, \theta_m),$$

称 L 为**样本的似然函数**.

显然,对已经给定的样本值 $x_1, x_2, \cdots, x_n$ 而言,似然函数 L 是待估计参数 $\theta_1, \theta_2, \cdots, \theta_m$ 的函数.似然函数 L 值的大小意味着该样本值出现的可能性的大小,在已得到样本值 $x_1, x_2, \cdots, x_n$ 的情况下,应该选取使 L 达到最大值的那组 $\theta_1, \theta_2, \cdots, \theta_m$ 作为它的估计 $\hat{\theta}_1, \hat{\theta}_2, \cdots, \hat{\theta}_m$.这种求点估计的方法称为最大似然估计法.

定义 7.3 若似然函数 $L(x_1, x_2, \cdots, x_n; \theta_1, \theta_2, \cdots, \theta_m)$ 在 $\hat{\theta}_1, \hat{\theta}_2, \cdots, \hat{\theta}_m$ 取到最大值,则称 $\hat{\theta}_1, \hat{\theta}_2, \cdots, \hat{\theta}_m$ 分别为 $\theta_1, \theta_2, \cdots, \theta_m$ 的**最大似然估计值**,称相应的统计量 $\hat{\theta}_i(X_1, X_2, \cdots, X_n)$ 为 $\theta_i(i=1,2,\cdots,m)$ 的**最大似然估计量**.最大似然估计值和最大似然估计量统称为**最大似然估计**,简记为 *MLE*.

由多元函数求极值的方法,知 $\hat{\theta}_1, \hat{\theta}_2, \cdots, \hat{\theta}_m$ 须满足方程组

$$\begin{cases} \dfrac{\partial L(x_1, x_2, \cdots, x_n; \theta_1, \theta_2, \cdots, \theta_m)}{\partial \theta_1} = 0, \\[2mm] \dfrac{\partial L(x_1, x_2, \cdots, x_n; \theta_1, \theta_2, \cdots, \theta_m)}{\partial \theta_2} = 0, \\[2mm] \qquad\qquad \cdots\cdots\cdots\cdots \\[2mm] \dfrac{\partial L(x_1, x_2, \cdots, x_n; \theta_1, \theta_2, \cdots, \theta_m)}{\partial \theta_m} = 0. \end{cases}$$

最大似然估计
不变性原理

根据最大似然估计不变性原理, $\ln L$ 与 L 有相同的极值点, 故在实际应用中, 往往用下面的方程组更为简便:

$$\begin{cases} \dfrac{\partial \ln L(x_1, x_2, \cdots, x_n; \theta_1, \theta_2, \cdots, \theta_m)}{\partial \theta_1} = 0, \\[2mm] \dfrac{\partial \ln L(x_1, x_2, \cdots, x_n; \theta_1, \theta_2, \cdots, \theta_m)}{\partial \theta_2} = 0, \\[2mm] \quad\quad\quad\cdots\cdots\cdots\cdots \\[2mm] \dfrac{\partial \ln L(x_1, x_2, \cdots, x_n; \theta_1, \theta_2, \cdots, \theta_m)}{\partial \theta_m} = 0. \end{cases}$$

称上面两个方程组分别为**似然方程组**和**对数似然方程组**. 因为这两个方程组是同解方程组, 我们通过求解对数似然方程组求其最大值点.

2. 求最大似然估计的一般方法

综上所述, 求最大似然估计的一般步骤如下:

设总体 X 的分布中包含 m 个未知参数 $\theta_1, \theta_2, \cdots, \theta_m$, $X_1, X_2, \cdots, X_n$ 为来自总体 X 的一组样本, $x_1, x_2, \cdots, x_n$ 为其样本值, 则

（1）利用总体 X 的分布, 构造似然函数 L 及 $\ln L$;

（2）当 $\ln L$ 关于 θ_i 可微时, 建立对数似然方程组 $\dfrac{\partial \ln L}{\partial \theta_i} = 0, i = 1, \cdots, m$;

（3）求解对数似然方程组, 确定 $\ln L$ 的最大值点 $\hat{\theta} = (\hat{\theta}_1, \hat{\theta}_2, \cdots, \hat{\theta}_m)$.

通常对数似然方程组的解就是最大值点, 这时 $\hat{\theta}_i$ 即为 θ_i 的最大似然估计. 特别地, 当似然方程组无解或似然函数不可微时, 可利用似然函数的性质, 确定其极值点, 比如, 若有 $\hat{\theta}(x_1, x_2, \cdots, x_n)$, 使 $L(\hat{\theta}) = \max\limits_{\theta \in \Theta} \{L(\theta)\}$, 则称 $\hat{\theta} = \hat{\theta}(x_1, x_2, \cdots, x_n)$ 为未知参数 θ 的最大似然估计值, 相应地, 称 $\hat{\theta} = \hat{\theta}(X_1, X_2, \cdots, X_n)$ 为未知参数 θ 的最大似然估计量.

例 7.5　随着移动通信系统融入人们的生活, 基于随机样本 $X_1 = x_1, X_2 = x_2, \cdots, X_n = x_n$ 估计移动通信系统中某小区的新呼叫的到达率是很有必要的. 设每小时的呼叫个数 $X \sim \pi(\lambda)$, λ（到达率）是未知参数, $X_1, X_2, \cdots, X_n$ 是取自总体 X 的一组样本, 求 λ 的最大似然估计.

解　由题意知, X 的概率密度为

$$p(x; \lambda) = \frac{\lambda^x}{x!} e^{-\lambda}, \quad x = 0, 1, 2, \cdots; \lambda > 0,$$

似然函数为

$$L(x_1, x_2, \cdots, x_n; \lambda) = \prod_{i=1}^{n} \frac{\lambda^{x_i}}{x_i!} e^{-\lambda} = \frac{\lambda^{\sum\limits_{i=1}^{n} x_i}}{x_1! \, x_2! \, \cdots x_n!} e^{-n\lambda},$$

$$\ln L = \left(\sum_{i=1}^{n} x_i \right) \ln \lambda - \sum_{i=1}^{n} \ln(x_i!) - n\lambda,$$

$$\frac{\mathrm{d}\ln L}{\mathrm{d}\lambda} = \frac{\sum_{i=1}^{n} x_i}{\lambda} - n,$$

令 $\dfrac{\mathrm{d}\ln L}{\mathrm{d}\lambda} = 0$, 得 $\hat{\lambda} = \dfrac{1}{n} \sum_{i=1}^{n} x_i = \bar{x}$, 即到达率 λ 的最大似然估计值是 $\hat{\lambda} = \dfrac{1}{n} \sum_{i=1}^{n} x_i = \bar{x}$, 到达率 λ 的

最大似然估计量是 $\hat{\lambda} = \dfrac{1}{n} \sum_{i=1}^{n} X_i = \bar{X}$.

例 7.6 2019 年 6 月 6 日, 工业和信息化部正式向中国电信、中国移动、中国联通、中国广电发放了 5G 商用牌照, 中国正式进入 5G 商用元年. 对于我们普通用户来说, 5G 给我们带来最大的直观感受就是"网速变得更快了". 由于频率越高, 信号传播过程中的衰减也越大, 假设某个 5G 基站的信息交换(上传下载)系统的失效时间 X 服从指数分布, 且其失效率为 λ. 即总体 $X \sim E(\lambda)$, $X_1, X_2, \cdots, X_n$ 是取自总体 X 的样本, λ 是未知参数, 求失效率 λ 的最大似然估计.

解 由题意知, X 的概率密度为

$$f(x; \lambda) = \lambda \mathrm{e}^{-\lambda x}, \quad x > 0, \lambda > 0,$$

样本的似然函数为

$$L(x_1, x_2, \cdots, x_n; \lambda) = \lambda^n \prod_{i=1}^{n} \mathrm{e}^{-\lambda x_i} = \lambda^n \mathrm{e}^{-\lambda \sum_{i=1}^{n} x_i},$$

$$\ln L = n\ln \lambda - \lambda \sum_{i=1}^{n} x_i,$$

$$\frac{\mathrm{d}\ln L}{\mathrm{d}\lambda} = \frac{n}{\lambda} - \sum_{i=1}^{n} x_i,$$

令 $\dfrac{\mathrm{d}\ln L}{\mathrm{d}\lambda} = 0$, 解得 $\hat{\lambda} = \dfrac{n}{\sum_{i=1}^{n} x_i} = \dfrac{1}{\bar{x}}$, 即失效率 λ 的最大似然估计值为 $\hat{\lambda} = \dfrac{1}{\bar{x}}$, 失效率 λ 的最大似

然估计量为 $\hat{\lambda} = \dfrac{1}{\bar{X}}$.

例 7.7 设总体 $X \sim N(\mu, \sigma^2)$, μ, σ^2 未知, $X_1, X_2, \cdots, X_n$ 是来自总体 X 的一组样本. 试求:
(1) μ, σ^2 的矩估计量; (2) μ 和 σ^2 的最大似然估计.

解 (1) 由于 $\mu = E(X)$, $\sigma^2 = D(X)$, 故

$$\hat{\mu} = E(\hat{X}) = \bar{X}, \quad \widehat{\sigma^2} = D(\hat{X}) = \frac{1}{n} \sum_{i=1}^{n} (X_i - \bar{X})^2$$

分别为 μ, σ^2 的矩估计量.

(2) 由题意知, 总体 X 的概率密度为

$$f(x;\mu,\sigma^2)=\frac{1}{\sqrt{2\pi}\,\sigma}e^{-\frac{1}{2\sigma^2}(x-\mu)^2},\quad -\infty<x<+\infty,$$

似然函数为

$$L(x_1,x_2,\cdots,x_n;\mu,\sigma^2)=\left(\frac{1}{\sqrt{2\pi}\,\sigma}\right)^n\prod_{i=1}^{n}e^{-\frac{1}{2\sigma^2}(x_i-\mu)^2},$$

$$\ln L(x_1,x_2,\cdots,x_n;\mu,\sigma^2)=-\frac{n}{2}\ln(2\pi\sigma^2)-\frac{1}{2\sigma^2}\sum_{i=1}^{n}(x_i-\mu)^2,$$

令 $\delta=\sigma^2$,且

$$\begin{cases}\dfrac{\partial\ln L}{\partial\mu}=\dfrac{1}{\delta}\sum_{i=1}^{n}(x_i-\mu)=0,\\[3mm]\dfrac{\partial\ln L}{\partial\delta}=-\dfrac{n}{2\delta}+\dfrac{1}{2\delta^2}\sum_{i=1}^{n}(x_i-\mu)^2=0,\end{cases}$$

解得 $\hat{\mu}=\dfrac{1}{n}\sum\limits_{i=1}^{n}x_i=\bar{x},\widehat{\sigma^2}=\dfrac{1}{n}\sum\limits_{i=1}^{n}(x_i-\bar{x})^2$,即 μ 和 σ^2 的最大似然估计值分别是 $\hat{\mu}=\bar{x},\widehat{\sigma^2}=$ $\dfrac{1}{n}\sum\limits_{i=1}^{n}(x_i-\bar{x})^2,\mu$ 和 σ^2 的最大似然估计量分别是 $\hat{\mu}=\bar{X},\widehat{\sigma^2}=\dfrac{1}{n}\sum\limits_{i=1}^{n}(X_i-\bar{X})^2$.

例 7.8 设总体 $X\sim U[0,\lambda],\lambda>0$ 是未知参数,求:(1) λ 的矩估计量;(2) λ 的最大似然估计量.

解 由题意知,总体 X 的概率密度为

$$f(x;\lambda)=\begin{cases}\dfrac{1}{\lambda},&0\leqslant x\leqslant\lambda,\\[3mm]0,&\text{其他}.\end{cases}$$

(1) 因为 $E(X)=\dfrac{\lambda}{2},D(X)=\dfrac{\lambda^2}{12}$,令 $E(\hat{X})=\dfrac{\lambda}{2}=\bar{x}$,则可得 $\hat{\lambda}=2\bar{x}$,即 λ 的矩估计值是 $\hat{\lambda}=$ $2\bar{x},\lambda$ 的矩估计量是 $\hat{\lambda}=2\bar{X}$.

(2) 构造似然函数为

$$L(x_1,x_2,\cdots,x_n;\lambda)=\begin{cases}\dfrac{1}{\lambda^n},&0\leqslant x_1,x_2,\cdots,x_n\leqslant\lambda,\\[3mm]0,&\text{其他}.\end{cases}$$

由于似然方程 $\dfrac{dL}{d\lambda}=-\dfrac{n}{\lambda^{n+1}}=0$ 无解,即不存在驻点,从而我们考虑边界上的点.因为 $0\leqslant x_1,$ $x_2,\cdots,x_n\leqslant\lambda$,故有 $\lambda\geqslant\max\{x_1,x_2,\cdots,x_n\}$,$\lambda$ 越小 L 越大,所以当 $\lambda_{\min}=\max\{x_1,x_2,\cdots,x_n\}$ 时,L 取到最大值,从而 $\hat{\lambda}=\max\{x_1,x_2,\cdots,x_n\}$ 是 λ 的最大似然估计值,$\hat{\lambda}=\max\{X_1,X_2,\cdots,X_n\}$ 是 λ

的最大似然估计量.

通过以上讨论可知,用点估计方法可以适当地选择一个统计量作为未知参数的估计量,因而,对于同一个总体的同一个未知参数可能有几个不同的估计量,这些不同的估计量中选择哪一个会更好呢? 故有必要建立评价估计量好坏的标准.

7.1.3 估计量的评价标准

估计量的评价一般有三条标准:无偏性、有效性、相合性(一致性).

1. 无偏性

定义 7.4 设 $\hat{\theta} = \hat{\theta}(X_1, X_2, \cdots, X_n)$ 为参数 θ 的估计量,若 $E(\hat{\theta}) = \theta$,则称 $\hat{\theta}$ 是 θ 的**无偏估计量**,否则称 $\hat{\theta}$ 为 θ 的**有偏估计量**.

若 $\lim\limits_{n \to +\infty} E(\hat{\theta}) = \theta$,则称 $\hat{\theta}$ 是 θ 的**渐近无偏估计量**.

例 7.9 证明:设 $X_1, X_2, \cdots X_n$ 为取自总体 X 的一组样本,总体 X 的均值为 μ,方差为 σ^2,则

(1) 样本均值 $\overline{X}$ 是 μ 的无偏估计量;

(2) 样本方差 S^2 是 σ^2 的无偏估计量;

(3) 未修正的样本方差,即样本二阶中心矩 $\dfrac{1}{n} \sum\limits_{i=1}^{n} (X_i - \overline{X})^2$ 是 σ^2 的有偏估计量,但它是 σ^2 的渐近无偏估计量.

证 (1) 因 $E(X_i) = E(X) = \mu, i = 1, 2, \cdots, n$,

$$E(\overline{X}) = E\left(\frac{1}{n} \sum_{i=1}^{n} X_i\right) = \frac{1}{n} \sum_{i=1}^{n} [E(X_i)] = \frac{1}{n} \cdot n\mu = \mu,$$

故 $\hat{\mu} = \overline{X}$ 是 μ 的无偏估计量.

(2) $D(X_i) = D(X) = \sigma^2, \quad i = 1, 2, \cdots, n,$

$$D(\overline{X}) = D\left(\frac{1}{n} \sum_{i=1}^{n} X_i\right) = \frac{1}{n^2} \sum_{i=1}^{n} [D(X_i)] = \frac{1}{n^2} \cdot n\sigma^2 = \frac{\sigma^2}{n},$$

$$E(S^2) = E\left[\frac{1}{n-1} \sum_{i=1}^{n} (X_i - \overline{X})^2\right] = E\left[\frac{1}{n-1}\left(\sum_{i=1}^{n} X_i^2 - n\overline{X}^2\right)\right]$$

$$= \frac{1}{n-1}\left[\sum_{i=1}^{n} E(X_i^2) - nE(\overline{X}^2)\right]$$

$$= \frac{1}{n-1}\left\{\sum_{i=1}^{n} (\mu^2 + \sigma^2) - n[D(\overline{X}) + (E(\overline{X}))^2]\right\} = \frac{1}{n-1}(n\sigma^2 - \sigma^2) = \sigma^2,$$

故 S^2 是 σ^2 的一个无偏估计量.

（3）$E\left[\dfrac{1}{n}\sum_{i=1}^{n}(X_i-\bar{X})^2\right]=E\left(\dfrac{n-1}{n}S^2\right)=\dfrac{n-1}{n}E(S^2)=\dfrac{n-1}{n}\sigma^2\neq\sigma^2$,

故样本二阶中心矩是 σ^2 的有偏估计量.但是

$$\lim_{n\to+\infty}E\left[\dfrac{1}{n}\sum_{i=1}^{n}(X_i-\bar{X})^2\right]=\sigma^2,$$

因此,样本二阶中心矩是 σ^2 的一个渐近无偏估计量.

此例说明样本均值 $\bar{X}$ 是总体期望 μ 的无偏估计量,样本方差 S^2 是总体方差 σ^2 的无偏估计量.但要注意 $S=\sqrt{\dfrac{1}{n-1}\sum_{i=1}^{n}(X_i-\bar{X})^2}$ 却不是 $\sqrt{D(X)}$ 的无偏估计量.从而我们得出:如果 $\hat{\theta}$ 是 θ 的无偏估计量,$g(\theta)$ 是 θ 的函数,但是不一定能推出 $g(\hat{\theta})$ 是 $g(\theta)$ 的无偏估计量.比如,对于总体 $X\sim N(\mu,\sigma^2)$,$\sigma^2>0$,$\bar{X}$ 是 μ 的无偏估计量,但 $\bar{X}^2$ 却不是 μ^2 的无偏估计量.因为

$$E(\bar{X}^2)=D(\bar{X})+[E(\bar{X})]^2=\dfrac{\sigma^2}{n}+\mu^2,$$

所以 $E(\bar{X}^2)\neq\mu^2$.

例 7.10 设 X_1,X_2,X_3 是来自总体 X 的样本,验证:

$$\hat{\mu}_1=\dfrac{2}{5}X_1+\dfrac{1}{2}X_2+\dfrac{1}{10}X_3,\quad \hat{\mu}_2=\dfrac{3}{4}X_1+\dfrac{1}{3}X_2-\dfrac{1}{12}X_3,$$

$$\hat{\mu}_3=\dfrac{1}{6}X_1+\dfrac{1}{2}X_2+\dfrac{1}{3}X_3,\quad \hat{\mu}_4=\dfrac{7}{10}X_1-\dfrac{1}{10}X_2+\dfrac{2}{5}X_3,$$

它们都是总体数学期望 μ 的无偏估计量.

解 由于

$$E(\hat{\mu}_1)=E\left(\dfrac{2}{5}X_1+\dfrac{1}{2}X_2+\dfrac{1}{10}X_3\right)=\dfrac{2}{5}E(X_1)+\dfrac{1}{2}E(X_2)+\dfrac{1}{10}E(X_3)=\mu,$$

$$E(\hat{\mu}_2)=E\left(\dfrac{3}{4}X_1+\dfrac{1}{3}X_2-\dfrac{1}{12}X_3\right)=\dfrac{3}{4}E(X_1)+\dfrac{1}{3}E(X_2)-\dfrac{1}{12}E(X_3)=\mu,$$

$$E(\hat{\mu}_3)=E\left(\dfrac{1}{6}X_1+\dfrac{1}{2}X_2+\dfrac{1}{3}X_3\right)=\dfrac{1}{6}E(X_1)+\dfrac{1}{2}E(X_2)+\dfrac{1}{3}E(X_3)=\mu,$$

$$E(\hat{\mu}_4)=E\left(\dfrac{7}{10}X_1-\dfrac{1}{10}X_2+\dfrac{2}{5}X_3\right)=\dfrac{7}{10}E(X_1)-\dfrac{1}{10}E(X_2)+\dfrac{2}{5}E(X_3)=\mu,$$

故 $\hat{\mu}_1,\hat{\mu}_2,\hat{\mu}_3,\hat{\mu}_4$ 都是总体数学期望 μ 的无偏估计量.

此例说明未知参数的无偏估计量不是唯一的.在众多无偏估计量中哪一个更好呢? 有必

要引入衡量估计量好坏的另一个标准——有效性.

2. 有效性

定义 7.5 设 $\hat{\theta}_1$ 和 $\hat{\theta}_2$ 是 θ 的两个无偏估计量,若 $D(\hat{\theta}_1) < D(\hat{\theta}_2)$,则称 $\hat{\theta}_1$ 比 $\hat{\theta}_2$ 有效.

例 7.11 假设总体 X 的方差 $D(X)$ 存在,讨论例 7.10 中 4 个无偏估计量中哪个更有效?

解 由于

$$D(\hat{\mu}_1) = \frac{4}{25} D(X_1) + \frac{1}{4} D(X_2) + \frac{1}{100} D(X_3) = \frac{21}{50} D(X),$$

$$D(\hat{\mu}_2) = \frac{9}{16} D(X_1) + \frac{1}{9} D(X_2) + \frac{1}{144} D(X_3) = \frac{49}{72} D(X),$$

$$D(\hat{\mu}_3) = \frac{1}{36} D(X_1) + \frac{1}{4} D(X_2) + \frac{1}{9} D(X_3) = \frac{7}{18} D(X),$$

$$D(\hat{\mu}_4) = \frac{49}{100} D(X_1) + \frac{1}{100} D(X_2) + \frac{4}{25} D(X_3) = \frac{33}{50} D(X),$$

$$D(\hat{\mu}_3) < D(\hat{\mu}_1) < D(\hat{\mu}_4) < D(\hat{\mu}_2),$$

所以,无偏估计量 $\hat{\mu}_3$ 更有效.

注意,无论用什么方法得到的无偏估计量的方差不可能任意小.

例 7.12 设总体 $X \sim N(\mu, \sigma^2)$,其中参数 σ^2 未知,$X_1, X_2, \cdots, X_n$ 是来自总体 X 的一组样本($n > 1$).试确定:

一个关于无偏估计的方差下界的结论

(1) $\widehat{\sigma_1^2} = S^2 = \frac{1}{n-1} \sum_{i=1}^{n} (X_i - \bar{X})^2$,$\widehat{\sigma_2^2} = \frac{1}{n} \sum_{i=1}^{n} (X_i - \mu)^2$ 均为 σ^2 的无偏估计量;

(2) $\widehat{\sigma_1^2}, \widehat{\sigma_2^2}$ 哪个更有效?

解 (1) 由于 $E(\widehat{\sigma_1^2}) = E(S^2) = \sigma^2$,得

$$E(\widehat{\sigma_2^2}) = E\left[\frac{1}{n} \sum_{i=1}^{n} (X_i - \mu)^2 \right] = \frac{1}{n} \sum_{i=1}^{n} E[X_i - E(X_i)]^2 = \frac{1}{n} \sum_{i=1}^{n} D(X_i) = \sigma^2,$$

所以,$\widehat{\sigma_1^2}, \widehat{\sigma_2^2}$ 均为 σ^2 的无偏估计量.

(2) 由于

$$\frac{(n-1)S^2}{\sigma^2} \sim \chi^2(n-1), \quad \frac{1}{\sigma^2} \sum_{i=1}^{n} (X_i - \mu)^2 \sim \chi^2(n),$$

所以

$$D\left[\frac{(n-1)S^2}{\sigma^2} \right] = 2(n-1), \quad D\left[\frac{1}{\sigma^2} \sum_{i=1}^{n} (X_i - \mu)^2 \right] = 2n,$$

$$D(\widehat{\sigma_1^2}) = D(S^2) = \left(\frac{\sigma^2}{n-1}\right)^2 D\left[\frac{(n-1)S^2}{\sigma^2}\right] = \frac{2\sigma^4}{n-1},$$

$$D(\widehat{\sigma_2^2}) = D\left[\frac{1}{n}\sum_{i=1}^{n}(X_i - \mu)^2\right] = \left(\frac{\sigma^2}{n}\right)^2 D\left[\frac{1}{\sigma^2}\sum_{i=1}^{n}(X_i - \mu)^2\right] = \frac{2\sigma^4}{n},$$

故 $D(\widehat{\sigma_1^2}) > D(\widehat{\sigma_2^2})$,所以,$\widehat{\sigma_2^2}$ 较 $\widehat{\sigma_1^2}$ 有效.

在这里我们介绍一下我国统计学的先驱者许宝騄院士在参数估计方面作出的贡献.1938 年许宝騄在论文中第一个讨论线性模型中参数 σ^2 的优良估计问题.他证明了在二次无偏的估计类中,如要求估计量的方差与期望值参数无关,那么通常的无偏估计 S^2 具有一致最小方差的充分必要条件是 4 阶矩具有与正态相同的关系式(这一条件在现在的文献中称为准正态分布).许宝騄的工作是参数估计研究的起始点,而且他提出的方法现在仍然是处理复杂问题的有力工具,有的论文就用许氏模型这一名称来代表这类问题.

上面提到的无偏性和有效性都是在样本容量固定的前提下讨论的.一般情况下,当样本容量增加时,样本携带的总体信息会增多.我们自然希望所选的估计量不仅是无偏的,且是有效的,还希望当样本容量无限增大时,该估计量能在某种意义下任意接近待估参数的真值,因此引入另一个评价标准——相合性(一致性).

3. 相合性(一致性)

定义 7.6 设 $\hat{\theta} = \hat{\theta}(X_1, X_2, \cdots, X_n)$ 为未知参数 θ 的估计量,若 $\hat{\theta}$ 依概率收敛于 θ,即对任意 $\varepsilon > 0$,有

$$\lim_{n \to +\infty} P\{|\hat{\theta} - \theta| < \varepsilon\} = 1,$$

或

$$\lim_{n \to +\infty} P\{|\hat{\theta} - \theta| \geqslant \varepsilon\} = 0,$$

则称 $\hat{\theta}$ 为 θ 的**相合估计量**或**一致估计量**.

例 7.13 设总体 $X \sim N(\mu, \sigma^2)$,参数 μ, σ^2 未知,$X_1, X_2, \cdots, X_n$ 是来自总体 X 的一组样本 $(n > 1)$.试证:

(1) $\bar{X}$ 是 $E(X)$ 的相合估计量;

(2) 样本方差 S^2 是 σ^2 的相合估计量.

证 (1) 由大数定律可知,

$$\lim_{n \to +\infty} P\left\{\left|\frac{1}{n}\sum_{i=1}^{n} X_i - E(X)\right| < \varepsilon\right\} = 1,$$

故 $\bar{X}$ 是 $E(X)$ 的相合估计量.

(2) 因为

$$E(S^2) = \sigma^2, \quad D(S^2) = \frac{2\sigma^4}{n-1},$$

故由切比雪夫不等式得,对任意给定的 $\varepsilon > 0$,

$$0 \leq P\{|S^2 - E(S^2)| \geq \varepsilon\} = P\{|S^2 - \sigma^2| \geq \varepsilon\} \leq \frac{1}{\varepsilon} D(S^2) = \frac{2\sigma^4}{\varepsilon^2(n-1)}.$$

当 $n \to +\infty$ 时,上式左、右两端均趋于 0,由相合性的定义可知,S^2 是 σ^2 的相合估计量.

在实际问题中,我们往往希望估计量具有无偏性、有效性和相合性,但往往不能同时满足.相合性是对估计量的基本要求.如果估计量不具有相合性,那么无论样本容量取多大,都不能使参数估计足够准确,这样的估计量是不可取的.然而用相合性衡量估计量的优劣,要求样本容量充分大,这在实际问题中很难做到,因而无偏性和有效性在实际中应用较多.

习 题 7.1

基 础 题

1. 设总体 $X \sim N(\mu, \sigma^2)$,$X_1, X_2, \cdots, X_n$ 是取自总体 X 的一组样本.(1) 试选择适当的常数 c,使 $c \sum_{i=1}^{n-1} (X_{i+1} - X_i)^2$ 为 σ^2 的无偏估计;(2) 试证:对任意常数 a_i,$\sum_{i=1}^{n} a_i X_i$ 均是 μ 的无偏估计,且 $\bar{X} = \frac{1}{n} \sum_{i=1}^{n} X_i$ 最为有效,其中 $\sum_{i=1}^{n} a_i = 1$,$i = 1, 2, \cdots, n$.

2. 设总体 $X \sim N(\mu, \sigma^2)$,X_1, X_2, X_3 是取自总体 X 的一组样本.验证三个统计量

$$\hat{\mu}_1 = \frac{1}{3}(X_1 + X_2 + X_3), \quad \hat{\mu}_2 = \frac{1}{2} X_1 + \frac{1}{4} X_2 + \frac{1}{4} X_3, \quad \hat{\mu}_3 = \frac{1}{2} X_1 + \frac{1}{3} X_2 + \frac{1}{6} X_3$$

都是 μ 的无偏估计量,且 $\hat{\mu}_1$ 更有效.

3. 设总体 X 的概率密度为 $f(x; \theta) = \frac{1}{2\theta} e^{-\frac{|x|}{\theta}}$ $(-\infty < x < +\infty)$,其中未知参数 $\theta > 0$,$X_1, X_2, \cdots, X_n$ 为来自总体 X 的一组样本.(1) 求 θ 的最大似然估计量 $\hat{\theta}$;(2) 证明 $\hat{\theta}$ 为 θ 的无偏估计量;(3) 求 $D(\hat{\theta})$.

4. 某一篮球运动员投篮命中率为 p,设他首次投中时累计已投篮的次数为 X.(1) 写出 X 的分布律;(2) 若 p 未知,求 p 的矩估计量和最大似然估计值.

5. 设总体 X 的概率密度为

$$f(x) = \begin{cases} 2e^{-2(x-\theta)}, & x \geq \theta, \\ 0, & x < \theta, \end{cases}$$

其中 $\theta > 0$ 是未知参数,$X_1, X_2, \cdots, X_n$ 为来自总体 X 的一组样本,求 θ 的最大似然估

计量.

6. 设 $\hat{\theta}$ 是 θ 的一个无偏估计量,证明:(1) 若 $D(\hat{\theta})>0$,则 $\hat{\theta}^2$ 不是 θ^2 的无偏估计量;(2) 若 $\lim\limits_{n\to+\infty} D(\hat{\theta})=0$,则 $\hat{\theta}$ 是 θ 的相合估计量.

提 高 题

1. 设总体 $X \sim \pi(\lambda)$,$X_1,X_2,\cdots,X_n$ 是取自总体 X 的一组样本.试证:对任意常数 c,$c\overline{X}+(1-c)S^2$ 均是 λ 的无偏估计量.

2. 设总体 X 的概率密度是

$$f(x)=\begin{cases} \dfrac{1}{2\theta}, & 0<x<\theta, \\[2mm] \dfrac{1}{2(1-\theta)}, & \theta \leqslant x<1, \\[2mm] 0, & 其他, \end{cases}$$

其中参数 θ 未知,$X_1,X_2,\cdots,X_n$ 为来自总体 X 的一组样本,且 $\overline{X}=\dfrac{1}{n}\sum\limits_{i=1}^{n}X_i$,

(1) 求 θ 的矩估计量;(2) 判断 $4\overline{X}^2$ 是否是 θ^2 的无偏估计量,并验证结论.

3. 设总体 X 的分布函数为

$$F(x)=\begin{cases} 1-\left(\dfrac{\theta}{x}\right)^k, & x>\theta, \\[2mm] 0, & x\leqslant\theta, \end{cases}$$

其中未知参数 $\theta>0$,$k>1$,$X_1,X_2,\cdots,X_n$ 为来自 X 的一组样本,求:(1) 当 $\theta=1$ 时,k 的矩估计量和最大似然估计值;(2) 当 $k=2$ 时,θ 的最大估计量.

习题 7.1 提高题
第 4 题讲解

4. 设随机变量 X 与 Y 独立且分别服从正态分布 $N(\mu,\sigma^2)$ 与 $N(\mu,2\sigma^2)$,其中 σ 是未知参数,且 $\sigma>0$,再设 $Z=X-Y$.(1) 求 Z 的概率密度 $f(z;\sigma^2)$;(2) 设 $Z_1,Z_2,\cdots,Z_n$ 为来自总体 Z 的简单随机样本,求 σ^2 的最大似然估计量 $\widehat{\sigma^2}$;(3) 证明 $\widehat{\sigma^2}$ 是 σ^2 的无偏估计量.

5. 设总体 X 服从均匀分布 $U(0,\theta)$,$X_1,X_2,\cdots,X_n$ 为来自总体 X 的样本,$X_{(n)}=\max\{X_1,X_2,\cdots,X_n\}$.证明:

(1) $\hat{\theta}_1=2\overline{X}$ 与 $\hat{\theta}_2=\dfrac{n+1}{n}X_{(n)}$ 都是 θ 的无偏估计量;

(2) $\hat{\theta}_2$ 比 $\hat{\theta}_1$ 有效$(n\geqslant2)$;

(3) $\hat{\theta}_1=2\overline{X}$ 与 $\hat{\theta}_2=\dfrac{n+1}{n}X_{(n)}$ 都是 θ 的相合估计量.

§7.2　区间估计

点估计的优点是原理直观、计算方便,在实际工作中经常被采用,但样本是随机抽取的,一个被抽到的样本得到的估计值很可能不同于另一个被抽到的样本得到的估计值,也可能不同于总体参数的真值.因而,对一个未知参数 θ,点估计 $\hat{\theta}$ 仅仅是未知参数 θ 的一个近似值.点估计的缺陷是没有办法给出估计的可靠性,也无法确定点估计值与总体参数真值接近的程度,因为一个点估计量的可靠性是由其抽样分布的标准误差来衡量的.因此,我们对总体参数真值进行估计时,往往不能完全依赖于一个点估计值,而应围绕点估计值构造出总体参数的一个区间,即下面将要介绍的区间估计.

定义 7.7　设 $X_1, X_2, \cdots, X_n$ 为来自总体 X 的一组样本,θ 为总体分布的未知参数.对给定的实数 $\alpha(0<\alpha<1)$,若存在两个统计量 $\hat{\theta}_1$ 与 $\hat{\theta}_2$,使得 $P\{\hat{\theta}_1<\theta<\hat{\theta}_2\}=1-\alpha$,则称随机区间 $(\hat{\theta}_1, \hat{\theta}_2)$ 是未知参数 θ 的**置信度**为 $1-\alpha$ 的**置信区间**,其中 $\hat{\theta}_1$ 与 $\hat{\theta}_2$ 均是 $X_1, X_2, \cdots, X_n$ 的样本函数,$\hat{\theta}_1$ 与 $\hat{\theta}_2$ 分别称为置信度为 $1-\alpha$ 的**置信下限**和**置信上限**,$1-\alpha$ 也称为**置信水平**.

由于置信区间的上、下限都是样本函数,所以对于不同的样本值,所得置信区间 $(\hat{\theta}_1, \hat{\theta}_2)$ 的对应值 (θ_1^*, θ_2^*) 也各不相同,因而 $(\hat{\theta}_1, \hat{\theta}_2)$ 是一个随机区间,它反映了估计结果的精确程度.置信度 $1-\alpha$ 是一个给定的概率,它表示随机区间 $(\hat{\theta}_1, \hat{\theta}_2)$ 以概率 $1-\alpha$ 包含未知参数 θ 的真值,因此置信度 $1-\alpha$ 反映了估计结果的可靠性.在实际应用中一般取 $1-\alpha=0.9, 0.95$ 或 0.99 等.

$P\{\hat{\theta}_1<\theta<\hat{\theta}_2\}=1-\alpha$ 是指随机区间 $(\hat{\theta}_1, \hat{\theta}_2)$ 以 $1-\alpha$ 的概率包含参数 θ 的真值,其含义是:若在样本容量相同的条件下,在总体中抽样多次,由每次抽样得到的样本值计算出来的具体区间 (θ_1^*, θ_2^*),要么包含参数 θ 的真值,要么不包含参数 θ 的真值,但根据伯努利大数定律,在众多的具体区间中,包含 θ 真值的区间约占 $100\times(1-\alpha)\%$,而不包含 θ 真值的区间约占 $100\times\alpha\%$.例如,若 $\alpha=0.05$,反复抽样 100 次,则在得到的 100 个区间中,不包含参数 θ 真值的仅有 5 个左右,或者根据一组给定的样本计算出一个具体区间 (θ_1^*, θ_2^*),它属于包含参数 θ 真值的区间的可能性为 $1-\alpha$,而不属于包含参数 θ 真值的区间的可能性仅为 α.由于参数 θ 的真值是一个客观存在的数,不具有随机性,因此不能将 $P\{\hat{\theta}_1<\theta<\hat{\theta}_2\}=1-\alpha$ 理解为参数 θ 以 $1-\alpha$ 的概率落入随机区间 $(\hat{\theta}_1, \hat{\theta}_2)$.

对于给定的置信度 $1-\alpha$,构造并根据样本观测值来确定未知参数 θ 的置信区间 $(\hat{\theta}_1, \hat{\theta}_2)$ 的对应值 (θ_1^*, θ_2^*) 就是未知参数 θ 的区间估计.

由于正态分布应用广泛,下面主要讨论正态总体参数的区间估计.

7.2.1 单个正态总体参数的区间估计

设总体 $X \sim N(\mu, \sigma^2)$, $X_1, X_2, \cdots, X_n$ 是总体 X 的一组样本.

1. 均值 μ 的置信区间

（1）已知 σ^2, 求 μ 的置信区间

为了求得 μ 的置信区间,构造统计量

$$U = \frac{\overline{X} - \mu}{\sigma / \sqrt{n}} \sim N(0, 1),$$

对于给定的置信度 $1-\alpha (0 < \alpha < 1)$, 由标准正态分布表可查得 $u_{\frac{\alpha}{2}}$, 这时有

$$P\left\{ \left| \frac{\overline{X} - \mu}{\sigma / \sqrt{n}} \right| < u_{\frac{\alpha}{2}} \right\} = 1 - \alpha,$$

由此推得

$$P\left\{ |\overline{X} - \mu| < u_{\frac{\alpha}{2}} \frac{\sigma}{\sqrt{n}} \right\} = 1 - \alpha,$$

即

$$P\left\{ \overline{X} - u_{\frac{\alpha}{2}} \frac{\sigma}{\sqrt{n}} < \mu < \overline{X} + u_{\frac{\alpha}{2}} \frac{\sigma}{\sqrt{n}} \right\} = 1 - \alpha,$$

所以 μ 的置信度为 $1-\alpha$ 的置信区间为

$$\left(\overline{X} - u_{\frac{\alpha}{2}} \frac{\sigma}{\sqrt{n}}, \overline{X} + u_{\frac{\alpha}{2}} \frac{\sigma}{\sqrt{n}} \right).$$

例 7.14 某企业生产某个品牌签字笔笔尖中的滚珠.长期实践知道滚珠直径 X 可以认为是服从正态分布的,即 $X \sim N(\mu, 0.001)$.现从某一天的产品中随机抽取 9 粒,得直径（单位: mm）如下:

$$0.312, 0.319, 0.297, 0.287, 0.310, 0.302, 0.285, 0.308, 0.298.$$

求该产品直径均值 μ 的置信度为 95% 的置信区间.

解 由题意知,$n = 9$, $\sigma^2 = 0.001$, $\overline{x} = 0.302$, $\alpha = 0.05$, 取统计量 U, 查标准正态分布表可得 $u_{0.025} = 1.96$, 则

$$\overline{x} - u_{\frac{\alpha}{2}} \frac{\sigma}{\sqrt{n}} = 0.302 - 1.96 \times \frac{0.01}{\sqrt{9}} = 0.295\,5,$$

$$\bar{x} + u_{\frac{\alpha}{2}} \frac{\sigma}{\sqrt{n}} = 0.302 + 1.96 \times \frac{0.01}{\sqrt{9}} = 0.308\,5,$$

所以 μ 的置信度为 95% 的置信区间是 $(0.295\,5, 0.308\,5)$.

（2）未知 σ^2，求 μ 的置信区间

由于总体方差 σ^2 未知，所以不能用统计量 U 求 μ 的置信区间，这时可用样本方差 S^2 去代替总体方差 σ^2. 为求参数 μ 的置信区间，可构造统计量

$$T = \frac{\bar{X} - \mu}{S/\sqrt{n}} \sim t(n-1),$$

对于给定置信度 $1-\alpha(0<\alpha<1)$，可查 t 分布，得临界值 $t_{\frac{\alpha}{2}}(n-1)$，使得

$$P\{|T| < t_{\frac{\alpha}{2}}(n-1)\} = 1-\alpha,$$

亦即

$$P\left\{\left|\frac{\bar{X} - \mu}{S/\sqrt{n}}\right| < t_{\frac{\alpha}{2}}(n-1)\right\} = 1-\alpha,$$

或

$$P\left\{\bar{X} - t_{\frac{\alpha}{2}}(n-1)\frac{S}{\sqrt{n}} < \mu < \bar{X} + t_{\frac{\alpha}{2}}(n-1)\frac{S}{\sqrt{n}}\right\} = 1-\alpha,$$

这样可得到 μ 的置信度为 $1-\alpha$ 的置信区间为

$$\left(\bar{X} - t_{\frac{\alpha}{2}}(n-1)\frac{S}{\sqrt{n}}, \bar{X} + t_{\frac{\alpha}{2}}(n-1)\frac{S}{\sqrt{n}}\right).$$

例 7.15 程序运行中，一个程序的工作集是指：为了能使进程在执行期间完成尽可能多的工作所需要保留在主存储器内的页的集合. 现有某一程序的工作集需测试其工作情况，程序的平均工作集大小 $X \sim N(\mu, \sigma^2)$，μ 未知，程序每小时运行次数记为 n. 假设程序连续运行是相互独立的，且每次运行的平均工作集大小都进行了记录. $X_1, X_2, \cdots, X_n$ 是 X 的一组随机样本. 试求：

（1）现测得该程序在某 1 h 运行 16 次时的样本平均值及样本方差分别为 $\bar{x} = 503$，$s^2 = 8$，求 μ 的置信度为 95% 的置信区间；

（2）在（1）的条件下，置信度分别为 90% 及 95% 的 μ 的置信区间长度；

（3）当 $\sigma^2 = 4$ 时，n 多大才能使 μ 的置信度为 90% 的置信区间长度不超过 1？

解 （1）由题意知，$n = 16$，$\bar{x} = 503$，$s^2 = 8$，$\alpha = 0.05$，$\frac{\alpha}{2} = 0.025$. 由于 σ^2 未知，故取统计量

$$T = \frac{\bar{X} - \mu}{S/\sqrt{n}}, 查 t 分布表可得 t_{0.025}(15) = 2.131\,5，则$$

$$\bar{x} - t_{\frac{\alpha}{2}}(15)\frac{s}{\sqrt{n}} = 503 - 2.131\ 5 \times \frac{\sqrt{8}}{\sqrt{16}} = 501.49,$$

$$\bar{x} + t_{\frac{\alpha}{2}}(15)\frac{s}{\sqrt{n}} = 503 + 2.131\ 5 \times \frac{\sqrt{8}}{\sqrt{16}} = 504.51,$$

所以 μ 的置信度为 95% 的置信区间是 $(501.49, 504.51)$.

（2）记 μ 的置信区间长度为 Δ，则

$$\Delta = \left(\bar{x} + t_{\frac{\alpha}{2}}(15)\frac{s}{\sqrt{n}}\right) - \left(\bar{x} - t_{\frac{\alpha}{2}}(15)\frac{s}{\sqrt{n}}\right) = 2t_{\frac{\alpha}{2}}(15)\frac{s}{\sqrt{n}}.$$

于是，当 $1-\alpha = 90\%$ 时，

$$\Delta = 2 \times 1.753\ 1 \times \frac{\sqrt{8}}{\sqrt{16}} = 2.48;$$

当 $1-\alpha = 95\%$ 时，

$$\Delta = 2 \times 2.131\ 5 \times \frac{\sqrt{8}}{\sqrt{16}} = 3.01.$$

（3）因为 $\sigma^2 = 4$，欲使 $\Delta \leqslant 1$，即 $2u_{\frac{\alpha}{2}}\frac{\sigma}{\sqrt{n}} \leqslant 1$，$n \geqslant (2\sigma u_{\frac{\alpha}{2}})^2$，则当 $1-\alpha = 90\%$ 时，$n \geqslant (2 \times 2 \times 1.645)^2$，即 $n \geqslant 43.3$，也就是说，样本容量 n 至少为 44 时，μ 的置信度为 90% 置信区间的长度才不超过 1.

一般说来，区间估计有两个要素：一是其精度，二是其可靠度，分别用置信区间与置信水平表示.在进行区间估计时，人们自然希望置信区间短一些，置信水平大一些，但在样本容量一定的情况下，二者是不可兼得的.从上例的（2）可以看出，样本容量一定，置信度越大，置信区间越长，估计的意义也就越小.因而，在置信区间的定义中，限制置信度小于 1.因为抽样具有随机性，人们不能以百分之百的可靠度对未知参数做出任何有意义的估计.所以，在进行区间估计时，总是先规定一个置信度，以保证其可靠度达到一定要求（精度越高越好）.对确定的样本容量，在一定置信度下，置信区间长度的均值越小越好.

置信区间的
长度与样本
容量的关系

特别地，求置信区间原则上是在保证置信度的条件下，使得置信区间尽可能短，从而提高精度.可以证明：若总体 X 的概率密度曲线对称时，在样本容量 n 固定的条件下，对 α 平分所得到的置信区间最短.另外，对给定的 α 和 n，置信区间可以不唯一.

2. 方差 σ^2 的置信区间

在实际问题中，除计算总体均值 μ 的置信区间外，还需要对总体的方差进行区间估计，即要根据样本找出 $D(X)$ 的置信区间，从而研究 μ 的稳定性.

（1）未知 μ，求 σ^2 的置信区间

在实际问题中 μ 与 σ^2 往往均未知,这时用样本方差 S^2 作为总体方差 σ^2 的估计,从而构造统计量

$$\chi^2 = \frac{(n-1)S^2}{\sigma^2} \sim \chi^2(n-1),$$

对给定的 $1-\alpha$,由

$$P\left\{\chi^2_{1-\frac{\alpha}{2}}(n-1) < \frac{(n-1)S^2}{\sigma^2} < \chi^2_{\frac{\alpha}{2}}(n-1)\right\} = 1-\alpha,$$

得

$$P\left\{\frac{(n-1)S^2}{\chi^2_{\frac{\alpha}{2}}(n-1)} < \sigma^2 < \frac{(n-1)S^2}{\chi^2_{1-\frac{\alpha}{2}}(n-1)}\right\} = 1-\alpha.$$

因此,σ^2 的置信度为 $1-\alpha$ 的置信区间为

$$\left(\frac{(n-1)S^2}{\chi^2_{\frac{\alpha}{2}}(n-1)}, \frac{(n-1)S^2}{\chi^2_{1-\frac{\alpha}{2}}(n-1)}\right),$$

或

$$\left(\frac{\sum\limits_{i=1}^{n}(X_i-\overline{X})^2}{\chi^2_{\frac{\alpha}{2}}(n-1)}, \frac{\sum\limits_{i=1}^{n}(X_i-\overline{X})^2}{\chi^2_{1-\frac{\alpha}{2}}(n-1)}\right),$$

从而,标准差 σ 的置信度为 $1-\alpha$ 的置信区间为

$$\left(\sqrt{\frac{(n-1)S^2}{\chi^2_{\frac{\alpha}{2}}(n-1)}}, \sqrt{\frac{(n-1)S^2}{\chi^2_{1-\frac{\alpha}{2}}(n-1)}}\right).$$

（2）已知 μ,求 σ^2 的置信区间

如果 μ 已知,只需考虑统计量 $\dfrac{1}{\sigma^2}\sum\limits_{i=1}^{n}(X_i-\mu)^2$.由 χ^2 分布的定义知

$$\frac{1}{\sigma^2}\sum\limits_{i=1}^{n}(X_i-\mu)^2 \sim \chi^2(n),$$

类似地,可导出 σ^2 的置信度为 $1-\alpha$ 的置信区间为

$$\left(\frac{\sum\limits_{i=1}^{n}(X_i-\mu)^2}{\chi^2_{\frac{\alpha}{2}}(n)}, \frac{\sum\limits_{i=1}^{n}(X_i-\mu)^2}{\chi^2_{1-\frac{\alpha}{2}}(n)}\right).$$

例 7.16 胆固醇水平是评判人体健康的一大标准,特别是胆固醇水平偏高对男性健康的影响高于女性.为考察某地区的成年男性的胆固醇水平,现抽取了样本容量为 25 的一个样本,

并测得样本均值为 $\bar{x} = 186$,样本标准差为 $s = 12$.假定胆固醇水平 $X \sim N(\mu, \sigma^2)$,μ 与 σ^2 均未知,分别求 μ 以及 σ 的置信度为 90%的置信区间.

解 (1) 由于 μ 的置信度为 $1-\alpha$ 的置信区间为 $\left(\bar{X} \pm t_{\frac{\alpha}{2}}(n-1)\dfrac{S}{\sqrt{n}}\right)$.由题意知,$\alpha = 0.1$,$s = 12$,$n = 25$,查 t 分布表得 $t_{0.05}(25-1) = 1.7109$,于是

$$t_{\frac{\alpha}{2}}(n-1)\frac{s}{\sqrt{n}} = 1.7109 \times \frac{12}{\sqrt{25}} = 4.106,$$

从而可知 μ 的置信度为 90%的置信区间为 $(181.89, 190.11)$.

(2) 由于 σ 的置信度为 $1-\alpha$ 的置信区间为

$$\left(\sqrt{\frac{(n-1)S^2}{\chi_{\frac{\alpha}{2}}^2(n-1)}}, \sqrt{\frac{(n-1)S^2}{\chi_{1-\frac{\alpha}{2}}^2(n-1)}}\right),$$

查表得 $\chi_{0.05}^2(25-1) = 36.42$,$\chi_{0.95}^2(25-1) = 13.85$,计算得置信下限为 $\sqrt{\dfrac{24 \times 12^2}{36.42}} = 9.74$,置信上限为 $\sqrt{\dfrac{24 \times 12^2}{13.85}} = 15.80$,从而知 σ 的置信度为 90%的置信区间为 $(9.74, 15.80)$.

例 7.17 随着新技术的发展,脚踏平衡电动车这个新型商品进入了人们的生活,为了安全,需要了解它的最大速度情况.设某型号脚踏平衡电动车最大速度服从正态分布 $N(20, \sigma^2)$,现随机的抽取 6 辆该型号脚踏平衡电动车进行最大速度试验,结果为(单位:km/h):

$$20.1, 19.6, 19.9, 20.2, 19.8, 20.3.$$

试求该型号脚踏平衡电动车最大速度标准差 σ 的置信度为 95%的置信区间.

解 由题意知,$n = 6$,$\mu = 20$,计算得

$$\sum_{i=1}^{n}(x_i - \mu)^2 = \sum_{i=1}^{6}(x_i - 20)^2 = 0.35.$$

对给定的置信度为 $1-\alpha = 95\%$,得 $\alpha = 0.05$,查 χ^2 分布表得

$$\chi_{0.025}^2(6) = 14.440, \quad \chi_{0.975}^2(6) = 1.237,$$

从而

$$\sqrt{\frac{\sum_{i=1}^{n}(x_i - \mu)^2}{\chi_{\frac{\alpha}{2}}^2(n)}} = \sqrt{\frac{0.35}{14.440}} = 0.156,$$

$$\sqrt{\frac{\sum_{i=1}^{n}(x_i - \mu)^2}{\chi_{1-\frac{\alpha}{2}}^2(n)}} = \sqrt{\frac{0.35}{1.237}} = 0.532,$$

所以,该型号脚踏平衡电动车最大速度 σ 的置信度为 95% 的置信区间为 $(0.15,0.53)$.

3. 单侧置信区间

前面讨论的置信区间的置信上限和置信下限都是有限的,这种置信区间又称作**双侧置信区间**.在实际问题中,有时我们所关心的只是未知参数的"下限"或者"上限".例如,对于设备、元件的寿命来说,我们关心的只是平均寿命的"下限".相反,在考虑产品的废品率 p 时,我们常关心参数 p 的"上限",这就引出了单侧置信区间的概念.

定义 7.8 设总体 X 的分布中含有未知参数 θ,$X_1,X_2,\cdots,X_n$ 是取自总体 X 的一组样本,对给定的实数 $\alpha(0<\alpha<1)$,若存在估计量 $\underline{\theta}=\underline{\theta}(X_1,X_2,\cdots,X_n)$,使得 $P\{\underline{\theta}<\theta\}=1-\alpha$,则称随机区间 $(\underline{\theta},+\infty)$ 是 θ 的置信度为 $1-\alpha$ 的**单侧置信区间**,$\underline{\theta}$ 称为 θ 的置信度为 $1-\alpha$ 的**单侧置信下限**.

若存在估计量 $\overline{\theta}=\overline{\theta}(X_1,X_2,\cdots,X_n)$,使得 $P\{\theta<\overline{\theta}\}=1-\alpha$,则称随机区间 $(-\infty,\overline{\theta})$ 是 θ 的置信度为 $1-\alpha$ 的**单侧置信区间**,$\overline{\theta}$ 称为 θ 的置信度为 $1-\alpha$ 的**单侧置信上限**.

单侧置信区间的求法与双侧置信区间的求法相同.例如,设 $X_1,X_2,\cdots,X_n$ 为来自正态总体 X 的一组样本,$X\sim N(\mu,\sigma^2)$,其中 σ^2 已知,μ 未知,利用统计量 $U=\dfrac{\overline{X}-\mu}{\sigma/\sqrt{n}}\sim N(0,1)$,构造 $P\{U\leqslant u_\alpha\}=1-\alpha$,即

$$P\left\{\frac{\overline{X}-\mu}{\sigma/\sqrt{n}}\leqslant u_\alpha\right\}=1-\alpha,$$

进行恒等变形得

$$P\left\{\mu\geqslant\overline{X}-u_\alpha\frac{\sigma}{\sqrt{n}}\right\}=1-\alpha,$$

从而可得 μ 的置信度为 $1-\alpha$ 单侧置信下限为 $\underline{\mu}=\overline{X}-u_\alpha\dfrac{\sigma}{\sqrt{n}}$.

通过以上讨论可知,在求正态总体参数的单侧置信上限或下限时,可以通过正态总体参数的双侧置信区间公式,将其中的 $\dfrac{\alpha}{2}$ 换成 α,就可以得到相应的单侧置信上限或下限.后面的两个正态总体的情况也是这样.

例 7.18 已知某种建筑材料的剪力强度 $X\sim N(\mu,\sigma^2)$,现对该种建筑材料做了 46 次剪力测试,测得样本均值 $\overline{x}=17.17$ N/mm²,样本标准差 $s=3.28$ N/mm²,求剪力强度平均值 μ 的置信度为 0.95 的单侧置信下限.

解 由于 σ^2 未知,根据双侧置信区间公式,可得单侧置信下限为

$$\underline{\mu}=\overline{X}-t_\alpha(n-1)\frac{S}{\sqrt{n}},$$

又由题意可知,$\alpha = 0.05$, $\bar{x} = 17.17$ N/mm^2, $s = 3.28$ N/mm^2, $n = 46$, 查表得,$t_\alpha(n-1) = t_{0.05}(45) = 1.6794$,故 $\underline{\mu} = \bar{x} - t_{0.05}(45)\dfrac{s}{\sqrt{46}} = 16.36$,即剪力强度平均值 μ 的置信度为 0.95 的单侧置信下限是 16.36.

7.2.2 两个正态总体参数的区间估计

在实际问题中,常常需要对两个正态总体进行比较.例如,某产品的某项质量指标 X 服从正态分布 $N(\mu, \sigma^2)$,由于技术的改进、设备的更新、原料产地的不同或操作人员的调换等因素,将会引起总体均值 μ 和方差 σ^2 的变化.要掌握这种变化的大小,需要研究两个正态总体的均值差或方差比.

设总体 $X \sim N(\mu_1, \sigma_1^2)$, $Y \sim N(\mu_2, \sigma_2^2)$,从总体 X 中抽取容量为 n_1 的样本 $X_1, X_2, \cdots, X_{n_1}$, $\bar{X} = \dfrac{1}{n_1}\sum\limits_{i=1}^{n_1} X_i$, $S_1^2 = \dfrac{1}{n_1-1}\sum\limits_{i=1}^{n_1}(X_i - \bar{X})^2$ 分别表示总体 X 的样本均值和样本方差;从总体 Y 中抽取容量为 n_2 的样本 $Y_1, Y_2, \cdots, Y_{n_2}$, $\bar{Y} = \dfrac{1}{n_2}\sum\limits_{i=1}^{n_2} Y_i$, $S_2^2 = \dfrac{1}{n_2-1}\sum\limits_{i=1}^{n_2}(Y_i - \bar{Y})^2$ 分别是 Y 的样本均值与样本方差.

1. 已知 σ_1^2 和 σ_2^2,求 $\mu_1 - \mu_2$ 的置信区间

由 $\bar{X} \sim N\left(\mu_1, \dfrac{\sigma_1^2}{n_1}\right)$, $\bar{Y} \sim N\left(\mu_2, \dfrac{\sigma_2^2}{n_2}\right)$ 知 $\bar{X} - \bar{Y} \sim N\left(\mu_1 - \mu_2, \dfrac{\sigma_1^2}{n_1} + \dfrac{\sigma_2^2}{n_2}\right)$,故构造统计量

$$U = \frac{(\bar{X} - \bar{Y}) - (\mu_1 - \mu_2)}{\sqrt{\dfrac{\sigma_1^2}{n_1} + \dfrac{\sigma_2^2}{n_2}}} \sim N(0, 1).$$

对给定的置信度为 $1-\alpha(0<\alpha<1)$,查标准正态分布表得 $u_{\frac{\alpha}{2}}$,使其满足 $P\{\,|U| < u_{\frac{\alpha}{2}}\} = 1-\alpha$,从而推出

$$P\left\{-u_{\frac{\alpha}{2}} < \frac{(\bar{X} - \bar{Y}) - (\mu_1 - \mu_2)}{\sqrt{\dfrac{\sigma_1^2}{n_1} + \dfrac{\sigma_2^2}{n_2}}} < u_{\frac{\alpha}{2}}\right\} = 1-\alpha,$$

由此得到 $\mu_1 - \mu_2$ 的置信度为 $1-\alpha$ 的置信区间为

$$\left(\,(\bar{X} - \bar{Y}) - u_{\frac{\alpha}{2}}\sqrt{\dfrac{\sigma_1^2}{n_1} + \dfrac{\sigma_2^2}{n_2}}\,,\ (\bar{X} - \bar{Y}) + u_{\frac{\alpha}{2}}\sqrt{\dfrac{\sigma_1^2}{n_1} + \dfrac{\sigma_2^2}{n_2}}\,\right).$$

例 7.19 目前,被国际上列入 21 世纪重点研究开发的高新技术领域包括信息技术、生物技术、新材料技术、新工艺技术、新能源技术、空间技术和海洋技术等,其中新工艺技术对我国

某纺织集团的影响是多方面的.现考察工艺改革前后所纺纱的断裂强度的变化大小,分别从改革前后所纺纱中抽取容量为 80 和 70 的样本进行测试,经计算分别得 $\bar{x}=5.32, \bar{y}=5.76$,假定改革前后纱线断裂强度分别服从正态分布,其方差分别为 $\sigma_1^2=2.18^2$ 和 $\sigma_2^2=1.76^2$,试估计改革前后纱线平均断裂强度之差的置信度为 95% 的置信区间.

解　由题意知,$\bar{x}=5.32, \bar{y}=5.76, \alpha=0.05, \sigma_1^2=2.18^2, \sigma_2^2=1.76^2, n_1=80, n_2=70$,查标准正态分布表得 $u_{0.025}=1.96$,且

$$\bar{x}-\bar{y}-u_{\frac{\alpha}{2}}\sqrt{\frac{\sigma_1^2}{n_1}+\frac{\sigma_2^2}{n_2}}=-1.071, \quad \bar{x}-\bar{y}+u_{\frac{\alpha}{2}}\sqrt{\frac{\sigma_1^2}{n_1}+\frac{\sigma_2^2}{n_2}}=0.191,$$

故所求置信度为 95% 的置信区间为 $(-1.071, 0.191)$.

2. $\sigma_1^2=\sigma_2^2=\sigma^2$,但 σ^2 未知,求 $\mu_1-\mu_2$ 的置信区间

为充分利用两样本所包含的方差 σ^2 的信息,我们通常取

$$S_w^2=\frac{(n_1-1)S_1^2+(n_2-1)S_2^2}{n_1+n_2-2},$$

作为 σ^2 的估计,称 S_w^2 为 X 与 Y 的**联合样本方差**.

构造统计量

$$T=\frac{(\bar{X}-\bar{Y})-(\mu_1-\mu_2)}{\sqrt{S_w^2\left(\frac{1}{n_1}+\frac{1}{n_2}\right)}}\sim t(n_1+n_2-2),$$

对置信度为 $1-\alpha$,查 t 分布表得 $t_{\frac{\alpha}{2}}(n_1+n_2-2)$,使其满足概率等式

$$P\{|T|<t_{\frac{\alpha}{2}}(n_1+n_2-2)\}=1-\alpha,$$

从而得到 $\mu_1-\mu_2$ 的置信度为 $1-\alpha$ 的置信区间为

$$\left((\bar{X}-\bar{Y})-t_{\frac{\alpha}{2}}(n_1+n_2-2)\sqrt{S_w^2\left(\frac{1}{n_1}+\frac{1}{n_2}\right)}, (\bar{X}-\bar{Y})+t_{\frac{\alpha}{2}}(n_1+n_2-2)\sqrt{S_w^2\left(\frac{1}{n_1}+\frac{1}{n_2}\right)}\right).$$

例 7.20　为进一步研究不同城市居民的生活水平对身高的影响,某大学的研究团队从 2019 年在 A,B 两城市招收的新生中,分别抽查 5 名男生和 6 名男生,测得其身高(单位:cm)如下:

A 城市:172,178,180.5,174,175.

B 城市:174,171,176.5,168,172.5,170.

设这两城市学生的身高分别服从正态分布 $N(\mu_1,\sigma_1^2)$ 和 $N(\mu_2,\sigma_2^2)$,试求 $\mu_1-\mu_2$ 的置信度为 95% 的置信区间.

解 由题意可得 $\bar{x}_1 = 175.9, \bar{x}_2 = 172, \bar{x}_1 - \bar{x}_2 = 3.9, s_1^2 = \dfrac{45.2}{4}, s_2^2 = \dfrac{45.5}{5}, s_w = \sqrt{\dfrac{45.2 + 45.5}{5 + 6 - 2}} =$

3.17,对于给定的 $\alpha = 0.05$,查自由度为 9 的 t 分布的上侧分位数表得 $t_{0.025}(9) = 2.262\,2$,从而可得 $\mu_1 - \mu_2$ 的置信度为 95% 的置信区间为 $(-0.44, 8.24)$.

3. 方差比 $\dfrac{\sigma_1^2}{\sigma_2^2}$ 的置信区间

构造统计量 $F = \dfrac{S_1^2/\sigma_1^2}{S_2^2/\sigma_2^2} \sim F(n_1 - 1, n_2 - 1)$,对于给定的置信度 $1 - \alpha$,查 F 分布表,得 $F_{\frac{\alpha}{2}}(n_1 - 1,$ $n_2 - 1), F_{1-\frac{\alpha}{2}}(n_1 - 1, n_2 - 1)$,使其满足

$$P\left\{ F_{1-\frac{\alpha}{2}}(n_1 - 1, n_2 - 1) < F < F_{\frac{\alpha}{2}}(n_1 - 1, n_2 - 1) \right\} = 1 - \alpha,$$

即

$$P\left\{ \frac{S_1^2}{S_2^2} \cdot \frac{1}{F_{\frac{\alpha}{2}}(n_1 - 1, n_2 - 1)} < \frac{\sigma_1^2}{\sigma_2^2} < \frac{S_1^2}{S_2^2} \cdot \frac{1}{F_{1-\frac{\alpha}{2}}(n_1 - 1, n_2 - 1)} \right\} = 1 - \alpha,$$

故 $\dfrac{\sigma_1^2}{\sigma_2^2}$ 的置信度为 $1 - \alpha$ 的置信区间为

$$\left(\frac{S_1^2}{S_2^2} \cdot \frac{1}{F_{\frac{\alpha}{2}}(n_1 - 1, n_2 - 1)}, \frac{S_1^2}{S_2^2} \cdot \frac{1}{F_{1-\frac{\alpha}{2}}(n_1 - 1, n_2 - 1)} \right).$$

通常在 F 分布表中,只对较小的 α 列出相应的分位数,对于较大的 α(接近于 1),我们可以根据下面公式计算出 $F_{1-\alpha}(n_1 - 1, n_2 - 1)$.

$$F_{1-\alpha}(n_1 - 1, n_2 - 1) = \frac{1}{F_{\alpha}(n_2 - 1, n_1 - 1)}.$$

例 7.21 某食品生产车间有两条生产线生产同一种玉米淀粉,玉米淀粉的质量指标可认为服从正态分布,现分别从两条生产线的产品中抽取容量为 25 和 21 的样本,并且样本方差分别为 7.89 和 5.07,求玉米淀粉质量指标方差比的置信度为 95% 的置信区间.

解 由题意知,$n_1 = 25, n_2 = 21, s_1^2 = 7.89, s_2^2 = 5.07$. 由给定的置信度 $1 - \alpha = 0.95$,得 $\alpha = 0.05$,查 F 分布表,得 $F_{0.025}(20, 24) = 2.33$. 由公式

$$F_{1-\frac{\alpha}{2}}(n_1 - 1, n_2 - 1) = \frac{1}{F_{\frac{\alpha}{2}}(n_2 - 1, n_1 - 1)} = \frac{1}{F_{0.025}(24, 20)} = \frac{1}{2.33} = 0.43,$$

故 $\dfrac{\sigma_1^2}{\sigma_2^2}$ 的置信度为 $1 - \alpha$ 的置信区间为

$$\left(\frac{S_1^2}{S_2^2} \cdot \frac{1}{F_{\frac{\alpha}{2}}(n_1 - 1, n_2 - 1)}, \frac{S_1^2}{S_2^2} \cdot \frac{1}{F_{1-\frac{\alpha}{2}}(n_1 - 1, n_2 - 1)} \right)$$

$$= \left(\frac{7.89}{5.07} \times \frac{1}{2.33}, \frac{7.89}{5.07} \times \frac{1}{0.43} \right)$$

$$= (0.668, 3.619).$$

7.2.3 大样本区间估计

设有总体 $X \sim f(x; \theta)$，且 $E(X) = \mu, D(X) = \sigma^2, X_1, X_2, \cdots, X_n$ 为来自总体 X 的一组样本.在大样本的情况下（一般当 $n \geq 50$ 时），由中心极限定理知

$$P \left\{ \frac{\sum\limits_{i=1}^{n} X_i - n\mu}{\sigma \sqrt{n}} \leq x \right\} \xrightarrow{P} \int_{-\infty}^{x} \frac{1}{\sqrt{2\pi}} e^{-\frac{y^2}{2}} dy,$$

即 $U = \dfrac{\overline{X} - \mu}{\sigma / \sqrt{n}} \sim N(0,1)$.所以，当 n 充分大时，可类似于正态分布的情况，对非正态总体的未知参数 μ 作区间估计.对给定的置信度 $1 - \alpha (0 < \alpha < 1)$，查标准正态分布表，有 $u_{\frac{\alpha}{2}}$ 满足 $P\{ |U| < u_{\frac{\alpha}{2}} \} = 1 - \alpha$，从而 μ 的置信度为 $1 - \alpha$ 的置信区间为

$$\left(\overline{X} - u_{\frac{\alpha}{2}} \sqrt{\frac{\sigma^2}{n}}, \overline{X} + u_{\frac{\alpha}{2}} \sqrt{\frac{\sigma^2}{n}} \right).$$

另外，当总体方差 σ^2 未知时，用样本方差 S^2 代替 σ^2 即可.

例 7.22 目前为止，通信领域最先进的技术是 5G 移动通信技术，但 4G 移动通信技术仍被广泛使用.为了调查在某一指定时间段内某地区使用 5G 移动通信业务的用户所占的比例，随机地调查了该地区的 400 名居民，发现其中有 108 名居民在使用 5G 移动通信业务.试求该地区居民使用 5G 移动通信业务率 p 的置信度为 95% 的置信区间.

解 显然，总体 X 服从 (0-1) 分布（也称总体 X 服从 $B(1, 0.27)$），即 $\mu = \overline{x} = \dfrac{108}{400} = 0.27$，$\sigma^2 = 1 \times 0.27 \times (1 - 0.27) = 0.27 \times 0.73$.

在大样本的情况下（一般当 $n \geq 50$ 时），由中心极限定理知，总体 X 近似服从 $N(0,1)$.再由以上结果知，p 的置信度为 $1 - \alpha$ 的置信区间为

$$\left(\overline{X} - u_{\frac{\alpha}{2}} \sqrt{\frac{\sigma^2}{n}}, \overline{X} + u_{\frac{\alpha}{2}} \sqrt{\frac{\sigma^2}{n}} \right).$$

由题意知，$n = 400, \overline{x} = \dfrac{108}{400} = 0.27, \alpha = 0.05, u_{0.025} = 1.96$，故所求区间为

$$(0.27 - 1.96 \times \sqrt{0.27 \times 0.73 / 400}, 0.27 + 1.96 \times \sqrt{0.27 \times 0.73 / 400}),$$

即居民使用 5G 移动通信业务率 p 的 95% 置信区间为 $(0.2265, 0.3135)$.

例 7.23 某研究所新研究开发了某类设备所需的关键部件,现无法确定此部件的连续使用寿命 X(单位:kh)所服从的分布类型.现通过加速失败检验法,测试 100 个此类部件的连续使用寿命,测得样本平均值为 $\bar{x} = 17.84$,样本标准差为 $s = 1.25$,试由试验结果求 μ 的置信度为 99% 的近似置信区间.

解 由题意知,$\bar{x} = 17.84, s = 1.25, n = 100, \alpha = 0.01$,查标准正态分布表得 $u_{\frac{\alpha}{2}} = 2.576$.计算可得

$$\bar{x} \pm u_{\frac{\alpha}{2}} \frac{s}{\sqrt{n}} = 17.84 \pm 0.32,$$

故 μ 的置信度为 99% 的近似置信区间为 $(17.52, 18.16)$.

习 题 7.2

基 础 题

1. 已知某奶粉企业生产的某品牌奶粉的每桶奶粉净含量 X(单位:g)服从正态分布 $N(\mu, 5^2)$.现从一批桶装奶粉中随机抽取 15 桶,经过测量得到它们的平均净含量为 446 g,试求每桶奶粉平均净含量 μ 的置信度为 95% 的置信区间.

2. 已知成年人的脉搏 X(单位:次/min)服从正态分布 $N(\mu, \sigma^2)$,现从一群成年人中随意的抽取 10 人,测得其脉搏分别为

$$68, 69, 72, 73, 66, 70, 69, 71, 74, 68.$$

试求成年人的平均脉搏 μ 的置信度为 90% 的置信区间.

3. 已知某种型号飞机的最大飞行速度 X(单位:m/s)服从正态分布 $N(\mu, \sigma^2)$,飞机独立飞行试验 8 次,测得其最大飞行速度分别为

$$422, 425, 418, 420, 425, 425, 431, 434.$$

试求最大飞行速度的方差 σ^2 的置信度为 95% 的置信区间.

4. 已知某种工艺生产的金属纤维的长度 $X \sim N(\mu, \sigma^2)$,现抽取了 15 根纤维测得平均长度为 $\bar{x} = 5.4$,样本方差为 $s^2 = 0.16$.试求 μ 与 σ 的置信度为 95% 的置信区间.

5. 已知某企业生产的某种型号 LED 灯的灯芯使用寿命 $X \sim N(\mu, \sigma^2)$,今从刚生产的一批该型号产品中随机抽取 6 个,测得使用寿命(单位:kh)为:

$$15.6, 16.0, 14.9, 15.5, 14.8, 15.3.$$

求:(1) 寿命均值 μ 的置信度为 95% 的单侧置信下限;(2) 寿命方差 σ^2 的置信度为 95% 的单侧置信上限.

6. 现调查某地区 2021 年分行业职工平均工资情况:已知卫生、体育、社会福利事业职工工资

$X \sim N(\mu_1, \sigma_1^2)$，$\sigma_1^2 = 218^2$，从总体 X 中调查 25 人，平均工资为 7 286 元；文教、艺术、广播事业职工工资 $Y \sim N(\mu_2, \sigma_2^2)$，$\sigma_2^2 = 227^2$，从总体 Y 中调查 30 人，平均工资为 7 272 元，求这两大类行业职工平均工资之差 $\mu_1 - \mu_2$ 的置信区间（$\alpha = 0.01$）.

7. 某工厂用两台机床加工同一种零件，今分别从它们加工的零件中抽取 6 个和 9 个测其长度（单位：cm），算得样本方差为 $s_1^2 = 0.245$，$s_2^2 = 0.357$，设两台机床加工零件的长度都服从正态分布，试求两个总体方差之比 σ_1^2 / σ_2^2 的置信区间（$\alpha = 0.05$）.

提 高 题

1. 设总体 $X \sim N(\mu, 36)$，$X_1, X_2, \cdots, X_n$ 为来自总体 X 的一组样本，欲使 μ 的置信度为 $1-\alpha$ 的置信区间的长度 L 不超过 2，则样本容量 n 至少应取多少（$\alpha = 0.05$）？

2. 设总体 $X \sim N(\mu, 8)$，$X_1, X_2, \cdots, X_n$ 为来自总体 X 的一组样本，如果将 $(\bar{X} - 1, \bar{X} + 1)$ 作为 μ 的置信区间，求当 $n = 36$ 时，置信度为多少？

3. 设总体 $X \sim N(\mu, \sigma^2)$，其中 μ 已知，则参数 σ^2 的置信度为 $1-\alpha$ 的置信区间长度 L 的数学期望是多少？

4. 设总体 X 有一组样本值 $0.50, 0.80, 1.25, 2.00$. 设 $Y = \ln X$，$Y \sim N(\mu, 1)$. 求：（1）$E(X)$；（2）μ 的置信度为 95% 的置信区间；（3）$E(X)$ 的置信度为 95% 的置信区间.

习题 7.2 提高题
第 3 题讲解

5. 某灌装车间利用两条自动化流水线灌装某品牌低糖饮品，今需测量含糖量（每 500 ml 的含糖量，单位：g），现分别从两条流水线上抽取容量为 $n_1 = 12$ 和 $n_2 = 17$ 的两组样本，计算得到样本均值 $\bar{x} = 10.6$，$\bar{y} = 9.5$，样本方差 $s_1^2 = 2.4$，$s_2^2 = 4.7$. 假设两条自动化流水线灌装的某品牌低糖饮品的含糖量分别服从正态分布 $N_1(\mu_1, \sigma_1^2)$ 和 $N_2(\mu_2, \sigma_2^2)$，且两组样本相互独立. 求：（1）当 $\sigma_1^2 = \sigma_2^2$ 未知时，两总体均值之差 $\mu_1 - \mu_2$ 的置信度为 95% 的置信区间；（2）当 μ_1, μ_2 未知时，两总体方差之比 σ_1^2 / σ_2^2 的置信度为 95% 的置信区间.

§7.3 综合应用

从德国数学家高斯在 18 世纪末首先提出参数估计的方法，到现在随着计算机技术的广泛应用，参数估计更是得到了飞速发展. 下面略举几例.

例 7.24 某城市的一个大型游乐园为合理配备安保系统，需了解游客人数的分布情况. 由经验可知，从每年 3 月 1 日开始到第二年的 3 月 1 日的 52 周的每周游客总人数 X（单位：万人）服从正态分布 $N(\mu, \sigma^2)$. 现有最近 52 周的样本数据如下：

9.34,16.11,10.94,9.75,10.72,8.9,8.01,18.97,17.11,12.69,7.56,8.84,11.1,14.28,

7.31,4.04,6.93,12.77,12.96,13.16,11.25,12.28,10.12,14.51,7.21,13.17,8.9,10.58,

13.49,15.09,8.01,15.82,13.85,11.46,1.04,10.97,10.69,1.76,11.85,14.39,16.69,

13.21,10.99,13.73,12.28,8.3,14.79,12.69,12.12,13.37,12.54,8.59.

（1）请根据此数据估计参数 μ,σ^2；

（2）假设 $\sigma^2 = 10.5$，能否根据这 52 周的样本数据给出参数 μ 的估计区间，并且这个区间能达到要求的可信度吗？

解 （1）由于 $X \sim N(\mu,\sigma^2)$，故 X 的概率密度为

$$f(x;\mu,\sigma^2) = \frac{1}{\sqrt{2\pi}\sigma} e^{-\frac{1}{2\sigma^2}(x-\mu)^2}, \quad -\infty < x < +\infty,$$

似然函数为

$$L(x_1,x_2,\cdots,x_n;\mu,\sigma^2) = \left(\frac{1}{\sqrt{2\pi}\sigma}\right)^n \prod_{i=1}^{n} e^{-\frac{1}{2\sigma^2}(x_i-\mu)^2},$$

$$\ln L(x_1,x_2,\cdots,x_n;\mu,\sigma^2) = -\frac{n}{2}\ln(2\pi\sigma^2) - \frac{1}{2\sigma^2}\sum_{i=1}^{n}(x_i-\mu)^2,$$

令 $\delta = \sigma^2$，且

$$\begin{cases} \dfrac{\partial \ln L}{\partial \mu} = \dfrac{1}{\delta}\sum_{i=1}^{n}(x_i - \mu) = 0, \\ \dfrac{\partial \ln L}{\partial \delta} = -\dfrac{n}{2\delta} + \dfrac{1}{2\delta^2}\sum_{i=1}^{n}(x_i - \mu)^2 = 0. \end{cases}$$

解得 $\hat{\mu} = \dfrac{1}{n}\sum_{i=1}^{n} x_i = \bar{x}$，$\widehat{\sigma^2} = \dfrac{1}{n}\sum_{i=1}^{n}(x_i-\bar{x})^2$，代入具体样本观测值可得 μ 和 σ^2 的最大似然估计值为

$$\hat{\mu} = \frac{1}{52}\sum_{i=1}^{52} x_i = 11.68, \quad \widehat{\sigma^2} = \frac{1}{52}\sum_{i=1}^{52}(x_i-\bar{x})^2 = 8.67.$$

（2）根据题意可构造统计量

$$U = \frac{\bar{X}-\mu}{\sigma/\sqrt{n}} \sim N(0,1),$$

对于给定的置信度 $1-\alpha(0<\alpha<1)$，由标准正态分布表可得 $u_{\frac{\alpha}{2}}$，这时有

$$P\{|U| < u_{\frac{\alpha}{2}}\} = 1-\alpha,$$

亦即 $P\left\{\left|\dfrac{\bar{X}-\mu}{\sigma/\sqrt{n}}\right| < u_{\frac{\alpha}{2}}\right\} = 1-\alpha.$ 由此推得

$$P\left\{\ |\ \overline{X}-\mu\ | <u_{\frac{\alpha}{2}}\frac{\sigma}{\sqrt{n}}\right\}=1-\alpha,$$

即

$$P\left\{\overline{X}-u_{\frac{\alpha}{2}}\frac{\sigma}{\sqrt{n}}<\mu<\overline{X}+u_{\frac{\alpha}{2}}\frac{\sigma}{\sqrt{n}}\right\}=1-\alpha,$$

所以 μ 的置信度为 $1-\alpha$ 的置信区间为 $\left(\overline{X}-u_{\frac{\alpha}{2}}\frac{\sigma}{\sqrt{n}},\overline{X}+u_{\frac{\alpha}{2}}\frac{\sigma}{\sqrt{n}}\right)$. 代入数据 $\sigma^2=10.5$, $\bar{x}=\frac{1}{52}\sum\limits_{i=1}^{52}x_i=$ 11.68, 如果要求区间的置信度是 95%, 查标准正态分布表可得 $u_{0.025}=1.96$, 所以 μ 的置信度为 95% 的置信区间为 $(10.80,12.56)$.

例 7.25 我国的"十四五"规划重点纳入了人工智能.规划提出要以数字化转型整体驱动生产方式、生活方式和治理方式变革,充分发挥海量数据和丰富应用场景优势,实施"上云用数赋智"行动,促进数字技术与实体经济深度融合.智能(语音识别)机器人将会融入我们的生活中.某生产企业为了考察某品牌的智能(语音识别)机器人性能,测试其中文语音识别的准确率,记为 X(单位:%),下面是随机抽查 20 台机器人中文语音识别的准确率数据:

94.02,95.76,93.71,96.12,94.03,95.93,95.55,92.24,94.00,96.38,97.22,95.11,93.55,96.44,97.83,94.85,91.93,95.37,94.21,92.32.

假设识别准确率服从 $N(\mu,\sigma^2)$,请按以下条件估计参数(置信度为 95%),

(1) 如果已知方差 $\sigma^2=1.4^2$,求参数 μ 的置信区间;

(2) 如果方差 σ^2 未知,求参数 μ 的置信区间;

(3) 求参数 σ^2 的置信区间.

解 由样本数据容易计算得 $\bar{x}=94.83$, $s^2=2.68$.

(1) 选取统计量 $U=\dfrac{\overline{X}-\mu}{\sigma/\sqrt{n}}\sim N(0,1)$,则 μ 的置信度为 $1-\alpha$ 的置信区间为 $\left(\overline{X}-u_{\frac{\alpha}{2}}\dfrac{\sigma}{\sqrt{n}},\overline{X}+u_{\frac{\alpha}{2}}\dfrac{\sigma}{\sqrt{n}}\right)$,其中 $n=20$, $\alpha=0.05$,查表得 $u_{0.025}=1.96$,故 μ 的置信度为 95% 的置信区间为 $(94.22,95.44)$.

(2) 选取统计量 $T=\dfrac{\overline{X}-\mu}{S/\sqrt{n}}\sim t(n-1)$,则 μ 的置信度为 $1-\alpha$ 的置信区间为 $\left(\overline{X}-t_{\frac{\alpha}{2}}(n-1)\dfrac{S}{\sqrt{n}},\overline{X}+t_{\frac{\alpha}{2}}(n-1)\dfrac{S}{\sqrt{n}}\right)$,其中 $n=20$, $\alpha=0.05$,查表得 $t_{0.025}(19)=2.093$,故 μ 的置信度为 95% 的置信区间为 $(94.064,95.596)$.

（3）选取统计量 $\chi^2 = \dfrac{(n-1)S^2}{\sigma^2} \sim \chi^2(n-1)$，则 σ^2 的置信度为 $1-\alpha$ 的置信区间为

$\left(\dfrac{(n-1)S^2}{\chi^2_{\frac{\alpha}{2}}(n-1)}, \dfrac{(n-1)S^2}{\chi^2_{1-\frac{\alpha}{2}}(n-1)} \right)$，查表得 $\chi^2_{0.025}(19) = 32.852, \chi^2_{0.975}(19) = 8.907$，故 σ^2 的置信度为 95%

的置信区间为 $(1.556, 5.738)$．

例 7.26 随着我国对半导体芯片需求量的持续提高，芯片短缺问题日益严峻．芯片产品的国产化替代及生产核心技术突破已经成为各方面共同关注的重要话题．国务院发布数据显示，中国芯片自给率要在 2025 年达到 70%．某高科技企业对某款手机使用了自主研发的芯片，使用自主研发芯片的手机为型号 II，使用进口芯片的手机为型号 I．为考察使用不同芯片手机的效果，对两种型号手机的综合性能指标（跑分）进行了随机抽样，测得跑分数据（单位：万分）如下：

型号 I：20.51，32.17，27.94，23.83，31.91，20.2，26.31，25.78，27.91，27.89．

型号 II：28.43，32.54，27.4，29.86，28.47，23.83，26.52，21.66，29.2，20.04，20.39．

根据对各方面的综合因素的评估，认为这两种型号手机的跑分都服从正态分布，并且假设型号 I 手机的跑分 $X \sim N(\mu_1, \sigma_1^2)$，型号 II 手机的跑分 $Y \sim N(\mu_2, \sigma_2^2)$，请根据下列要求，为该企业估计其中的参数．

（1）如果 $\sigma_1^2 = \sigma_2^2$，求两种型号手机的跑分均值差 $\mu_1 - \mu_2$ 的置信度为 95% 的置信区间；

（2）如果没有关于方差的任何已知信息，求方差比 $\dfrac{\sigma_1^2}{\sigma_2^2}$ 的置信度为 95% 的置信区间．

解 由样本数据计算得型号 I 的样本均值和方差分别为 $\bar{x} = 26.45, s_1^2 = 16.74$；型号 II 的样本均值和方差分别为 $\bar{y} = 27.54, s_2^2 = 42.98$．

（1）选取统计量

$$T = \dfrac{(\bar{X} - \bar{Y}) - (\mu_1 - \mu_2)}{\sqrt{S_w^2 \left(\dfrac{1}{n_1} + \dfrac{1}{n_2} \right)}} \sim t(n_1 + n_2 - 2),$$

则 $\mu_1 - \mu_2$ 的置信度为 $1-\alpha$ 的置信区间为

$$\left((\bar{X} - \bar{Y}) - t_{\frac{\alpha}{2}}(n_1 + n_2 - 2) \sqrt{S_w^2 \left(\dfrac{1}{n_1} + \dfrac{1}{n_2} \right)}, (\bar{X} - \bar{Y}) + t_{\frac{\alpha}{2}}(n_1 + n_2 - 2) \sqrt{S_w^2 \left(\dfrac{1}{n_1} + \dfrac{1}{n_2} \right)} \right),$$

其中 $n_1 = 10, n_2 = 11, \alpha = 0.05$，查表得 $t_{0.025}(19) = 2.093$，计算得 $s_w^2 = \dfrac{9 \times 16.74 + 10 \times 42.98}{10 + 11 - 2} = 30.5505$，故

$\mu_1 - \mu_2$ 的置信度为 95% 的置信区间为 $(-6.155, 3.975)$．

（2）选取统计量

$$F = \dfrac{S_1^2 / \sigma_1^2}{S_2^2 / \sigma_2^2} \sim F(n_1 - 1, n_2 - 1),$$

则 $\dfrac{\sigma_1^2}{\sigma_2^2}$ 的置信度为 $1-\alpha$ 的置信区间为

$$\left(\frac{S_1^2}{S_2^2}\cdot\frac{1}{F_{\frac{\alpha}{2}}(n_1-1,n_2-1)},\frac{S_1^2}{S_2^2}\cdot\frac{1}{F_{1-\frac{\alpha}{2}}(n_1-1,n_2-1)}\right),$$

其中 $n_1=10,n_2=11,\alpha=0.05,F_{0.975}(9,10)=\dfrac{1}{F_{0.025}(10,9)}$,查表得 $F_{0.025}(10,9)=3.96,F_{0.025}(9,$

$10)=3.78$,故 $\dfrac{\sigma_1^2}{\sigma_2^2}$ 的置信度为 95% 的置信区间为 $(0.103,1.542)$.

例 7.27 药物的半衰期是药物代谢动力学中一个十分重要且基本的参数,它表示药物在体内的时间与血药浓度之间的关系,它是决定给药剂量和次数的主要依据.为了应对某种疾病给人类带来的伤害,尤其是对老年人带来的伤害,现在需要对 65 岁以上的人进行测试.今假定某种药物在 65 岁以上的人群中的半衰期 $X\sim N(\mu,\sigma^2)$,下面是 10 名 65 岁以上的患者的测试结果(单位:h):

$$12.3,12.7,11.1,12.4,11.4,13.0,11.8,13.5,12.2,11.0.$$

(1)请根据该抽样结果估计 μ 的置信度为 95% 的单侧置信下限;

(2)请估计 σ^2 的置信度为 95% 的单侧置信上限.

解 由题意可计算得:样本均值 $\bar{x}=12.14$,样本方差 $s^2=0.6716$.

(1)选取统计量 $T=\dfrac{\bar{X}-\mu}{S/\sqrt{n}}\sim t(n-1)$,则 μ 的置信度为 $1-\alpha$ 的单侧置信区间为

$\left(\bar{X}-t_\alpha(n-1)\dfrac{S}{\sqrt{n}},+\infty\right)$,其中 $n=10,\alpha=0.05$,查表得 $t_{0.05}(9)=1.8331$,故 μ 的置信度为 95% 的

单侧置信下限为 11.67,单侧置信区间是 $(11.665,+\infty)$.

(2)选取统计量 $\chi^2=\dfrac{(n-1)S^2}{\sigma^2}\sim\chi^2(n-1)$,则 σ^2 的 $1-\alpha$ 单侧置信区间为 $\left(-\infty,\dfrac{(n-1)S^2}{\chi_{1-\alpha}^2(n-1)}\right)$,

其中 $n=10,\alpha=0.05$,查表得,$\chi_{0.95}^2(9)=3.325$,故 σ^2 的置信度为 95% 的单侧置信上限是 1.818,单侧置信区间是 $(-\infty,1.818)$.

例 7.28 集成电路广泛应用于身份识别、金融安全、计算机智能等领域,是目前我国科技发展的关键因素.现某集成电路中需要一种电子元器件,此时某电子元器件加工厂需要估计制造这种电子元器件所需的单位平均工时(单位:h),现制造 8 件该产品,记录每件所需工时如下:

例 7.28
MATLAB 程序

$$10.5,11,11.2,12.5,12.8,9.9,10.8,9.4.$$

设制造这种电子元器件所需工时服从指数分布,求:(1)平均工时 λ 的最大似然估计值;

(2)试用 MATLAB 求解.

解　设制造这种电子元器件所需工时为 X.由题意知,X 的概率密度为

$$f(x;\lambda)=\lambda\,\mathrm{e}^{-\lambda x},x>0,\lambda>0.$$

样本的似然函数为 $L(x_1,x_2,\cdots,x_n;\lambda)=\lambda^n\prod_{i=1}^n\mathrm{e}^{-\lambda x_i}=\lambda^n\mathrm{e}^{-\lambda\sum\limits_{i=1}^n x_i}.$

$$\ln L=n\ln\lambda-\lambda\sum_{i=1}^n x_i.$$

令 $\dfrac{\mathrm{d}\ln L}{\mathrm{d}\lambda}=\dfrac{n}{\lambda}-\sum\limits_{i=1}^n x_i=0$,解得 $\hat{\lambda}=\dfrac{n}{\sum\limits_{i=1}^n x_i}=\dfrac{1}{\bar{x}}$.即平均工时 λ 的最大似然估计值为 $\hat{\lambda}=0.090\,8.$

习　题　7.3

1. 某人寿保险公司的保险精算部研究发现:某地区人的寿命服从参数为 α,β 的 Γ 分布,其概率密度为

$$f(x;\alpha,\beta)=\begin{cases}\dfrac{\beta^\alpha x^{\alpha-1}}{\Gamma(\alpha)}\mathrm{e}^{-\beta x}, & x>0,\\[2mm] 0, & \text{其他}.\end{cases}$$

为估计其中的参数 α,β,在该地区人中随机抽取了 100 人,测得这些人的寿命数据(单位:岁)如下:

71,82,73,54,86,49,64,54,101,83,71,83,82,42,84,98,78,71,81,95,67,74,83,61,89,86,
91,102,77,68,98,99,66,64,103,66,71,35,67,61,66,58,70,53,82,77,89,103,82,60,74,70,
68,60,65,79,72,99,75,83,95,91,66,64,77,84,60,56,107,81,60,56,81,78,101,53,93,44,
89,72,79,58,56,54,88,69,68,105,70,70,79,89,95,86,56,49,75,49,70,104.

(1) 请根据该样本数据,求 α,β 的矩估计值;

(2) 若估计出 $\beta=0.25$,求 α 的置信度为 90% 的置信区间.

2. 某水产养殖中心,为了估计某鱼塘里养的鲤鱼的总数 N,现随机从鱼塘中捕捉了 M 条鲤鱼并做上记号后放回鱼塘.等鱼充分混合后,再从鱼塘中任意捕捉 n 条鲤鱼,发现其中有 s 条标有记号,求总数 N 的最大似然估计值.

第 7 章自测题　　　　第 7 章自测题答案

第8章 假设检验

第7章讨论了统计推断中的一个重要问题——参数估计.本章将讨论统计推断中的另一个重要问题——假设检验.假设检验是用来判断样本与样本、样本与总体的差异是由抽样误差引起还是本质差别造成的统计推断方法.假设检验包括参数假设检验和非参数假设检验.参数假设检验是对总体分布函数中的未知参数提出的假设进行检验,非参数假设检验是对总体分布函数形式或类型的假设进行检验.

§8.1 假设检验的基本概念

假设检验,又称统计假设检验,最初由英国数学家、统计学之父卡尔·皮尔逊在20世纪初提出的,经过英国统计学家、数学家费歇尔的发展,最后由美国统计学家奈曼和英国统计学家E·皮尔逊于20世纪二三十年代提出了较完整的假设检验理论.

8.1.1 假设检验的基本思想

设总体 X 的分布类型已知但含有未知参数,或者总体分布类型未知.现在要根据试验结果或样本值对分布的某些"假设"做出一定的论断或判断,这就是统计假设.为了对统计假设做出是或否的回答,需要去做试验或抽取样本,然后根据试验结果或样本值,按照一定的判断规则,对所提出的假设做出接受或者拒绝的判断,这一过程就称之为假设检验.那么,如何提出假设? 按照什么原理进行检验? 怎样做判断呢?

引例 "道旁苦李"的传统故事

王戎七岁,尝与诸小儿游.看道边李树多子折枝,诸儿竞走取之,唯戎不动.人问之,答曰:"树在道旁而多子,此必苦李."取之信然.(出自南朝·宋·刘义庆《世说新语·雅量第六》)

"道旁苦李"里的王戎是如何判断出李子是苦的呢? 王戎先假设"李子是甜的",然后从这个假设出发,由"树在路边"推出"李子早就被过路人摘完了",与"树上还有许多李子"的事实矛盾.矛盾产生的根源就在于原假设"李子是甜的"是错的,从而得出"李子不是甜的,是苦的",即"道边苦李"的结论.这就是统计假设检验的基本思想.

"道旁苦李"还告诉我们一个道理:看事物不能只看表面,要认真分析,认真思考,那么就不会被事物的表面现象蒙蔽.王戎就是因为善于思考,判断出路边无人摘的李子一定是苦的,所以他才没有像其他的小朋友一样"受骗上当".

假设检验规则的制定可以有多种方式,引例中运用的是**实际推断原理**,也称**小概率原理**,即小概率事件在一次试验中几乎不会发生.按照这一原理,首先依据经验或以往的统计数据提出一种假设,然后在这个假设为真的前提下,构造一个小概率事件,若在一次试验中,小概率事件发生了,就完全有理由拒绝这个假设,否则就没有理由拒绝这个假设,这就是假设检验的基本思想.

上面的思想还包含了概率反证法的思想,它不同于我们常称的一般的反证法.一般的反证法要求在所提出的假设成立的条件下推出的结论是绝对成立的,如果事实与之矛盾,就完全绝对地否定所提出的假设.概率反证法的思想是:如果小概率事件在一次试验中发生了,我们就以很大的把握否定所提出的假设.我们也知道小概率事件并不是绝对不可能发生,只是它发生的可能性很小而已,因此,假设检验有时也会犯错误.

下面先通过几个实例来介绍假设检验的几个基本概念,然后给出假设检验的一般方法.

例 8.1　某食品厂用一台包装机自动包装味精.包得的袋装味精的净含量是一个随机变量,它服从正态分布 $N(\mu, 0.015^2)$.当机器正常工作时,每袋味精的净含量的均值 $\mu_0 = 0.5$ kg.某日开工后,随机地从生产的袋装味精中抽取 9 袋,称得净含量(单位:kg)分别为

　　0.515,　0.511,　0.498,　0.524,　0.497,　0.506,　0.512,　0.520,　0.518.
试问这一天包装机工作是否正常?

设 X 表示一袋味精的净含量,μ, σ^2 分别表示这批袋装味精净含量 X 的均值和方差,这里的 μ 未知.判断包装机工作是否正常,实际上就是根据样本值来推断假设“$\mu = 0.5$”是否成立.

例 8.2　已知某品牌手机的电池寿命服从正态分布 $N(17\ 520, 1\ 500^2)$,采用新技术改进工艺后,从某天新生产的一批手机电池中随机抽样检查 36 个,测得手机电池的寿命的样本均值为 18 000 h.若总体方差不变,试判断用新技术生产的这批手机电池的平均寿命是否有显著提高?

若 X 表示该手机电池的寿命,那么判断用新技术生产的这批手机电池的平均寿命是否有显著提高的问题,就是根据样本值来推断假设“$\mu \leqslant 17\ 520$”是否成立,即“新技术没有提高平均寿命”是否成立?

例 8.3　某高校为了掌握学生大学英语四级考试的成绩情况.随机抽查了 100 名 2020 年 6 月参加大学英语四级考试的学生的成绩,希望确定学生成绩 X 是否服从正态分布?

这里我们所关心的问题是:根据样本值来推断学生成绩 $X \sim N(\mu, \sigma^2)$ 是否成立?

上述三个例子的共同特点是:对总体分布函数中的参数或分布函数的类型提出假设,然后通过抽样并根据样本所提供的信息,对假设是否成立进行推断.这类问题就是假设检验.前两个例子是总体分布类型已知,但其中含有未知参数,这种对总体中未知参数的假设检验,称为参数假设检验;如果总体分布类型未知,对总体分布类型或总体分布的数字特征提出假设检验(如例 8.3),则此类假设检验称为非参数假设检验.

在假设检验中,我们把对总体做出的相应假设检验,统称为统计假设检验.通常把要检验的那个假设称为**原假设**或**零假设**,记为 H_0,它的对立面称为**备择假设**或**对立假设**,记为 H_1.假

设检验的目的就是要在 H_0 与 H_1 之间选择一个.如果认为原假设 H_0 正确,则接受 H_0(即拒绝 H_1);反之,接受 H_1(即拒绝 H_0).

假设检验是参数估计的延续,是对参数估计在统计上的验证与补充.也就是说,如果参数估计是"猜测",那么假设检验就是对这种猜测是否可靠进行"判断".更详细地说,假设检验首先对所考察的总体的分布形式或总体的某些未知参数提出某些假设,然后根据检验对象构造合适的检验统计量,并经过数理统计分析后确定在该假设下检验统计量的抽样分布,最后在给定的显著性水平下,从抽样分布中得出假设的拒绝域和接受域的临界值,并由所抽取的样本数据计算出样本统计值,将计算出的样本统计值与临界值进行比较,从而对所提出的原假设做出统计判断:是接受还是拒绝原假设.也就是从样本中所蕴含的信息对总体情况进行判断.

在假设检验中,原假设认为总体参数没有变化或变量之间没有关系,而备择假设认为总体参数发生了变化或变量之间有某种关系,两者是一个对立的完备事件组.备择假设通常是用于支持研究者的看法,比较清楚,容易确定,所以在建立假设时,通常是先确定备择假设 H_1,然后再确定原假设 H_0,只要它与备择假设对立即可.

如上述三个例题的假设检验可分别简述为

$$H_0:\mu=0.5, \quad H_1:\mu\neq0.5.$$

$$H_0:\mu\leqslant17\ 520, \quad H_1:\mu>17\ 520.$$

$$H_0:F(x)\text{ 是 }N(\mu,\sigma^2)\text{ 的分布}, \quad H_1:F(x)\text{ 不是 }N(\mu,\sigma^2)\text{ 的分布}.$$

下面通过例 8.1 来进一步说明假设检验的基本思想及一般方法.

在例 8.1 中,袋装味精的净含量 $X\sim N(\mu,0.015^2)$,对参数 μ 提出假设:

$$H_0:\mu=0.5, \quad H_1:\mu\neq0.5.$$

如何检验原假设 H_0 是否成立呢? 由于 $\overline{X}$ 是 μ 的无偏估计量,通常用 $\overline{X}$ 的大小来反映未知参数 μ 的大小.若 H_0 成立,则 $|\overline{X}-0.5|$ 应较小,反之则不能认为 H_0 成立.究竟 $|\overline{X}-0.5|$ 达到多大就能认为不合理,从而拒绝 H_0 呢?

下面通过抽样分布来说明这个问题.

若原假设 H_0 成立,则有 $X\sim N(0.5,0.015^2)$,这时样本均值

$$\overline{X}\sim N\left(0.5,\frac{0.015^2}{9}\right),$$

因而

$$U=\frac{\overline{X}-0.5}{0.015/\sqrt{9}}\sim N(0,1).$$

给定小概率 α, 使得

$$\alpha = P\left\{\,|\,U\,|\,>u_{\frac{\alpha}{2}}\right\} = P\left\{\left|\frac{\overline{X}-0.5}{0.015/\sqrt{9}}\right|>u_{\frac{\alpha}{2}}\right\}.$$

若取 $\alpha = 0.05$, 则 $u_{\frac{\alpha}{2}} = 1.96$, 于是上式变为

$$P\left\{\left|\frac{\overline{X}-0.5}{0.015/\sqrt{9}}\right|>1.96\right\} = 0.05.$$

即若 H_0 成立, 则 $\left\{\left|\dfrac{\overline{X}-0.5}{0.015/\sqrt{9}}\right|>1.96\right\}$ 是一个概率仅为 0.05 的小概率事件. 依据小概率事件原理, 可以认为在假设 $H_0:\mu = 0.5$ 成立的条件下, 事件 $\{\,|\,U\,|>1.96\}$ 在一次试验中几乎不可能发生. 由例 8.1 的样本算得 $\overline{x} = 0.511$, 从而有

$$|\,u\,| = \left|\frac{0.511-0.5}{0.015/\sqrt{9}}\right| = 2.2>1.96.$$

上述的小概率事件居然发生了, 这就表明, 抽样得到的结果与 H_0 不符, 因此应拒绝 H_0, 即认为这天包装机工作不正常.

通过上面对例 8.1 的分析和讨论中可以看出, 假设检验中使用的推理方法是"概率反证法", 即为了确定是否要拒绝原假设 H_0. 首先是提出原假设 H_0, 然后在假设原假设 H_0 为真的条件下, 构造一个小概率事件, 看这个小概率事件在抽出的样本值的条件下会出现什么结果, 如果出现了一个与事实不符的结果, 那么可以有很大的把握认为"原假设 H_0 为真"的假设是错误的, 进而拒绝原假设 H_0. 如果出现了合乎常理的结果, 那么认为"原假设 H_0 为真"的假设是正确的, 从而接受原假设 H_0.

如何知道结果是否符合常理呢? 在假设检验中, 首先要确定小概率事件发生的概率. 在例 8.1 中, 把概率等于或小于 0.05 的事件作为小概率事件. 在假设检验中称为**显著性水平**, 记

为 α. 通常取 $\alpha = 0.10, 0.05, 0.01$ 等. 称 $U = \dfrac{\overline{X}-0.5}{0.015/\sqrt{9}}$ 为检验统计量. 当检验统计量 U 在某个范围取值时, 拒绝原假设 H_0, 则称该取值范围为**拒绝域**. 如例 8.1 中, 当 $|\,u\,|>1.96$ 时, 拒绝原假设 H_0, 即对于显著性水平 $\alpha = 0.05$, 其拒绝域为 $(-\infty, -1.96)\cup(1.96, +\infty)$, 且 $u_{\frac{\alpha}{2}} = 1.96$ 称为**临界值**. 这里的假设检验也称为显著性假设检验.

概括起来, **假设检验的基本思想**就是小概率事件原理, 即在一次试验中概率很小的随机事件几乎不可能发生. 在利用假设检验的基本思想对某个原假设 H_0 进行检验时, 先假定提出的原假设 H_0 是正确的, 在此假定下某随机事件 A 发生的概率很小, 经一次试验后, 如果小概率事件 A 发生了, 那么依据小概率事件原理就可以拒绝 H_0, 从而接受 H_1.

根据前面的分析, **假设检验的一般方法**可归纳为以下四步:

（1）根据实际问题提出原假设 H_0 及备择假设 H_1；

（2）构造适当的检验统计量，当 H_0 为真时，它的分布是已知的；

（3）对给定的显著性水平 α 确定拒绝域；

（4）根据样本观测值计算检验统计量的值，从而判断出是拒绝 H_0，还是接受 H_0.

在假设检验中，对于形如 $H_0:\mu=\mu_0$，$H_1:\mu\neq\mu_0$ 的假设称为**双侧假设检验**（如例 8.1）.若给出的假设为 $H_0:\mu\leq\mu_0$，$H_1:\mu>\mu_0$，则称为**右侧假设检验**（如例 8.2）；若假设为 $H_0:\mu\geq\mu_0$，$H_1:\mu<\mu_0$，则称为**左侧假设检验**.右侧假设检验和左侧假设检验统称为**单侧假设检验**.在假设检验问题中，区分原假设和备择假设是非常重要的.备择假设可能是我们真正感兴趣的，接受备择假设可能意味着得到有某种特别意义的结论，因此，在单侧假设检验中，应持慎重态度选择左侧假设检验或右侧假设检验.

假设检验的
类型选择

表 8-1 给出了参数 μ 对应的假设检验类型，其他参数也可类似给出.

表 8-1　参数 μ 对应的假设检验类型

假设检验的类型		原假设 H_0	备择假设 H_1
双侧假设检验		$\mu=\mu_0$	$\mu\neq\mu_0$
单侧假设检验	右侧检验	$\mu\leq\mu_0$	$\mu>\mu_0$
	左侧检验	$\mu\geq\mu_0$	$\mu<\mu_0$

假设检验与区间估计是两种最重要的统计推断方法，两者初看好像完全不同，但其实存在着密切联系.利用区间估计可建立假设检验，同样，由假设检验也可导出区间估计，但是其结果在解释上有区别.参数的区间估计是由样本构造大概率事件，从而求得包含参数真值的范围；而参数的假设检验是由样本构造小概率事件，从而否定参数属于某一范围.

假设检验与区间
估计的关系

下面举例来简要说明假设检验的一般方法.

例 8.4　设总体 $X\sim N(\mu,\sigma^2)$，其中 σ^2 已知，$X_1,X_2,\cdots,X_n$ 是取自总体 X 的一组样本.设显著性水平为 α 时 μ 的双侧假设检验为

$$H_0:\mu=\mu_0,\quad H_1:\mu\neq\mu_0.$$

取检验统计量 $U=\dfrac{\overline{X}-\mu_0}{\sigma/\sqrt{n}}$，则接受域为 $\{|U|<u_{\frac{\alpha}{2}}\}$，因此有

$$P\{|U|<u_{\frac{\alpha}{2}}\}=1-\alpha.$$

上式等同于

$$P\left\{\overline{X}-u_{\frac{\alpha}{2}}\frac{\sigma}{\sqrt{n}}<\mu_0<\overline{X}+u_{\frac{\alpha}{2}}\frac{\sigma}{\sqrt{n}}\right\}=1-\alpha. \tag{8-1}$$

若对于样本观测值 $x_1, x_2, \cdots, x_n$, 由 §7.2 知, μ 的置信水平为 $1-\alpha$ 的置信区间为 $\left(\bar{X} - u_{\frac{\alpha}{2}} \dfrac{\sigma}{\sqrt{n}}, \bar{X} + u_{\frac{\alpha}{2}} \dfrac{\sigma}{\sqrt{n}} \right)$, 则有

$$P\left\{ \bar{X} - u_{\frac{\alpha}{2}} \frac{\sigma}{\sqrt{n}} < \mu_0 < \bar{X} + u_{\frac{\alpha}{2}} \frac{\sigma}{\sqrt{n}} \right\} = 1 - \alpha,$$

则

$$P\left\{ \left| \frac{\bar{X} - \mu}{\sigma / \sqrt{n}} \right| < u_{\frac{\alpha}{2}} \right\} = 1 - \alpha.$$

当 H_0 为真时, 有

$$P\left\{ \left| \frac{\bar{X} - \mu_0}{\sigma / \sqrt{n}} \right| < u_{\frac{\alpha}{2}} \right\} = 1 - \alpha.$$

从而 $\left(\bar{x} - u_{\frac{\alpha}{2}} \dfrac{\sigma}{\sqrt{n}}, \bar{x} + u_{\frac{\alpha}{2}} \dfrac{\sigma}{\sqrt{n}} \right)$ 为原假设 H_0 的接受域, 即对于给定的样本观测值 $x_1, x_2, \cdots, x_n$, 若有 $\mu_0 \in \left(\bar{x} - u_{\frac{\alpha}{2}} \dfrac{\sigma}{\sqrt{n}}, \bar{x} + u_{\frac{\alpha}{2}} \dfrac{\sigma}{\sqrt{n}} \right)$, 则接受原假设 H_0.

8.1.2 假设检验中的两类错误

许多实际问题需要我们根据样本中的有限信息来做出关于总体的一些判断. 我们知道, 小概率事件在一次试验中几乎不可能发生, 但不是绝对不可能发生. 在进行假设检验时, 依据小概率事件原理来推断总体, 推断依据仅仅是样本, 由于样本的随机性和局限性, 有时就难免会导致错误的推断, 这种可能犯的错误有两类:

1. "弃真"错误

原假设 H_0 正确, 但由于检验统计量的观测值落入拒绝域中, 从而导致拒绝 H_0, 这时称犯了**"弃真"错误**, 这类错误称为**第一类错误**. 犯这类错误的概率就是小概率事件发生的概率 α, 即

$$P\{\text{拒绝 } H_0 \mid H_0 \text{ 为真}\} = \alpha.$$

2. "取伪"错误

原假设 H_0 不成立时, 由于检验统计量的观测值没有落入拒绝域中, 从而导致接受 H_0, 这时称犯了**"取伪"错误**, 这类错误称为**第二类错误**. 犯第二类错误的概率记为 β, 即

$$P\{\text{接受 } H_0 \mid H_0 \text{ 为假}\} = \beta.$$

表 8-2 给出了假设检验中可能出现的两类错误.

表 8-2 假设检验的两类错误

类型	含义	犯错误的概率
第一类错误	H_0 为真时拒绝了 H_0,即为弃真错误	$P\{$拒绝 $H_0 \mid H_0$ 为真$\} = \alpha$
第二类错误	H_0 不真时接受了 H_0,即为取伪错误	$P\{$接受 $H_0 \mid H_0$ 为假$\} = \beta$

在统计推断过程中,人们希望犯上面两类错误的概率越小越好,事实上,当样本容量 n 固定时,犯两类错误的概率都很小是很难办到的,它们是相互制约的,α 越小,β 越大;β 越小,α 越大.只有充分地增大样本容量 n 才能同时减小 α 和 β,而这在实际中又很难做到.一般来说,可以在控制犯第一类错误的概率不超过 α 的条件下,适当通过增加样本容量 n 使 β 减小,从而达到 α,β 同时减小的目的.

两类错误及其发生的概率如表 8-3 所示.

表 8-3 两类错误及其发生的概率

H_0	所做判断		犯错误的概率
为真	接受	正确	0
	拒绝	犯第一类错误	α
为假	接受	犯第二类错误	β
	拒绝	正确	0

例 8.5 某科技有限公司由于工作需要,购进了 6 台同型号服务器,使用时发现有质量问题.现提出原假设 H_0:只有 1 台有质量问题,备择假设 H_1:有 2 台有质量问题.试问:当有放回地随机抽取 2 台测试其质量,用 X 表示 2 台中有质量问题的台数,拒绝域为 $D = \{X \mid X \geq 1\}$ 时,此假设检验犯两类错误的概率 α 和 β 是多少?

解 设 Y 表示 6 台服务器中有质量问题的台数,则

$$H_0 : Y = 1, \quad H_1 : Y = 2.$$

犯第一类错误的概率

$$\alpha = P\{X \geq 1 \mid Y = 1\} = 1 - P\{X = 0 \mid Y = 1\} = 1 - \left(\frac{5}{6}\right)^2 = \frac{11}{36}.$$

犯第二类错误的概率

$$\beta = P\{X = 0 \mid Y = 2\} = \left(\frac{4}{6}\right)^2 = \frac{4}{9}.$$

习 题 8.1

基 础 题

1. 某品牌手机在广告中宣传称:该品牌的某型号手机的平均待机时间为 48 h.为了检验该宣传广告是否被消费者认可,现随机抽查了 25 个拥有所宣传型号的手机用户.假设该型号手机待机时间服从正态分布 $N(\mu,3^2)$,试建立假设检验 H_0 和 H_1,并写出检验统计量.

2. 设 H_0 和 H_1 分别是原假设和备择假设,α 和 β 分别为犯第一类错误和第二类错误的概率,求下列各概率:(1) $P\{$接受 $H_0|H_0$ 为假$\}$;(2) $P\{$接受 $H_1|H_0$ 为假$\}$;(3) $P\{$拒绝 $H_0|H_0$ 为真$\}$;(4) $P\{$接受 $H_0|H_0$ 为真$\}$.

习题 8.1
第 3 题讲解

3. 设总体 X 服从正态分布 $N(\mu,1)$,X_1,X_2,X_3,X_4 是该总体的一组样本,假设检验 $H_0:\mu=0$,$H_1:\mu=\mu_1(\mu_1>0)$,当显著性水平为 α 时,拒绝域为 $\bar{x}>0.98$,问:此假设检验犯第一类错误的概率是多少? 若 $\mu_1=1$,则犯第二类错误的概率是多少?

提 高 题

1. 设总体 $X \sim N(\mu,2^2)$,$x_1,x_2,\cdots,x_{16}$ 是该总体的一组样本值,样本均值为 $\bar{x}=\dfrac{1}{16}\sum_{i=1}^{16}x_i$,假设检验 $H_0:\mu=\mu_0=0$,$H_1:\mu\neq\mu_0$,当显著性水平为 α 时,拒绝域为 $|\bar{x}|>1.29$,问:此假设检验的显著性水平 α 的值是多少? 犯第一类错误的概率是多少?

2. 设总体 $X \sim N(\mu,\sigma^2)$,σ^2 已知,$X_1,X_2,\cdots,X_n$ 是该总体的一组样本,样本均值为 $\bar{x}=\dfrac{1}{n}\sum_{i=1}^{n}x_i$,假设检验 $H_0:\mu=\mu_0$,$H_1:\mu=\mu_1(\mu_1>\mu_0)$,当显著性水平 $\alpha=0.05$ 时,拒绝域为 $\dfrac{\bar{x}-\mu_0}{\sigma/\sqrt{n}}>1.645$,问:犯第二类错误的概率是多少?

§8.2　单个正态总体参数的假设检验

在实际应用中,正态总体是较为常见的.下面分别对单个正态总体 X 的参数 μ 与 σ^2 进行假设检验.设总体 $X \sim N(\mu,\sigma^2)$,$X_1,X_2,\cdots,X_n$ 是来自正态总体 X 的一组样本,其样本均值为 $\bar{X}$,样本方差为 S^2,给定显著性水平为 α.

8.2.1　均值检验

通常对于未知参数 μ 可以提出如下假设检验:

$$H_0 : \mu = \mu_0, \quad H_1 : \mu \neq \mu_0. \tag{8-2}$$

$$H_0 : \mu \leqslant \mu_0, \quad H_1 : \mu > \mu_0. \tag{8-3}$$

$$H_0 : \mu \geqslant \mu_0, \quad H_1 : \mu < \mu_0. \tag{8-4}$$

其中 μ_0 已知.下面分总体方差 σ^2 已知和 σ^2 未知两种情形来讨论.

1. 总体方差 σ^2 为已知时,总体均值 μ 的假设检验(U 检验法)

对于以上三种假设检验都可以取检验统计量为 $U = \dfrac{\overline{X} - \mu_0}{\sigma / \sqrt{n}}$.

对于假设检验(8-2),在原假设 H_0 成立的条件下有 $U \sim N(0,1)$.对给定的显著性水平 α, 查标准正态分布表得临界值 $u_{\frac{\alpha}{2}}$,使 $P\{|U| > u_{\frac{\alpha}{2}}\} = \alpha$,从而确定 H_0 拒绝域为 $(-\infty, -u_{\frac{\alpha}{2}}) \cup (u_{\frac{\alpha}{2}}, +\infty)$.

对于假设检验(8-3),当 H_0 成立时同样有 $U \sim N(0,1)$,对于给定的显著性水平 α,查标准 正态分布表得临界值 u_α,使 $P\{U > u_\alpha\} = \alpha$,从而确定 H_0 的拒绝域为 $(u_\alpha, +\infty)$.

对于假设检验(8-4),同理可查标准正态分布表得临界值 $-u_\alpha$,使 $P\{U < -u_\alpha\} = \alpha$,从而确 定 H_0 的拒绝域为 $(-\infty, -u_\alpha)$.

上述这种检验也称为 U 检验(图 8-1).

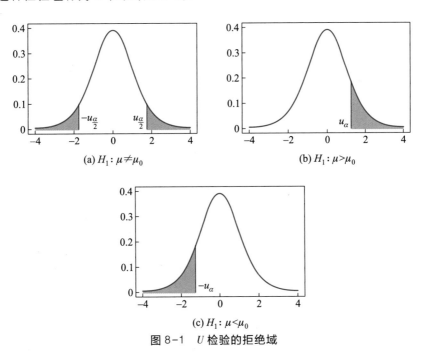

图 8-1 U 检验的拒绝域

例 8.6 网络购物已成为人们购物的方式之一.某网店每月的日销售额在正常情况下服 从正态分布 $N(4.55, 0.108^2)$.现随机抽查了 2020 年某月的 5 天日销售额(单位:万元),分别 为 4.50, 4.47, 4.45, 4.38, 4.52.根据经验,标准差没有变化.问在显著性水平 $\alpha = 0.05$ 下,该网 店的日销售额是否有显著变化?

解 设假设检验 $H_0:\mu=4.55,H_1:\mu\neq4.55.$取检验统计量 $U=\dfrac{\overline{X}-4.55}{0.108/\sqrt{5}}.$

对于给定的显著性水平 $\alpha=0.05$,查标准正态分布表,得临界值 $u_{0.025}=1.96$,从而拒绝域为 $(-\infty,-1.96)\cup(1.96,+\infty).$由样本值计算得

$$u=\frac{\overline{x}-4.55}{0.108/\sqrt{5}}=\frac{4.464-4.55}{0.108/\sqrt{5}}=-1.78.$$

由于 $|u|=1.78<1.96$,所以接受原假设 H_0,即可以认为该网店的日销售额没有发生显著变化.

例 8.7 某车间用一台包装机包装奶粉,包得的袋装奶粉净含量是一个随机变量,它服从正态分布.当机器正常工作时,其均值为 0.5 kg,标准差为 0.015 kg.某日开工后,为了检验包装机是否正常工作,随机地抽取所包装的奶粉 9 袋,称得净含量(单位:kg)为:0.497,0.506,0.518,0.524,0.498,0.511,0.520,0.515,0.512,问:(1)机器这一天是否正常工作?(2)试用 MATLAB 语言判断机器这一天是否正常工作(显著性水平 $\alpha=0.05$)?

例 8.7
MATLAB 程序

解 设假设检验为 $H_0:\mu=\mu_0=0.5,H_0:\mu\neq\mu_0.$取检验统计量 $U=\dfrac{\overline{X}-0.5}{0.015/\sqrt{9}}.$计算得 $\overline{x}=0.511.$

对于给定的显著性水平 $\alpha=0.05$,查标准正态分布表,得临界值 $u_{0.025}=1.96$,从而拒绝域为 $(-\infty,-1.96)\cup(1.96,+\infty).$由样本值计算得

$$u=\frac{\overline{x}-0.5}{0.015/\sqrt{9}}=\frac{0.511-0.5}{0.005}=2.2.$$

由于 $u=2.2>1.96$,所以拒绝原假设 H_0,即认为包装机工作不正常.

例 8.8 在显著性水平 $\alpha=0.05$ 下,检验 §8.1 的例 8.2 中利用新技术生产的某品牌手机电池的平均寿命是否有显著提高?

解 总体 $X\sim N(\mu,1\,500^2)$,依题意可设假设检验为

$$H_0:\mu\leqslant17\,520,\quad H_1:\mu>17\,520.$$

取检验统计量 $U=\dfrac{\overline{X}-17\,520}{1\,500/\sqrt{36}}.$对于给定的显著性水平 $\alpha=0.05$,查标准正态分布表,得临界值 $u_{0.05}=1.645$,从而拒绝域为 $(1.645,+\infty).$由样本值计算得

$$u=\frac{\overline{x}-17\,520}{1\,500/\sqrt{36}}=\frac{18\,000-17\,520}{1\,500/\sqrt{36}}=1.92>1.645.$$

所以拒绝原假设 H_0,即认为利用新技术生产的某品牌手机电池的平均寿命有显著提高.

2. 总体 σ^2 为未知时,总体均值 μ 的假设检验(t 检验法)

对于(8-2)(8-3)(8-4)三种假设检验,都可以取检验统计量 $T = \dfrac{\overline{X} - \mu_0}{S/\sqrt{n}}$.

对于假设检验(8-2),在原假设 H_0 成立的条件下有 $T \sim t(n-1)$.对于给定的显著性水平 α,查 t 分布表得临界值 $t_{\frac{\alpha}{2}}(n-1)$,使 $P\{|T| > t_{\frac{\alpha}{2}}(n-1)\} = \alpha$,从而得拒绝域为 $(-\infty, -t_{\frac{\alpha}{2}}(n-1)) \cup (t_{\frac{\alpha}{2}}(n-1), +\infty)$.

类似于 U 检验法的情形,可以得到假设检验(8-3)的拒绝域为 $(t_\alpha(n-1), +\infty)$,假设检验问题(8-4)的拒绝域为 $(-\infty, -t_\alpha(n-1))$.

上述假设检验问题,都是利用统计量 T 来确定拒绝域(图 8-2),所以这种检验也称为 t 检验,检验方法称为 t 检验法. t 检验法是英国统计学家戈塞特在 1908 年以笔名"Student"发表的,因此亦称学生检验法. t 检验法是用 t 分布理论来推断差异发生的概率,从而判定总体均数的差异是否有统计学意义,主要用于样本容量较小(如 $n < 60$),总体标准差 σ 未知,呈正态分布的计量资料.若样本容量较大(如 $n > 60$),则可采用 U 检验法.但在统计软件中,无论样本容量大小,均采用 t 检验进行统计分析.

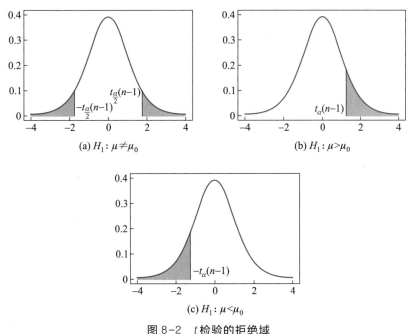

图 8-2 t 检验的拒绝域

例 8.9 某食品饮料厂用自动灌装机灌装某品牌苏打气泡水饮料,每瓶饮料标准含量为 300 ml,已知每瓶含量服从正态分布.某日开工后测得 9 瓶饮料的含量数据如下(单位:ml):

    298.3, 299.7, 300.5, 302.1, 299.3, 298.7, 299.5, 301.2, 300.5.

试问这一天灌装机的工作是否正常($\alpha = 0.05$)?

解 设 X 表示每瓶饮料的含量,依题设可知 $X \sim N(300, \sigma^2)$.由于方差 σ^2 未知,故采用 t

检验法.提出假设检验：

$$H_0: \mu = 300, H_1: \mu \neq 300.$$

取检验统计量 $T = \dfrac{\overline{X} - 300}{S / \sqrt{9}}$.对于给定的显著性水平 $\alpha = 0.05, n-1 = 8$,查 t 分布表,得临界值 $t_{0.025}(8) = 2.306$,拒绝域为 $(-\infty, -2.306) \cup (2.306, +\infty)$.由样本值算得 $\overline{x} = 299.978, s^2 = 1.31$,从而

$$|t| = \left| \frac{299.978 - 300}{\sqrt{1.31/9}} \right| = 0.058 < 2.306,$$

所以接受原假设 H_0,即可以认为这一天灌装机的工作是正常的.

例 8.10 集成电路广泛应用于身份识别、金融安全、计算机智能等领域,是目前我国科技发展的关键因素.某集成电路中有一种电子元器件,其寿命 X(单位:h)服从正态分布 $N(\mu, \sigma^2)$, μ 和 σ^2 均未知,现随机测得 16 个该电子元器件的寿命如下:

例 8.10
MATLAB 程序

159, 280, 101, 212, 224, 379, 179, 264, 222, 362, 168, 250, 149, 260, 485, 170.

问:(1) 是否有理由认为电子元件的平均寿命大于 225 h? (2) 用 MAT-LAB 语言判断:是否有理由认为电子元件的平均寿命大于 225 h($\alpha = 0.05$)?

解 设假设检验:

$$H_0: \mu = \mu_0 = 225, H_0: \mu > \mu_0.$$

因为 σ^2 未知,取检验统计量 $T = \dfrac{\overline{X} - 225}{S / \sqrt{16}}$.对于给定的显著性水平 $\alpha = 0.05, n-1 = 15$,查 t 分布表,得临界值 $t_{0.025}(15) = 2.1315$,拒绝域为 $(-\infty, -2.1315) \cup (2.1315, +\infty)$.由样本值算得 $\overline{x} = 241.5, s^2 = 9746.8$,

$$|t| = \left| \frac{241.5 - 225}{\sqrt{9746.8/16}} \right| = 0.6685 < 2.1315,$$

所以接受原假设 H_0,即没有充分的理由认为电子元件的平均寿命大于 225 h.

例 8.11 碳中和、碳达峰将成为我国"十四五"污染防治攻坚战的主攻目标,采用 LED 灯来取代普通荧光灯可以大大节约电能,从而减少二氧化碳的排放.因而,LED 灯成为当前生活的主流灯.某电子元件厂生产的 LED 灯的使用寿命 X 服从正态分布,规定其合格时平均寿命不得小于 1 038 h,现从某日生产的产品中随机抽取 5 只,由样本值算得 $\overline{x} = 1140, s^2 = 9960$.问该厂这一天生产的 LED 灯是否合格($\alpha = 0.05$)?

解 根据题意可设假设检验:

$$H_0: \mu \leqslant 1038, H_1: \mu > 1038.$$

取检验统计量 $T = \dfrac{\bar{X} - 1\ 038}{\sqrt{9\ 960/5}}$.对于给定的显著性水平 $\alpha = 0.05, n-1 = 4$,查 t 分布表,得临界值 $t_{0.05}(4) = 2.131\ 8$,拒绝域为 $(2.131\ 8, +\infty)$.由样本值算得

$$t = \frac{1\ 140 - 1\ 038}{\sqrt{9\ 960/5}} = 2.285\ 4 > 2.131\ 8,$$

所以拒绝原假设 H_0,即认为该厂这一天生产的 LED 灯是合格的.

总之,对于给定的显著性水平 α,正态总体均值的假设检验问题可见表 8-4(显著性水平为 α).

表 8-4　正态总体均值的假设检验

条件	原假设 H_0	备择假设 H_1	检验统计量	拒绝域
方差 σ^2 已知	$\mu = \mu_0$	$\mu \neq \mu_0$	$U = \dfrac{\bar{X} - \mu_0}{\sigma/\sqrt{n}}$	$\lvert u \rvert \geqslant u_{\alpha/2}$
	$\mu \leqslant \mu_0$	$\mu > \mu_0$		$u \geqslant u_\alpha$
	$\mu \geqslant \mu_0$	$\mu < \mu_0$		$u \leqslant -u_\alpha$
方差 σ^2 未知	$\mu = \mu_0$	$\mu \neq \mu_0$	$T = \dfrac{\bar{X} - \mu_0}{S/\sqrt{n}}$	$\lvert t \rvert \geqslant t_{\alpha/2}(n-1)$
	$\mu \leqslant \mu_0$	$\mu > \mu_0$		$t \geqslant t_\alpha(n-1)$
	$\mu \geqslant \mu_0$	$\mu < \mu_0$		$t \leqslant -t_\alpha(n-1)$

8.2.2　方差检验

通常对于未知参数 σ^2 有以下三类假设检验:

$$H_0: \sigma^2 = \sigma_0^2, \quad H_1: \sigma^2 \neq \sigma_0^2. \tag{8-5}$$

$$H_0: \sigma^2 \leqslant \sigma_0^2, \quad H_1: \sigma^2 > \sigma_0^2. \tag{8-6}$$

$$H_0: \sigma^2 \geqslant \sigma_0^2, \quad H_1: \sigma^2 < \sigma_0^2. \tag{8-7}$$

其中 σ_0 已知.

1. 总体 μ 为已知时,总体方差 σ^2 的假设检验(χ^2 检验法)

由于 μ 已知,(8-5)(8-6)(8-7)三种假设检验都可以选取检验统计量为 $\chi^2 = \dfrac{(n-1)S^2}{\sigma_0^2}$.

在原假设 H_0 成立的条件下,都有 $\chi^2 \sim \chi^2(n)$.

针对不同的假设检验,在显著性水平 α 下,可分别得到如下拒绝域:

对于假设检验(8-5),查 χ^2 分布表,得临界值 $\chi^2_{1-\frac{\alpha}{2}}(n), \chi^2_{\frac{\alpha}{2}}(n)$,使得 $P\{\chi^2 < \chi^2_{1-\frac{\alpha}{2}}(n)\} = \dfrac{\alpha}{2}$,

$P\{\chi^2 > \chi^2_{\frac{\alpha}{2}}(n)\} = \dfrac{\alpha}{2}$,从而确定原假设的拒绝域为 $\left(0, \chi^2_{1-\frac{\alpha}{2}}(n)\right) \cup \left(\chi^2_{\frac{\alpha}{2}}(n), +\infty\right)$.类似于均值

的检验,可以推得假设检验(8-6)的原假设拒绝域为$(\chi_\alpha^2(n),+\infty)$,假设检验(8-7)的原假设拒绝域为$(0,\chi_{1-\alpha}^2(n))$.

2. 总体 μ 为未知时,总体方差 σ^2 的假设检验(χ^2 检验法)

(8-5)(8-6)(8-7)三种假设检验都可以选取检验统计量为$\chi^2=\dfrac{(n-1)S^2}{\sigma_0^2}$.

对于假设检验(8-5),在原假设 H_0 成立的条件下有 $\chi^2 \sim \chi^2(n-1)$.给定显著性水平 α,查 χ^2 分布表,得临界值 $\chi_{1-\frac{\alpha}{2}}^2(n-1)$,$\chi_{\frac{\alpha}{2}}^2(n-1)$,使得 $P\{\chi^2<\chi_{1-\frac{\alpha}{2}}^2(n-1)\}=\dfrac{\alpha}{2}$,$P\{\chi^2>\chi_{\frac{\alpha}{2}}^2(n-1)\}=\dfrac{\alpha}{2}$,从而确定原假设的拒绝域为$(0,\chi_{1-\frac{\alpha}{2}}^2(n-1))\cup(\chi_{\frac{\alpha}{2}}^2(n-1),+\infty)$.同样,类似于均值的检验,可以推得假设检验(8-6)的原假设拒绝域为$(\chi_\alpha^2(n-1),+\infty)$,假设检验(8-7)的原假设拒绝域为$(0,\chi_{1-\alpha}^2(n-1))$(见图8-3).

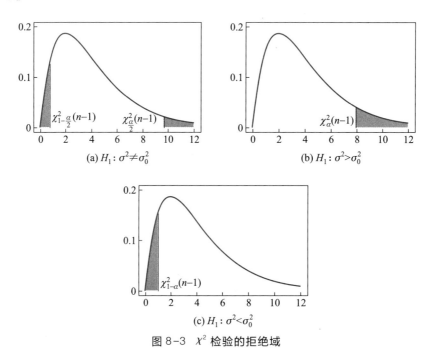

图 8-3　χ^2 检验的拒绝域

例 8.12　2020 年 11 月,国务院办公厅印发《新能源汽车产业发展规划(2021—2035 年)》,要求深入实施发展新能源汽车国家战略,推动中国新能源汽车产业高质量可持续发展,加快建设汽车强国.在能源和环保的压力下,新能源纯电动汽车无疑将成为未来汽车的发展方向之一.现假设某汽车生产厂生产的某品牌某型号的新能源纯电动汽车充满电后的续航里程(也称行驶里程,单位:km)服从正态分布 $N(\mu,\sigma^2)$.某天,随机地抽取了 10 辆该型号新能源纯电动汽车,测得续航里程数据如下:

$$317,\quad 287,\quad 244,\quad 330,\quad 301,\quad 251,\quad 284,\quad 279,\quad 265,\quad 244.$$

在显著性水平 $\alpha = 0.05$ 下,能否认为该型号的新能源纯电动汽车充满电后的续航里程的方差为 100?

解 设假设检验为 $H_0: \sigma^2 = 100, H_1: \sigma^2 \neq 100$.

因为 μ 未知,取检验统计量 $\chi^2 = \dfrac{9S^2}{100}$. 对于 $\alpha = 0.05, n-1 = 9$,查 χ^2 分布表,得临界值 $\chi^2_{0.975}(9) = 2.700, \chi^2_{0.025}(9) = 19.023$,从而得拒绝域为 $(0, 2.700) \cup (19.023, +\infty)$. 由样本值算得 $s^2 = 892.62$,则

$$\chi^2 = \frac{9 \times 892.62}{100} = 80.34 > 19.023,$$

所以拒绝 H_0,即认为该型号的新能源纯电动汽车充满电后的续航里程的方差与 100 差异明显.

例 8.13 某加工厂生产的某型号充电宝数据线要求其电阻的标准差不得超过 0.005Ω. 今在生产的一批数据线中随机抽取样品 9 根,测得 $s = 0.007\ \Omega$,且知总体服从正态分布.问在显著性水平 $\alpha = 0.05$ 下,能否认为这批数据线电阻的标准差显著偏大?

解 设 X 表示这批导线的电阻,则 $X \sim N(\mu, \sigma^2)$,提出假设检验

$$H_0: \sigma^2 \leqslant 0.005^2, \quad H_1: \sigma^2 > 0.005^2.$$

取检验统计量 $\chi^2 = \dfrac{8S^2}{0.005^2}$. 对于 $\alpha = 0.05, n-1 = 8$,查 χ^2 分布表,得临界值 $\chi^2_{0.05}(8) = 15.507$,则拒绝域为 $(15.507, +\infty)$. 由样本值算得

$$\chi^2 = \frac{8 \times 0.007^2}{0.005^2} = 15.68 > 15.507,$$

所以拒绝 H_0,即认为这批数据线电阻的标准差显著偏大.

总之,对于给定的显著性水平 α,正态总体方差的假设检验问题可见表 8-5(显著性水平为 α).

表 8-5 正态总体方差的假设检验

条件	原假设 H_0	备择假设 H_1	检验统计量	拒绝域
均值 μ 已知	$\sigma^2 = \sigma_0^2$	$\sigma^2 \neq \sigma_0^2$	$\chi^2 = \dfrac{(n-1)S^2}{\sigma_0^2}$	$\chi^2 \leqslant \chi^2_{1-\alpha/2}(n)$ 或 $\chi^2 \geqslant \chi^2_{\alpha/2}(n)$
	$\sigma^2 \leqslant \sigma_0^2$	$\sigma^2 > \sigma_0^2$		$\chi^2 \geqslant \chi^2_{\alpha}(n)$
	$\sigma^2 \geqslant \sigma_0^2$	$\sigma^2 < \sigma_0^2$		$\chi^2 \leqslant \chi^2_{1-\alpha}(n)$
均值 μ 未知	$\sigma^2 = \sigma_0^2$	$\sigma^2 \neq \sigma_0^2$		$\chi^2 \leqslant \chi^2_{1-\alpha/2}(n-1)$ 或 $\chi^2 \geqslant \chi^2_{\alpha/2}(n-1)$
	$\sigma^2 \leqslant \sigma_0^2$	$\sigma^2 > \sigma_0^2$		$\chi^2 \geqslant \chi^2_{\alpha}(n-1)$
	$\sigma^2 \geqslant \sigma_0^2$	$\sigma^2 < \sigma_0^2$		$\chi^2 \leqslant \chi^2_{1-\alpha}(n-1)$

习　题　8.2

基　础　题

1. 为了研究某地区的人的身高状态,随机抽取 16 名成年男性,测量他们的身高数据.测得他们的平均身高为 174 cm,标准差为 10 cm.假定该地区的成年男性身高服从正态分布,取显著性水平 $\alpha = 0.05$,试问:"成年男性的平均身高是 175 cm"这一命题能否接受?

2. 某工厂生产一种螺钉,要求该螺钉标准长度是 32.5(单位:mm).实际生产的产品,假设其长度 X 服从正态分布 $N(\mu, \sigma^2)$,其中 σ^2 未知.现从该厂生产的一批产品中抽取 6 件,测得尺寸数据为:

$$32.56, \quad 29.66, \quad 31.64, \quad 30.00, \quad 31.87, \quad 31.03.$$

问:这批产品是否合格($\alpha = 0.01$)?

3. 已知正常成年男性的脉搏次数 X(单位:次/min)平均为 72 次,现测量患有某种疾病的 9 名男性患者的脉搏,数据如下:

$$75, \quad 78, \quad 82, \quad 81, \quad 79, \quad 70, \quad 72, \quad 76, \quad 73.$$

假设人的脉搏次数 $X \sim N(\mu, \sigma^2)$,给定显著性水平 $\alpha = 0.05$,试问患有该种疾病的男性患者的脉搏次数是否显著增加?

4. 现在网络通信离不开光纤,纤芯是光纤的重要组成部分.已知某加工厂生产的多模光纤的纤芯直径在正常条件下服从方差 $\sigma^2 = 0.048^2$ 的正态分布.某天随机从生产的产品中抽取 5 根纤芯,测得纤芯直径(单位:毫米)分别为:

$$0.136, \quad 0.144, \quad 0.132, \quad 0.155, \quad 0.140.$$

问:这天纤芯直径的方差是否正常($\alpha = 0.1$)?

提　高　题

1. 设 $X_1, X_2, \cdots, X_{16}$ 是来自总体 $X \sim N(\mu, 1)$ 的样本,测得样本均值为 $\bar{x}$,现检验假设 $H_0: \mu = 5.0, H_1: \mu \neq 5.0$,给定显著性水平 $\alpha = 0.1$,已知检验的拒绝域为 $|\bar{x} - 5.0| \geq k$,试确定常数 k 的值.

2. 已知某企业生产某个通信设备中用到的某种电子元器件,要求该电子元器件的质量 $X \sim N(\mu, \sigma^2)$,其中 $\mu = 10$(单位:g).现随机从某天生产的电子元器件中抽取 16 件进行检测,测得样本均值 $\bar{x} = 10.1$ g,样本标准差 $s = 0.12$ g,试问当天生产的电子器件的质量是否有显著变化($\alpha = 0.05$)?

3. 某企业利用自动流水线加工一批汽车配件.已知该汽车配件的长度服从方差为 $\sigma^2 = 0.12$

的正态分布. 现检测自动流水线的加工精度,随机抽取了该企业某天生产的 24 件汽车配件,测得汽车配件长度的样本标准差 $s = 0.39$. 给定显著性水平 $\alpha = 0.05$,试问:(1) 该汽车配件的总体方差 σ^2 是否有显著变化? (2) 该汽车配件的总体方差 σ^2 是否显著变大?

4. 计算机服务器对于简单命令的响应时间的标准差是 25 ms,平均响应时间是 400 ms. 现给计算机服务器上安装了一个新版的操作系统,已知该系统对于简单命令与之前的响应时间有偏差. 在新系统上随机采样得到的 21 个简单命令的响应时间的标准差为 32 ms. 在显著性水平为 0.05 的情况下,响应时间的标准差是否有明显增加? 当显著性水平为 0.01 时,标准差是否有显著增加?

§8.3 两个正态总体参数的假设检验

在实际应用中,还会经常遇到两个正态总体的比较问题. 下面就来讨论两个正态总体均值和方差差异性的检验法.

设总体 $X \sim N(\mu_1, \sigma_1^2)$,总体 $Y \sim N(\mu_2, \sigma_2^2)$,且 X 与 Y 相互独立. $X_1, X_2, \cdots, X_n$ 是来自总体 X 的一组样本,其样本均值和样本方差分别记为 $\bar{X}$ 与 S_1^2;$Y_1, Y_2, \cdots, Y_n$ 是来自总体 Y 的一组样本,其样本均值和样本方差分别记为 $\bar{Y}$ 与 S_2^2.

8.3.1 均值检验

两个均值 μ_1 和 μ_2 的差异性的比较通常有如下的假设检验问题:

$$H_0: \mu_0 = \mu_1 - \mu_2 = 0, \quad H_1: \mu_0 = \mu_1 - \mu_2 \neq 0. \tag{8-8}$$

$$H_0: \mu_0 = \mu_1 - \mu_2 \leqslant 0, \quad H_1: \mu_0 = \mu_1 - \mu_2 > 0. \tag{8-9}$$

$$H_0: \mu_0 = \mu_1 - \mu_2 \geqslant 0, \quad H_1: \mu_0 = \mu_1 - \mu_2 < 0. \tag{8-10}$$

1. 方差 σ_1^2 和 σ_2^2 为已知,均值 μ_1 和 μ_2 的假设检验(U 检验法)

(8-8)(8-9)(8-10)三种情形均可用 U 检验法来检验.

因为 $\bar{X} \sim N\left(\mu_1, \dfrac{\sigma_1^2}{n_1}\right)$,$\bar{Y} \sim N\left(\mu_2, \dfrac{\sigma_2^2}{n_2}\right)$,且 $\bar{X}$ 与 $\bar{Y}$ 相互独立,则有

$$\bar{X} - \bar{Y} \sim N\left(\mu_1 - \mu_2, \dfrac{\sigma_1^2}{n_1} + \dfrac{\sigma_2^2}{n_2}\right),$$

即

$$\frac{(\bar{X} - \bar{Y}) - (\mu_1 - \mu_2)}{\sqrt{\dfrac{\sigma_1^2}{n_1} + \dfrac{\sigma_2^2}{n_2}}} \sim N(0, 1),$$

上述三类检验均取检验统计量

$$U = \frac{\bar{X} - \bar{Y}}{\sqrt{\dfrac{\sigma_1^2}{n_1} + \dfrac{\sigma_2^2}{n_2}}},$$

即当原假设 H_0 成立时,有 $U \sim N(0,1)$. 对于给定显著性水平 α,可分别得到如下拒绝域:

假设检验(8-8)的拒绝域为 $(-\infty, -u_{\frac{\alpha}{2}}) \cup (u_{\frac{\alpha}{2}}, +\infty)$,假设检验(8-9)的原假设拒绝域为 $(u_\alpha, +\infty)$,假设检验(8-10)的原假设拒绝域为 $(-\infty, -u_\alpha)$.

例 8.14 自从 20 世纪 90 年代以来,伴随着中国经济的快速发展,中国成为铜消费增长的集中地. 现有甲、乙两个铜矿区,通过历史数据显示所采的矿石中的含铜率分别服从 $N(\mu_1, 2.74^2)$ 及 $N(\mu_2, 1.61^2)$. 某天随机从两矿区所采的矿石中各抽取几个样石,分析其含铜率(%)得:

甲铜矿区:24.3,20.8,23.7,17.4,21.3.

乙铜矿区:16.9,16.7,20.2,18.2.

试问两矿区所采矿石的含铜率均值有无显著差异($\alpha = 0.1$)?

解 设 X 为甲铜矿区所采矿石的含铜率,Y 为乙铜矿区所采矿石的含铜率. 由题设可知,$X \sim N(\mu_1, 2.74^2)$,$Y \sim N(\mu_2, 1.61^2)$,提出假设检验

$$H_0: \mu_0 = \mu_1 - \mu_2 = 0, \quad H_1: \mu_0 = \mu_1 - \mu_2 \neq 0.$$

取检验统计量 $U = \dfrac{\bar{X} - \bar{Y}}{\sqrt{\dfrac{2.74^2}{5} + \dfrac{1.61^2}{4}}}$. 对于给定的显著性水平 $\alpha = 0.05$,查标准正态分布表,得临界值 $u_{0.025} = 1.96$,则拒绝域为 $(-\infty, -1.96) \cup (1.96, +\infty)$. 由样本值算得

$$u = \frac{21.5 - 18}{\sqrt{\dfrac{2.74^2}{5} + \dfrac{1.61^2}{4}}} = 2.39 > 1.96,$$

所以拒绝 H_0,即认为两矿区所采矿石的含铜率均值有显著差异.

2. 方差 σ_1^2 和 σ_2^2 为未知,但 $\sigma_1^2 = \sigma_2^2$ 时,均值 μ_1 和 μ_2 的假设检验(t 检验法)

(8-8)(8-9)(8-10)三种假设检验均取检验统计量

$$T = \frac{\bar{X} - \bar{Y}}{S_w \sqrt{\dfrac{1}{n_1} + \dfrac{1}{n_2}}},$$

其中 $S_w^2 = \dfrac{(n_1 - 1)S_1^2 + (n_2 - 1)S_2^2}{n_1 + n_2 - 2}$.

由第六章的定理知,统计量$\dfrac{(\overline{X}-\overline{Y})-(\mu_1-\mu_2)}{S_w\sqrt{\dfrac{1}{n_1}+\dfrac{1}{n_2}}}\sim t(n_1+n_2-2)$,所以,对于给定的显著性水平

α,当原假设H_0成立时,可以推得假设检验(8-8)的原假设拒绝域为$(-\infty,-t_{\frac{\alpha}{2}}(n_1+n_2-2))\cup$$(t_{\frac{\alpha}{2}}(n_1+n_2-2),+\infty)$,假设检验(8-9)的原假设拒绝域为$(t_\alpha(n_1+n_2-2),+\infty)$,假设检验(8-10)的原假设拒绝域为$(-\infty,-t_\alpha(n_1+n_2-2))$.

例 8.15 某钢铁集团的研究团队在平炉上进行一项试验以确定改变操作方法是否会增加钢的产率,试验在同一个平炉上进行,每炼一炉钢时,除操作方法外,其他条件都尽可能做到相同.先用标准方法炼一炉,然后用建议的新方法炼一炉,之后交替进行,各炼 10 炉,其产率(单位:%)分别如下:

标准方法:78.1,　72.4,　76.2,　74.3,　77.4,　78.4,　76.0,　75..5,　76.7,　77.3.

新的方法:79.1,　81.0,　77.3,　79.1,　80.0,　79.1,　79.1,　77.3,　80.2,　82.1.

设两个样本相互独立,且分别来自正态总体$N(\mu_1,\sigma^2)$和$N(\mu_2,\sigma^2)$,μ_1,μ_2,σ^2均未知,问:(1)新的方法能否提高产率;(2)试用 MATLAB 语言判断新的方法能否提高产率($\alpha=0.05$)?

例 8.15
MATLAB 程序

解 设用标准方法和新的方法对应的钢的产率分别为X和Y,则由题意知,$X\sim N(\mu_1,\sigma^2)$,$Y\sim N(\mu_2,\sigma^2)$,提出假设检验

$$H_0:\mu_1=\mu_2,\quad H_1:\mu_1<\mu_2.$$

即

$$H_0:\mu_0=\mu_1-\mu_2=0,\quad H_1:\mu_0=\mu_1-\mu_2<0.$$

取检验统计量$T=\dfrac{\overline{X}-\overline{Y}}{S_w\sqrt{\dfrac{1}{10}+\dfrac{1}{10}}}$.对于给定显著性水平$\alpha=0.05$,$n_1+n_2-2=18$,查$t$分布

表,得临界值$t_{0.025}(18)=2.1009$,则拒绝域为$(-\infty,-2.1009)\cup(2.1009,+\infty)$.由样本值算得$\overline{x}=76.23$,$\overline{y}=79.43$,$s_1^2=3.3246$,$s_2^2=2.2246$,从而有

$$|t|=\left|\dfrac{76.23-79.43}{\sqrt{\dfrac{9\times3.3246+9\times2.2246}{10+10-2}}\cdot\sqrt{\dfrac{1}{10}+\dfrac{1}{10}}}\right|=4.2957>2.1009,$$

所以拒绝H_0,即认为新方法能提高产率.

8.3.2 方差检验

对于方差σ_1^2,σ_2^2,可提出如下的假设检验问题:

$$H_0:\sigma_1^2=\sigma_2^2,\quad H_1:\sigma_1^2\neq\sigma_2^2. \tag{8-11}$$

$$H_0:\sigma_1^2 \leqslant \sigma_2^2, \quad H_1:\sigma_1^2 > \sigma_2^2. \tag{8-12}$$

$$H_0:\sigma_1^2 \geqslant \sigma_2^2, \quad H_1:\sigma_1^2 < \sigma_2^2. \tag{8-13}$$

（8-11）（8-12）（8-13）三种假设检验均取检验统计量 $F=\dfrac{S_1^2}{S_2^2}$. 当原假设 H_0 成立时，统计量 $F \sim F(n_1-1, n_2-1)$. 对于给定显著性水平 α, 可分别得到拒绝域：假设检验（8-11）的原假设拒绝域 $(-\infty, F_{1-\alpha/2}(n_1-1, n_2-1)) \cup (F_{\alpha/2}(n_1-1, n_2-1), +\infty)$, 假设检验（8-12）的原假设拒绝域为 $(F_{\alpha}(n_1-1, n_2-1), +\infty)$, 假设检验（8-13）的原假设的拒绝域为 $(0, F_{1-\alpha}(n_1-1, n_2-1))$.

例 8.16　在客户机与服务器模式下, 文件服务器 (file server) 是一台对中央存储和数据文件管理负责的计算机. 在更复杂的网络中, 文件服务器也可以是一台专门的网络附加存储 (NAS) 设备, 它也可以作为其他计算机的远程硬盘驱动器来运行, 并允许网络中的人像在他们自己的硬盘中一样在服务器中存储文件. 现通过向文件服务器的普通请求 (请求下载小文件) 的响应时间来对下面两个服务器的响应性能进行对比：在显著性水平 $\alpha=0.05$ 下, 向服务器 I 发出 6 个请求, 服务器 I 的平均响应时间为 $\bar{x}=135$ ms, 且样本方差为 $s_1^2=11.2$ ms；向服务器 II 发出 4 个请求, 服务器 II 的平均响应时间为 $\bar{y}=131$ ms, 且样本方差为 $s_2^2=36.67$ ms. 试问这两个服务器的响应性能的方差是否相等？

解　设假设检验

$$H_0:\sigma_1^2=\sigma_2^2, H_1:\sigma_1^2 \neq \sigma_2^2.$$

取检验统计量 $F=\dfrac{S_1^2}{S_2^2}$. 对于给定显著性水平 $\alpha=0.05, n_1-1=5, n_2-1=3$, 查 F 分布表, 得临界值 $F_{0.975}(5,3)=\dfrac{1}{F_{0.025}(3,5)}=0.129, F_{0.025}(5,3)=14.9$, 拒绝域为 $(0, 0.129) \cup (14.9, +\infty)$. 由样本值算得

$$F=\frac{S_1^2}{S_2^2}=\frac{11.2}{36.67}=0.305\,4.$$

由于 $0.129 < F < 14.9$, 所以接受 H_0, 即可以认为这两个服务器的响应性能的方差无显著差异.

习　题　8.3

基　础　题

1. 某地区高考招生办为摸查高考数学成绩的分布情况, 随机地抽取了 2020 年该地区的高考成绩中 20 名学生的数学成绩, 其中男生 9 名, 女生 11 名, 成绩情况如下：

　　男生：138, 146, 134, 128, 119, 127, 141, 124, 139.

　　女生：124, 136, 142, 132, 128, 139, 118, 124, 126, 112, 125.

假设女生成绩与男生成绩均服从正态分布且方差相等,试问男生和女生的高考数学成绩存在显著差异吗($\alpha = 0.05$)?

2. 甲、乙两车间生产某种罐头食品.由长期积累的资料知,该种罐头食品的水分活性均服从正态分布,且标准差分别为 0.142 和 0.105.某天,随机从刚生产的产品中各取 15 罐,测得它们的水分活性平均值分别为 0.811 和 0.862,问:甲、乙两车间生产的该种罐头食品的水分活性均值有无显著差异($\alpha = 0.05$)?

3. 某大型企业的研究机构进行一项试验,以确认新工艺能否提高产品产量.为了比较新旧工艺的差异,在新工艺条件下,重复做了 8 次试验,根据数据算得样本均值 $\bar{x}_1 = 85.4$,样本方差 $s_1^2 = 2.1$.接着又随机地抽取了 10 件采用旧工艺生产的产品,根据数据算得样本均值 $\bar{x}_2 = 80.2$,样本方差 $s_2^2 = 2.5$.假设这两个样本相互独立,且总体 $X \sim N(\mu_1, \sigma_1^2)$,$Y \sim N(\mu_2, \sigma_2^2)$,其中 $\mu_1, \sigma_1^2, \mu_2, \sigma_2^2$ 均未知,给定显著性水平 $\alpha = 0.05$,则(1)试问 σ_1^2 与 σ_2^2 是否存在显著差异?(2)试问采用新工艺能否显著提高产品的产量?

4. 两台车床加工同种零件,分别从两台车床加工的零件中抽取 6 个和 9 个并测量其厚度,计算得 $s_1^2 = 0.345$,$s_2^2 = 0.375$.假定零件厚度服从正态分布,试比较两台车床的加工精度有无显著差异($\alpha = 0.01$)?

提 高 题

1. 某制药厂为了检验其生产的某种药物对高血压是否有疗效,现随机地选取了 9 名测试者,分别测得了他们服药前后的收缩压,测得数值(单位:mmHg)如下:

编号	1	2	3	4	5	6	7	8	9
服药前血压	142	152	138	139	157	150	140	142	145
服药后血压	134	138	134	137	128	136	134	140	128

假设服药前后的收缩压的差值服从正态分布,试问在显著性水平 $\alpha = 0.05$ 下,该药物对高血压是否有显著疗效?

2. 某厂生产的小型电动机说明书上写着:在正常负载下平均电流不超出 0.8 A.现随机测试了该厂生产的 16 台电动机,平均电流为 0.92 A,标准差为 0.32 A.设电动机的电流服从正态分布,取显著性水平 $\alpha = 0.05$,问:根据此样本,能否怀疑厂方的产品说明书中所说数据的真实性?

3. 货车从甲地运送货物到乙地有 A 和 B 两条行车路线,行车时间分别服从 $N(\mu_1, \sigma_1^2)$,$N(\mu_2, \sigma_2^2)$.现在让一名司机每条路线各跑 50 次,记录其行车时间:在 A 线路上有 $\bar{x}_1 = 95$ min,$s_1 = 20$ min;在 B 线路上有 $\bar{x}_2 = 76$ min,$s_2 = 15$ min.试问:这两条路线行车时间的均值是否一样?方差是否一样($\alpha = 0.05$)?

4. 由于工作和生活节奏的加快,外卖已成为人们生活的一部分.对于外卖饭店来说,许多买

家关心的是:从下单到外卖送到的时间间隔(简称时间间隔),为比较在某网络平台上的饭店 A 和饭店 B 的时间间隔的差异,对这两家饭店分别随机抽查了 16 次,下面是具体的时间间隔数据(单位:min)

饭店 A	21	23	20	19	13	14	15	17	21	14	16	16	17	15	11	14
饭店 B	17	21	22	13	25	17	12	16	18	20	18	22	19	13	20	15

假设对这两个饭店来说,时间间隔相互独立且都服从正态分布,方差也相等.请根据上面的样本数据,判断这两个饭店的平均时间间隔有无显著差异($\alpha = 0.01$)?

*§8.4 非参数假设检验

在参数假设检验中,总体分布的类型是已知的且都假设为正态分布,但在实际应用中,人们往往不能预先知道总体服从什么类型的分布.对于不知道总体分布形式的情况,我们可以针对某些特殊的分布形式,做拟合优度检验来判断是否有理由认为总体是符合某一分布的,这就需要根据样本来推断总体的分布类型,即需要对总体的分布提出某种假设,根据总体的一组样本检验此假设是否成立,即所谓的非参数假设检验.

在非参数假设检验的应用中,我国统计学家陈松蹊教授在超高维假设检验方法和非参数经验似然方法方面取得丰硕成果,推动了统计学的关键性发展.他同时注重数理统计的应用,以国家大气污染防治的重大需求为出发点,在数学、地球、物理领域做出了前沿交叉成果,为精准度量污染排放和评估大气治理效果提供了科学方法.

下面我们介绍非参数假设检验.

考虑如下形式的假设检验:

$$H_0: F(x) = F_0(x), \quad H_1: F(x) \neq F_0(x), \tag{8-14}$$

其中 $F_0(x)$ 是某个已知的分布函数.

当总体分布为离散型时,假设检验(8-14)相当于

$$H_0: 总体 X 的概率分布律为 P\{X = x_i\} = p_i, \quad i = 1, 2, \cdots.$$

当总体分布为连续型时,假设检验(8-14)相当于

$$H_0: 总体 X 的概率密度为 f(x).$$

一般情况下,从样本观测值 $x_1, x_2, \cdots, x_n$ 来推断总体 X 的分布分为两步:第一步,根据样本观测值大致地了解总体 X 的可能分布,使得假设(8-14)中的 $F_0(x)$ 的表达式较为准确;第二步,检验总体 X 的分布函数 $F(x)$ 是否为 $F_0(x)$.

分布函数拟合检验的方法很多,最主要的是皮尔逊的 χ^2 拟合检验法.下面介绍皮尔逊的 χ^2 拟合检验法.

8.4.1 皮尔逊的 χ^2 拟合检验法

χ^2 拟合检验法的具体步骤如下:

1. 把实数轴分为 m 个互不相交的区间 $(t_{i-1}, t_i]$，$i = 1, 2, \cdots, m$，其中 t_0, t_m 可分别取 $-\infty$ 和 $+\infty$；

2. 求出当原假设 H_0 成立时，总体 X 取值落在第 i 个小区间 $(t_{i-1}, t_i]$ 的概率 $p_i = P\{t_{i-1} < X \leqslant t_i\} = F_0(t_i) - F_0(t_{i-1})$，$i = 1, 2, \cdots, m$，称 np_i 为理论频数；同样计算样本观测值 $x_1, x_2, \cdots, x_n$ 在区间 $(t_{i-1}, t_i]$ 中的个数 n_i，$i = 1, 2, \cdots, m$，称为实际频数.

一般来说，当原假设 H_0 成立时，频率 $\dfrac{n_i}{n}$ 与 p_i 虽有差异但不显著.当 H_0 不成立时，这种差异就显著.皮尔逊为此构造了统计量

$$\chi^2 = \sum_{i=1}^{m} \frac{(n_i - np_i)^2}{np_i},$$

并证明了如下定理.

定理 8.1 若 n 充分大 $(n \geqslant 50)$ 时，则不论总体属于什么分布，都有

$$\chi^2 = \sum_{i=1}^{m} \frac{(n_i - np_i)^2}{np_i}$$

的近似服从是 $\chi^2(m-1)$ 分布.

对给定的显著性水平 α，查 χ^2 分布表，得临界值 $\chi^2_\alpha(m-1)$，使得 $P\{\chi^2 > \chi^2_\alpha(m-1)\} = \alpha$，由此得拒绝域为 $(\chi^2_\alpha(m-1), +\infty)$.

3. 由样本计算出检验统计量 χ^2 的值.若 $\chi^2 > \chi^2_\alpha(m-1)$，则拒绝原假设 H_0；反之，接受原假设 H_0.

注意到，当用 χ^2 统计量作为检验假设 $H_0: F(x) = F_0(x)$ 的统计量时，$F_0(x)$ 的形式及参数必须是完全已知的.但实际上参数值往往是未知的，这时，需要用适当的方法(例如最大似然估计法)估计参数，然后再作检验.

若分布函数中含有 k 个未知参数 $\theta_1, \theta_2, \cdots, \theta_k$，则可将分布函数 $F_0(x; \theta_1, \theta_2, \cdots, \theta_k)$ 中的参数 θ_i，$i = 1, 2, \cdots, k$，用最大似然估计量 $\hat{\theta}_i$ 来代替，使得 $F_0(x; \hat{\theta}_1, \hat{\theta}_2, \cdots, \hat{\theta}_k)$ 完全确定，从而得到 p_i 的相应估计量

$$\hat{p}_i = F_0(t_i; \hat{\theta}_1, \hat{\theta}_2, \cdots, \hat{\theta}_k) - F_0(t_{i-1}; \hat{\theta}_1, \hat{\theta}_2, \cdots, \hat{\theta}_k), \quad i = 1, 2, \cdots, m,$$

然后再按上述步骤进行检验.在此情况下，费希尔推广了皮尔逊定理，证明了统计量 $\chi^2 = \sum\limits_{i=1}^{m} \dfrac{(n_i - n\hat{p}_i)^2}{n\hat{p}_i}$ 渐近服从 $\chi^2(m-k-1)$ 分布，其中 k 为未知参数个数.

例 8.17 为提高服务器的性能和工作负载能力，企业通常会使用 DNS 服务器、网络地址转换等技术来实现多服务器负载均衡，特别是目前企业对外的互联网 Web 网站，许多都是通过几台服务器来完成服务器访问的负载均衡.现有一个大型企业级服务器，有六个 I/O 通道，且系统的操作人员需确定通道上的负载是均衡的.设 X 是表示一个给定 I/O 操作指向通道的指令数，于是可假设它的分布律为 $P_X(i) = p_i = \dfrac{1}{6}$，$i = 0$，$1, \cdots, 5$.在观测到的 $n = 150$ 次 I/O 操作中，指向不同通道的指令数分别为 $n_0 = 22, n_1 = 23, n_2 = 29, n_3 = 31, n_4 = 26, n_5 = 19$，试用 χ^2 拟合检验法检验假设各通道上的负载是均衡的.

解 提出假设检验:各通道上的负载是均衡的，即

$$H_0:p_i=\frac{1}{6}, \quad H_1:p_i\neq\frac{1}{6}, \quad i=0,1,\cdots,5,$$

应用 χ^2 统计量,有

$$\chi^2=\frac{(22-25)^2+(23-25)^2+(29-25)^2+(31-25)^2+(26-25)^2+(19-25)^2}{25}=4.08.$$

对于自由度为 5 的 χ^2 的分布,显著性水平为 95% 的临界值为 $\chi^2_{0.95}(5)=1.145$,即接受原假设 H_0,认为各通道上的负载是均衡的.

8.4.2　比率的假设检验

总体中具有某一统计特征的个体所占的比例称为**比率**,记作 p.例如产品的次品率、药品的有效率、设备的完好率等都是常见的指标.换句话说,比率就是从总体中随机抽取一个个体,而此个体恰好具有所属特征的概率.对比率的假设检验就是对概率 p 的检验.在实际应用中,比率检验具有广泛的应用背景.

1. 单个总体比率的假设检验

设总体 $X\sim B(1,p)$,$X_1,X_2,\cdots,X_n$ 是来自总体 X 的容量为 n 的大样本(通常 $n\geqslant30$).记 $\mu_n=\sum_{i=1}^{n}X_i$,则 $\mu_n\sim B(n,p)$,由中心极限定理知,$U=\frac{\mu_n-np}{\sqrt{np(1-p)}}$ 近似服从标准正态分布,故 U 可作为检验 p 的统计量.

提出如下假设检验:

$$H_0:p=p_0, \quad H_1:p\neq p_0. \tag{8-15}$$

$$H_0:p\leqslant p_0, \quad H_1:p>p_0. \tag{8-16}$$

$$H_0:p\geqslant p_0, \quad H_1:p<p_0. \tag{8-17}$$

其中 p_0 为指定的正数,$0<p_0<1$.

当假设检验(8-15)的原假设 H_0 成立时,检验统计量 $U=\frac{\mu_n-np_0}{\sqrt{np_0(1-p_0)}}$ 近似服从标准正态分布.对于给定的显著性水平 α,查标准正态分布表,得临界值 $u_{\frac{\alpha}{2}}$,从而得(8-15)的原假设的拒绝域为 $(-\infty,-u_{\frac{\alpha}{2}})\cup(u_{\frac{\alpha}{2}},+\infty)$.

类似地,可分别求得假设检验(8-16)的原假设的拒绝域为 $(u_\alpha,+\infty)$,假设检验(8-17)的拒绝域为 $(-\infty,-u_\alpha)$.

例 8.18　某电器厂生产迷你小风扇.规定次品率不得超过 3%.某天从刚生产的一批产品中随机抽查了 250 件,发现了 14 件次品,问这批产品是否可以出厂($\alpha=0.01$)?

解　设假设检验

$$H_0:p\leqslant0.03,H_1:p>0.03.$$

取检验统计量 $U=\frac{\mu_n-np_0}{\sqrt{np_0(1-p_0)}}$.对于给定的显著性水平 $\alpha=0.01$,查标准正态分布表,得临界值 $u_{0.01}=2.326$,则拒绝域为 $(2.326,+\infty)$.由样本值算得

$$u=\frac{14-250\times0.03}{\sqrt{250\times0.03\times0.97}}=2.41>2.326,$$

所以拒绝原假设 H_0,即认为这批产品不能出厂.

2. 两个总体比率的差异性比较

设两总体 X 与 Y 相互独立,且都服从 $(0-1)$ 分布.设 p_1, p_2 分别是两个总体 X, Y 中具有特征 B 个体所占的比率,p_1, p_2 均未知.$X_1, X_2, \cdots, X_n$ 和 $Y_1, Y_2, \cdots, Y_m$ 是分别来自总体 X 和 Y 的样本,μ_n, μ_m 分别表示总体 X 和 Y 中具有特征 B 个体出现的次数,即 $\mu_n = \sum_{i=1}^{n} X_i, \mu_m = \sum_{i=1}^{m} Y_i, \mu_n \sim B(n, p_1), \mu_m \sim B(m, p_2)$,且有

$$E(\mu_n) = np_1, \quad D(\mu_n) = np_1(1-p_1);$$
$$E(\mu_m) = mp_2, \quad D(\mu_m) = mp_2(1-p_2).$$

设假设检验

$$H_0: p_1 = p_2 = p, \quad H_1: p_1 \neq p_2. \tag{8-18}$$

当原假设 H_0 成立时,样本比率差 $\dfrac{\mu_n}{n} - \dfrac{\mu_m}{m}$ 的期望和方差分别为

$$E\left(\frac{\mu_n}{n} - \frac{\mu_m}{m}\right) = 0, \quad D\left(\frac{\mu_n}{n} - \frac{\mu_m}{m}\right) = p(1-p)\left(\frac{1}{n} + \frac{1}{m}\right).$$

由中心极限定理知,当 n, m 充分大时,$\dfrac{\dfrac{\mu_n}{n} - \dfrac{\mu_m}{m}}{\sqrt{p(1-p)\left(\dfrac{1}{n} + \dfrac{1}{m}\right)}}$ 渐近服从标准正态分布,p 未知.由于联合样本比率 $\hat{p} = \dfrac{\mu_n + \mu_m}{n+m}$ 是 p 的无偏估计量,故统计量 $U = \dfrac{\dfrac{\mu_n}{n} - \dfrac{\mu_m}{m}}{\sqrt{\hat{p}(1-\hat{p})\left(\dfrac{1}{n} + \dfrac{1}{m}\right)}}$ 近似服从 $N(0,1)$.对于给定的显著性水平 α,可确定其拒绝域为 $(-\infty, -u_{\frac{\alpha}{2}}) \cup (u_{\frac{\alpha}{2}}, +\infty)$.

同样可推得,对于假设检验 $H_0: p_1 \leq p_2, H_1: p_1 > p_2$ 的拒绝域为 $(u_\alpha, +\infty)$;对于假设检验 $H_0: p_1 \geq p_2, H_1: p_1 < p_2$ 的拒绝域为 $(-\infty, -u_\alpha)$.

例 8.19 某品牌空调企业为了解甲、乙两个地区居民对其某型号空调的拥有率,对甲、乙两地各抽查了 200 户和 150 户居民,其中拥有该型号空调的户数分别为 114 户和 73 户.试在显著性水平 $\alpha = 0.05$ 下,检验甲、乙两地区对该型号空调的拥有率有无显著差异?

解 设甲、乙两地区居民对该厂产品的拥有率分别为 p_1, p_2,则提出假设检验

$$H_0: p_1 = p_2 = p, H_1: p_1 \neq p_2.$$

取检验统计量 $U = \dfrac{\dfrac{\mu_n}{n} - \dfrac{\mu_m}{m}}{\sqrt{\hat{p}(1-\hat{p})\left(\dfrac{1}{n} + \dfrac{1}{m}\right)}}$.对于给定的显著性水平 $\alpha = 0.05$,查标准正态分布表得临界值 $u_{0.025} = 1.96$,从而有拒绝域为 $(-\infty, -1.96) \cup (1.96, +\infty)$.

由 $n = 200, m = 150, \mu_n = 114, \mu_m = 73$,得 $\dfrac{\mu_n}{n} = 0.57, \dfrac{\mu_m}{m} = 0.487, \hat{p} = 0.534$,从而有

$$u = \frac{0.57 - 0.487}{\sqrt{0.534 \times 0.466 \times \left(\dfrac{1}{200} + \dfrac{1}{150}\right)}} = 1.54.$$

由于 $-1.96 < U < 1.96$,所以接受 H_0,即认为两地区产品拥有率无显著差异.

习　题　8.4

1. 某工厂生产一种滚珠,随机抽取 50 件产品,测得滚珠直径(单位:mm)为:15.8,15.0,15.2,15.1,15.9, 14.7,14.8,15.5,15.6,15.3,15.1,15.3,15.0,15.6,15.7,14.8,14.5,14.2,14.9,14.9,15.2,15.0,15.3, 15.6,15.1,14.9,14.2,14.6,15.8,15.2,15.9,15.2,15.0,14.9,14.8,14.5,15.1,15.5,15.5,15.1,15.1, 15.0,15.5,14.7,14.5,15.5,15.0,14.7,14.6,14.2.

试检验滚珠直径 X 服从正态分布($\alpha = 0.05$).

2. 微信支付已成为当前人们消费支付的方式之一.为了解其在消费支付市场的占有率,研究人员考察了某大型超市使用微信支付的情况,对该超市随机抽查了 500 笔支付,发现其中有 109 笔是通过微信支付完成的.如果把这个抽查结果看作整个市场微信支付率的样本,问能否认为微信支付率显著超过 20%(取显著性水平 $\alpha = 0.05$)?

§8.5　综合应用

假设检验问题在工业、农业、金融、管理、医学、卫生、数据分析等很多领域都有应用.下面来看几个应用例子:

例 8.20(母亲嗜酒是否影响下一代的健康)　美国医生琼斯在 1974 年观察了母亲在妊娠时曾患慢性酒精中毒的 6 名七岁儿童(称为甲组).以不饮酒但与前 6 名儿童的母亲有相同或相近的年龄、文化程度及婚姻状况的 41 名七岁儿童为对照组(称为乙组).测定两组儿童的智商,结果如表 8-6 所示:

表 8-6　儿童智商数据表

	人数 n	智商平均数 X	样本标准差 s
甲组	6	78	19
乙组	41	99	16

由此结果推断母亲嗜酒是否影响下一代的智力? 若有影响推断已影响的程度有多大($\alpha = 0.1$)?

分析　智商一般受诸多因素的影响,从而可以假定两组儿童的智商服从正态分布 $N(\mu_1, \sigma_1^2)$, $N(\mu_2, \sigma_2^2)$.本问题实际是检验甲组总体的均值 μ_1 是否比乙组总体的均值 μ_2 偏小? 若是,这个差异范围有多大?(前一问题属假设检验,后一问题属区间估计.)

解　由于两个总体的方差未知,而甲组的样本容量较小.因此采用大样本下两总体均

值比较的 Z 检验法似乎不妥.故采用方差相等(但未知)时,两正态总体均值比较的 t 检验法对第一个问题作出回答.为此,先检验两总体方差是否相等.设假设检验

$$H_0 : \sigma_1^2 = \sigma_2^2, H_1 : \sigma_1^2 \neq \sigma_2^2.$$

取检验统计量 $F = \dfrac{S_1^2}{S_2^2}$,则 $F = \dfrac{S_1^2}{S_2^2} \sim F(5, 40)$.对于给定显著性水平 $\alpha = 0.1$,$n_1 - 1 = 5$,$n_2 - 1 = 40$,查 F 分布表,得临界值 $F_{0.05}(5, 40) = 2.45$,$F_{0.95}(5, 40) = \dfrac{1}{F_{0.05}(40, 5)} = \dfrac{1}{4.46} = 0.22$,拒绝域为 $(0, 0.22) \cup (2.45, +\infty)$.由样本值算得

$$F = \frac{s_1^2}{s_2^2} = \frac{19^2}{16^2} = 1.41.$$

由于 $F_{0.95}(5, 40) < F < F_{0.05}(5, 40)$,所以接受 H_0,即认为两个总体的方差相等.

下面用 t 检验法检验 μ_1 是否比 μ_2 显著偏小.

设假设检验 $H_0 : \mu_1 = \mu_2$,$H_1 : \mu_1 < \mu_2$,取检验统计量 $T = \dfrac{\overline{X}_1 - \overline{X}_2}{S_w \sqrt{\dfrac{1}{5} + \dfrac{1}{40}}}$,其中 $S_w^2 = $

$\dfrac{(n_1 - 1)S_1^2 + (n_2 - 1)S_2^2}{n_1 + n_2 - 2}$,则 $T = \dfrac{\overline{X}_1 - \overline{X}_2}{S_w \sqrt{\dfrac{1}{5} + \dfrac{1}{40}}} \sim t(n_1 + n_2 - 2)$.若取显著性水平 $\alpha = 0.01$,由样本值算得

$$t = -2.72 < -2.412\ 1 = -t_{0.01}(45),$$

t 落在拒绝域内,故拒绝 H_0,即认为母亲嗜酒会对儿童智力发育产生不良影响.

下面考察这种不良影响的程度,需要对两总体均值差进行区间估计.

$\mu_2 - \mu_1$ 的置信度为 $1 - \alpha$ 的置信区间为

$$\left(\overline{X}_2 - \overline{X}_1 \right) \pm S_w \sqrt{\frac{1}{n_1} + \frac{1}{n_2}}\, t_{\alpha/2}(n_1 + n_2 - 2),$$

代入数据:$t_{0.005}(45) = 2.689\ 6$,$s_w = 16.32$,$\alpha = 0.01$,得 $\mu_2 - \mu_1$ 的置信度为 99% 的置信区间为

$$(99 - 78) \pm 16.32 \times 2.689\ 6 \sqrt{\frac{1}{n_1} + \frac{1}{n_2}} = 21 \pm 18.989,\ 即\ (2.011, 39.989).$$

结论:在置信度为 99% 下,嗜酒母亲所生孩子在其七岁时智商比不饮酒的母亲所生孩子在七岁时的智商平均低 2.09 到 39.91.

在解决问题过程中,两次假设检验所取的显著性水平不同:在检验方差相等时,取 $\alpha = 0.1$;在检验均值是否相等时,取 $\alpha = 0.01$.前者远比后者大.为什么要这样取呢?因为检验的结果与检验的显著性水平 α 有关.α 取得小,则拒绝域也会小,产生的后果使零假设 H_0 难以被拒

绝.因此,限制显著性水平的原则体现了"保护零假设"的原则.

当 α 较大时,若能接受 H_0,说明 H_0 为真的依据很充足;同理,当 α 很小时,我们仍然拒绝 H_0,说明 H_0 不真的理由就更充足.在本例中,对 $\alpha = 0.01$,仍得出接受 $\sigma_1^2 = \sigma_2^2$ 及拒绝 $\mu_1 = \mu_2$ 的结论,说明在所给数据下,得出相应的结论有很充足的理由.

另外在区间估计中.取较小的置信水平 $\alpha = 0.01$(即较大的置信度),从而使得区间估计的范围较大.若反之,取较大的置信水平,则可减少估计区间的长度,使区间估计更精确,但相应区间估计的可靠度要是降低了,则要冒更大风险.

例 8.21(统计数据异常值的检验)　今对某一种新型枪械进行射程测试,将其从固定位置和角度射击了 16 发子弹,其射程(从小到大排列)(单位:m)分别为:

$$1\ 125,\quad 1\ 248,\quad 1\ 250,\quad 1\ 259,\quad 1\ 273,\quad 1\ 279,\quad 1\ 285,\quad 1\ 285,$$
$$1\ 293,\quad 1\ 300,\quad 1\ 305,\quad 1\ 312,\quad 1\ 315,\quad 1\ 324,\quad 1\ 325,\quad 1\ 350.$$

检验极小值 $x_{\min} = 1\ 125$ 是否为异常值($\alpha = 0.01$)?

分析　上面的射程测试问题与我们常见的比赛判分问题一样.在一些重要比赛中,裁判给选手打分,往往去掉一个最高分,去掉一个最低分,再取平均值计算.这样做的原因是避免个别过高或过低的不合理评分影响选手的成绩.实际上,在对数据进行统计分析时,往往需要考虑是否受异常值的干扰.异常值是指样本中的个别值,其数值明显偏离它所属样本的其余观测值,异常值可能是总体固有的随机变量异值的极端表现,这种异常值和样本中其余观测值属于同一总体.异常值也可能是由于试验条件和试验方法的偶然偏离所产生的后果,或产生于观测、计算、记录中的失误.这种异常值和样本中其余观测值不属于同一总体.

异常值的出现对经典的统计方法影响较大,比如,一个偏离严重的异常值将使常用的统计量如样本均值、样本方差产生较大的偏差,因此,对于异常值的检验逐渐成为统计学中的重要问题.

处理异常值的方式通常有:(1) 将异常值保留在样本中,参加其后的数据分析,但对相应的结果给予必要的关注;(2) 将异常值从样本中剔除后,再做数据分析.将异常值剔除后,追加适宜的观测值计入样本,寻找产生异常值的实际原因,修正异常值.一般应根据实际问题的性质,权衡得失风险,确定相应的处理方式.

异常值检验用格拉布斯(Grubbs)检验法:(1) 计算统计量:$\mu = (X_1 + X_2 + \cdots + X_n)/n$;$s^2 = \dfrac{1}{n-1} \sum\limits_{i=1}^{n} (X_i - \mu)^2$;格拉布斯检验统计量 $G_n = \dfrac{\mu - X(n)}{s}$,式中 $X(n)$ 为需判断的异常值;(2) 确定检出水平 α,查表(见 GB 4883)得出对应 n, α 的格拉布斯检验临界值 $G_{(n)}$;(3) 当 $G_n > G_{(n)}$,则判断 $X(n)$ 为异常值,否则无异常值.

解　由样本值计算出:$\bar{x} = 1\ 283, s = 50.760\ 9$,于是有

$$G_{(16)} = \frac{1\ 283 - 1\ 125}{50.760\ 9} = 3.112\ 6.$$

在 $\alpha = 0.01$ 下，$G_{(16)}$ 的临界值为 2.747，由于 $2.747 < 3.1126$，因此判断极小值 $x_{\min} = 1125$ 是异常值.

异常点检测在数据挖掘、统计分析、信息安全中有着重要的作用.

例 8.22（信号的检测） 这里考虑一个高斯白噪声中有已知确定性信号的假设检验问题.检验问题需要区分如下两种假设：

$$\begin{cases} H_0 : x[n] = w(n), & n = 0, 1, \cdots, N-1, \\ H_1 : x[n] = s[n] + w(n), & n = 0, 1, \cdots, N-1. \end{cases}$$

其中信号 $s[n]$ 是已知的，$w[n]$ 是方差 σ^2 的零均值的高斯过程，自相关函数为 $\gamma_{ww}(k) = E(w[n]w[n+k]) = \sigma^2 \delta(k)$，$\delta(k)$ 是示性函数，即 $\delta(k) = \begin{cases} 1, & k = 0, \\ 0, & k \neq 0. \end{cases}$

分析 现代信号处理系统使用数字计算机对一个连续的波形进行采样，并存储采样值，这样就等效成一个根据离散时间波形或数据集做出判断的问题.从数学上讲，有可用数据 $\{x[0], x[1], \cdots, x[N-1]\}$，就可以形成数据函数 $T\{x[0], x[1], \cdots, x[N-1]\}$，就可以根据这些做出判断.

信号处理系统中，信号检测就是要能确定感兴趣的信号在什么时候出现，然后确定该信号的更多信息.考虑二元相移键控系统，该系统是用来传输发射"0"或"1"的数源输出.数据位是受到调制，然后被发射；而接收器是先解调，然后被检测.调制器将"0"转化为波形 $S_0(t) = \cos 2\pi F_0 t$，将"1"转化为波形 $S_1(t) = \cos(2\pi F_0 t + \pi) = -\cos 2\pi F_0 t$，以允许调制的信号通过中心频率为 F_{Hz} 的带宽信道传输，正弦信号的相位反映了发射的是"0"还是"1".因有约束条件，故采用似然比检验.

似然比定义为有约束条件下的似然函数最大值与无约束条件下似然函数最大值之比.似然比检验的思想是：如果参数约束是有效的，那么加上这样的约束不应该引起似然函数最大值的大幅度降低.也就是说似然比检验的实质是在比较有约束条件下的似然函数最大值与无约束条件下似然函数最大值.

解 采用似然比检验.设门限 $\gamma > 0$，如果似然比超出门限，即

$$L(\boldsymbol{X}) = \frac{f(\boldsymbol{X}; H_1)}{f(\boldsymbol{X}; H_0)} > \gamma,$$

则拒绝原假设 H_0，接受 H_1，其中 $\boldsymbol{X} = (x[0], x[1], \cdots, x[N-1])^{\mathrm{T}}$.

由于

$$f(\boldsymbol{X}; H_1) = \frac{1}{(2\pi\sigma^2)^{N/2}} \exp\left\{ -\frac{1}{2\sigma^2} \sum_{n=0}^{N-1} (x[n] - s[n])^2 \right\},$$

$$f(\boldsymbol{X}; H_0) = \frac{1}{(2\pi\sigma^2)^{N/2}} \exp\left\{ -\frac{1}{2\sigma^2} \sum_{n=0}^{N-1} (x[n])^2 \right\},$$

故有

$$L(\boldsymbol{X}) = \exp\left\{-\frac{1}{2\sigma^2}\left(\sum_{n=0}^{N-1}(x[n]-s[n])^2 - \sum_{n=0}^{N-1}(x[n])^2\right)\right\} > \gamma.$$

两边取对数,得

$$l(\boldsymbol{X}) = \ln L(\boldsymbol{X}) = -\frac{1}{2\sigma^2}\left(\sum_{n=0}^{N-1}(x[n]-s[n])^2 - \sum_{n=0}^{N-1}(x[n])^2\right) > \ln \gamma,$$

于是知,若 $\dfrac{1}{\sigma^2}\sum\limits_{n=0}^{N-1}x[n]s[n] - \dfrac{1}{2\sigma^2}\sum\limits_{n=0}^{N-1}(s[n])^2 > \ln \gamma$,则拒绝原假设 H_0,接受 H_1.

由于 $s[n]$ 已知,由上式可得

$$T(\boldsymbol{X}) = \sum_{n=0}^{N-1}x[n]s[n] > \frac{1}{2}\sum_{n=0}^{N-1}(s[n])^2 + \sigma^2\ln \gamma.$$

将不等式的右边作为新的门限,即令 $\gamma' = \dfrac{1}{2}\sum\limits_{n=0}^{N-1}(s[n])^2 + \sigma^2\ln \gamma$,如果 $T(\boldsymbol{X}) = \sum\limits_{n=0}^{N-1}x[n]s[n] > \gamma'$,则接受 H_1.

习　题　8.5

1. 某城市根据长期统计的资料发现:每天因交通事故死亡的人数服从泊松分布,每天平均死亡人数为 3 人.近一年来,该城市的交通管理部门加强了交通管理措施. 根据最近 300 天的统计数据显示,每天平均死亡人数为 2.7 人.问能否认为每天平均死亡人数显著减少($\alpha = 0.05$)?

习题 8.5
第 2 题讲解

2. 生物学家孟德尔根据颜色与形状将豌豆分成四类:既是黄的又是圆的,既是青的又是圆的,既是黄的又是起皱的,既是青的又是起皱的,且运用遗传学的理论指出这四类豌豆之比为 9:3:3:1.他观察了 556 颗豌豆,发现各类的颗数分别为:315,108,101,32.可否认为孟德尔的分类论断是正确的($\alpha = 0.05$)?

第 8 章自测题

第 8 章自测题答案

附表 1　几种常用的概率分布表

分布	参数	分布律或概率密度	数学期望	方差
(0—1)分布	$0<p<1$	$P\{X=k\}=p^k(1-p)^{1-k},k=0,1$	p	$p(1-p)$
二项分布	$n\geqslant 1$ $0<p<1$	$P\{X=k\}=\mathrm{C}_n^k p^k(1-p)^{n-k}$ $k=0,1,\cdots,n$	np	$np(1-p)$
负二项分布 (帕斯卡分布)	$r\geqslant 1$ $0<p<1$	$P\{X=k\}=\mathrm{C}_{k-1}^{r-1}p^r(1-p)^{k-r}$ $k=r,r+1,\cdots$	$\dfrac{r}{p}$	$\dfrac{r(1-p)}{p^2}$
几何分布	$0<p<1$	$P\{X=k\}=(1-p)^{k-1}p$ $k=1,2,\cdots$	$\dfrac{1}{p}$	$\dfrac{1-p}{p^2}$
超几何分布	N,M,n $(M\leqslant N)$ $(n\leqslant N)$	$P\{X=k\}=\dfrac{\mathrm{C}_M^k\mathrm{C}_{N-M}^{n-k}}{\mathrm{C}_N^n}\ k$ 为整数, $\max\{0,n-N+M\}\leqslant k\leqslant\min\{n,M\}$	$\dfrac{nM}{N}$	$\dfrac{nM}{N}\left(1-\dfrac{M}{N}\right)\dfrac{N-n}{N-1}$
泊松分布	$\lambda>0$	$P\{X=k\}=\dfrac{\lambda^k\mathrm{e}^{-\lambda}}{k!}\quad k=0,1,2,\cdots$	λ	λ
均匀分布	$a<b$	$f(x)=\begin{cases}\dfrac{1}{b-a},&a<x<b,\\0,&\text{其他}\end{cases}$	$\dfrac{a+b}{2}$	$\dfrac{(b-a)^2}{12}$

续表

分布	参数	分布律或概率密度	数学期望	方差
正态分布	μ $\sigma>0$	$f(x)=\dfrac{1}{\sqrt{2\pi}\,\sigma}\mathrm{e}^{-(x-\mu)^2/(2\sigma^2)}$	μ	σ^2
Γ分布	$\alpha>0$ $\beta>0$	$f(x)=\begin{cases}\dfrac{1}{\beta^\alpha\Gamma(\alpha)}x^{\alpha-1}\mathrm{e}^{-x/\beta}, & x>0,\\[2mm] 0, & \text{其他}\end{cases}$	$\alpha\beta$	$\alpha\beta^2$
指数分布(负指数分布)	$\lambda>0$	$f(x)=\begin{cases}\lambda\mathrm{e}^{-\lambda x}, & x>0,\\[1mm] 0, & \text{其他}\end{cases}$	$\dfrac{1}{\lambda}$	$\dfrac{1}{\lambda^2}$
χ^2分布	$n\geqslant 1$	$f(x)=\begin{cases}\dfrac{1}{2^{n/2}\Gamma(n/2)}x^{n/2-1}\mathrm{e}^{-x/2}, & x>0\\[2mm] 0, & \text{其他}\end{cases}$	n	$2n$
韦布尔分布	$\eta>0$ $\beta>0$	$f(x)=\begin{cases}\dfrac{\beta}{\eta}\left(\dfrac{x}{\eta}\right)^{\beta-1}\mathrm{e}^{-\left(\frac{x}{\eta}\right)^\beta}, & x>0,\\[2mm] 0, & \text{其他}\end{cases}$	$\eta\Gamma\left(\dfrac{1}{\beta}+1\right)$	$\eta^2\left\{\Gamma\left(\dfrac{2}{\beta}+1\right)-\left[\Gamma\left(\dfrac{1}{\beta}+1\right)\right]^2\right\}$
瑞利分布	$\sigma>0$	$f(x)=\begin{cases}\dfrac{x}{\sigma^2}\mathrm{e}^{-x^2/(2\sigma^2)}, & x>0,\\[2mm] 0, & \text{其他}\end{cases}$	$\sqrt{\dfrac{\pi}{2}}\,\sigma$	$\dfrac{4-\pi}{2}\sigma^2$
β分布	$\alpha>0$ $\beta>0$	$f(x)=\begin{cases}\dfrac{\Gamma(\alpha+\beta)}{\Gamma(\alpha)\Gamma(\beta)}x^{\alpha-1}(1-x)^{\beta-1}, & 0<x<1,\\[2mm] 0, & \text{其他}\end{cases}$	$\dfrac{\alpha}{\alpha+\beta}$	$\dfrac{\alpha\beta}{(\alpha+\beta)^2(\alpha+\beta+1)}$

续表

分布	参数	分布律或概率密度	数学期望	方差
对数正态分布	μ $\sigma>0$	$f(x)=\begin{cases}\dfrac{1}{\sqrt{2\pi}\sigma x}e^{-(\ln x-\mu)^2/(2\sigma^2)}, & x>0,\\[2mm] 0, & 其他\end{cases}$	$e^{\mu+\frac{\sigma^2}{2}}$	$e^{2\mu+\sigma^2}(e^{\sigma^2}-1)$
柯西分布	a $\lambda>0$	$f(x)=\dfrac{1}{\pi}\dfrac{\lambda}{\lambda^2+(x-a)^2}$	不存在	不存在
t 分布	$n\geqslant 1$	$f(x)=\dfrac{\Gamma\left(\dfrac{n+1}{2}\right)}{\sqrt{n\pi}\Gamma(n/2)}\left(1+\dfrac{x^2}{n}\right)^{-(n+1)/2}$	$0,$ $n>1$	$\dfrac{n}{n-2},n>2$
F 分布	n_1,n_2	$f(x)=\begin{cases}\dfrac{\Gamma[(n_1+n_2)/2]}{\Gamma(n_1/2)\Gamma(n_2/2)}\left(\dfrac{n_1}{n_2}\right)\left(\dfrac{n_1}{n_2}x\right)^{n_1/2-1}\\[3mm] \quad\times\left(1+\dfrac{n_1}{n_2}x\right)^{-(n_1+n_2)/2}, & x>0,\\[2mm] 0, & 其他\end{cases}$	$\dfrac{n_2}{n_2-2},$ $n_2>2$	$\dfrac{2n_2^2(n_1+n_2-2)}{n_1(n_2-2)^2(n_2-4)},$ $n_2>4$

附表 2　标准正态分布表

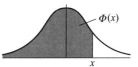

$$\Phi(x) = \int_{-\infty}^{x} \frac{1}{\sqrt{2\pi}} e^{-t^2/2} \mathrm{d}t$$

x	0.00	0.01	0.02	0.03	0.04	0.05	0.06	0.07	0.08	0.09
0.0	0.500 0	0.504 0	0.508 0	0.512 0	0.516 0	0.519 9	0.523 9	0.527 9	0.531 9	0.535 9
0.1	0.539 8	0.543 8	0.547 8	0.551 7	0.555 7	0.559 6	0.563 6	0.567 5	0.571 4	0.575 3
0.2	0.579 3	0.583 2	0.587 1	0.591 0	0.594 8	0.598 7	0.602 6	0.606 4	0.610 3	0.614 1
0.3	0.617 9	0.621 7	0.625 5	0.629 3	0.633 1	0.636 8	0.640 6	0.644 3	0.648 0	0.651 7
0.4	0.655 4	0.659 1	0.662 8	0.666 4	0.670 0	0.673 6	0.677 2	0.680 8	0.684 4	0.687 9
0.5	0.691 5	0.695 0	0.698 5	0.701 9	0.705 4	0.708 8	0.712 3	0.715 7	0.719 0	0.722 4
0.6	0.725 7	0.729 1	0.732 4	0.735 7	0.738 9	0.742 2	0.745 4	0.748 6	0.751 7	0.754 9
0.7	0.758 0	0.761 1	0.764 2	0.767 3	0.770 4	0.773 4	0.776 4	0.779 4	0.782 3	0.785 2
0.8	0.788 1	0.791 0	0.793 9	0.796 7	0.799 5	0.802 3	0.805 1	0.807 8	0.810 6	0.813 3
0.9	0.815 9	0.818 6	0.821 2	0.823 8	0.826 4	0.828 9	0.831 5	0.834 0	0.836 5	0.838 9
1.0	0.841 3	0.843 8	0.846 1	0.848 5	0.850 8	0.853 1	0.855 4	0.857 7	0.859 9	0.862 1
1.1	0.864 3	0.866 5	0.868 6	0.870 8	0.872 9	0.874 9	0.877 0	0.879 0	0.881 0	0.883 0
1.2	0.884 9	0.886 9	0.888 8	0.890 7	0.892 5	0.894 4	0.896 2	0.898 0	0.899 7	0.901 5
1.3	0.903 2	0.904 9	0.906 6	0.908 2	0.909 9	0.911 5	0.913 1	0.914 7	0.916 2	0.917 7
1.4	0.919 2	0.920 7	0.922 2	0.923 6	0.925 1	0.926 5	0.927 8	0.929 2	0.930 6	0.931 9
1.5	0.933 2	0.934 5	0.935 7	0.937 0	0.938 2	0.939 4	0.940 6	0.941 8	0.942 9	0.944 1
1.6	0.945 2	0.946 3	0.947 4	0.948 4	0.949 5	0.950 5	0.951 5	0.952 5	0.953 5	0.954 5
1.7	0.955 4	0.956 4	0.957 3	0.958 2	0.959 1	0.959 9	0.960 8	0.961 6	0.962 5	0.963 3
1.8	0.964 1	0.964 9	0.965 6	0.966 4	0.967 1	0.967 8	0.968 6	0.969 3	0.969 9	0.970 6
1.9	0.971 3	0.971 9	0.972 6	0.973 2	0.973 8	0.974 4	0.975 0	0.975 6	0.976 1	0.976 7
2.0	0.977 2	0.977 8	0.978 3	0.978 8	0.979 3	0.979 8	0.980 3	0.980 8	0.981 2	0.981 7
2.1	0.982 1	0.982 6	0.983 0	0.983 4	0.983 8	0.984 2	0.984 6	0.985 0	0.985 4	0.985 7
2.2	0.986 1	0.986 4	0.986 8	0.987 1	0.987 5	0.987 8	0.988 1	0.988 4	0.988 7	0.989 0
2.3	0.989 3	0.989 6	0.989 8	0.990 1	0.990 4	0.990 6	0.990 9	0.991 1	0.991 3	0.991 6
2.4	0.991 8	0.992 0	0.992 2	0.992 5	0.992 7	0.992 9	0.993 1	0.993 2	0.993 4	0.993 6
2.5	0.993 8	0.994 0	0.994 1	0.994 3	0.994 5	0.994 6	0.994 8	0.994 9	0.995 1	0.995 2
2.6	0.995 3	0.995 5	0.995 6	0.995 7	0.995 9	0.996 0	0.996 1	0.996 2	0.996 3	0.996 4
2.7	0.996 5	0.996 6	0.996 7	0.996 8	0.996 9	0.997 0	0.997 1	0.997 2	0.997 3	0.997 4
2.8	0.997 4	0.997 5	0.997 6	0.997 7	0.997 7	0.997 8	0.997 9	0.997 9	0.998 0	0.998 1
2.9	0.998 1	0.998 2	0.998 2	0.998 3	0.998 4	0.998 4	0.998 5	0.998 5	0.998 6	0.998 6
3.0	0.998 7	0.998 7	0.998 7	0.998 8	0.998 8	0.998 9	0.998 9	0.998 9	0.999 0	0.999 0
3.1	0.999 0	0.999 1	0.999 1	0.999 1	0.999 2	0.999 2	0.999 2	0.999 2	0.999 3	0.999 3
3.2	0.999 3	0.999 3	0.999 4	0.999 4	0.999 4	0.999 4	0.999 4	0.999 5	0.999 5	0.999 5
3.3	0.999 5	0.999 5	0.999 5	0.999 6	0.999 6	0.999 6	0.999 6	0.999 6	0.999 6	0.999 7
3.4	0.999 7	0.999 7	0.999 7	0.999 7	0.999 7	0.999 7	0.999 7	0.999 7	0.999 7	0.999 8

附表 3　泊松分布表

$$P\{X \leqslant x\} = \sum_{k=0}^{x} \frac{\lambda^k e^{-\lambda}}{k!}$$

x	λ								
	0.1	0.2	0.3	0.4	0.5	0.6	0.7	0.8	0.9
0	0.904 8	0.818 7	0.740 8	0.673 0	0.606 5	0.548 8	0.496 6	0.449 3	0.406 6
1	0.995 3	0.982 5	0.963 1	0.938 4	0.909 8	0.878 1	0.844 2	0.808 8	0.772 5
2	0.999 8	0.998 9	0.996 4	0.992 1	0.985 6	0.976 9	0.965 9	0.952 6	0.937 1
3	1.000 0	0.999 9	0.999 7	0.999 2	0.998 2	0.996 6	0.994 2	0.990 9	0.986 5
4		1.000 0	1.000 0	0.999 9	0.999 8	0.999 6	0.999 2	0.998 6	0.997 7
5				1.000 0	1.000 0	1.000 0	0.999 9	0.999 8	0.999 7
6							1.000 0	1.000 0	1.000 0

x	λ								
	1.0	1.5	2.0	2.5	3.0	3.5	4.0	4.5	5.0
0	0.367 9	0.223 1	0.135 3	0.082 1	0.049 8	0.030 2	0.018 3	0.011 1	0.006 7
1	0.735 8	0.557 8	0.406 0	0.287 3	0.199 1	0.135 9	0.091 6	0.061 1	0.040 4
2	0.919 7	0.808 8	0.676 7	0.543 8	0.423 2	0.320 8	0.238 1	0.173 6	0.124 7
3	0.981 0	0.934 4	0.857 1	0.757 6	0.647 2	0.536 6	0.433 5	0.342 3	0.265 0
4	0.996 3	0.981 4	0.947 3	0.891 2	0.815 3	0.725 4	0.628 8	0.532 1	0.440 5
5	0.999 4	0.995 5	0.983 4	0.958 0	0.916 1	0.857 6	0.785 1	0.702 9	0.616 0
6	0.999 9	0.999 1	0.995 5	0.985 8	0.966 5	0.934 7	0.889 3	0.831 1	0.762 2
7	1.000 0	0.999 8	0.998 9	0.995 8	0.988 1	0.973 3	0.948 9	0.913 4	0.866 6
8		1.000 0	0.999 8	0.998 9	0.996 2	0.990 1	0.978 6	0.959 7	0.931 9
9			1.000 0	0.999 7	0.998 9	0.996 7	0.991 9	0.982 9	0.968 2
10				0.999 9	0.999 7	0.999 0	0.997 2	0.993 3	0.986 3
11				1.000 0	0.999 9	0.999 7	0.999 1	0.997 6	0.994 5
12					1.000 0	0.999 9	0.999 7	0.999 2	0.998 0

x	λ								
	5.5	6.0	6.5	7.0	7.5	8.0	8.5	9.0	9.5
0	0.004 1	0.002 5	0.001 5	0.000 9	0.000 6	0.000 3	0.000 2	0.000 1	0.000 1
1	0.026 6	0.017 4	0.011 3	0.007 3	0.004 7	0.003 0	0.001 9	0.001 2	0.000 8
2	0.088 4	0.062 0	0.043 0	0.029 6	0.020 3	0.013 8	0.009 3	0.006 2	0.004 2
3	0.201 7	0.151 2	0.111 8	0.081 8	0.059 1	0.042 4	0.030 1	0.021 2	0.014 9
4	0.357 5	0.285 1	0.223 7	0.173 0	0.132 1	0.099 6	0.074 4	0.055 0	0.040 3
5	0.528 9	0.445 7	0.369 0	0.300 7	0.241 4	0.191 2	0.149 6	0.115 7	0.088 5
6	0.686 0	0.606 3	0.526 5	0.449 7	0.378 2	0.313 4	0.256 2	0.206 8	0.164 9
7	0.809 5	0.744 0	0.672 8	0.598 7	0.524 6	0.453 0	0.385 6	0.323 9	0.268 7
8	0.894 4	0.847 2	0.791 6	0.729 1	0.662 0	0.592 5	0.523 1	0.455 7	0.391 8
9	0.946 2	0.916 1	0.877 4	0.830 5	0.776 4	0.716 6	0.653 0	0.587 4	0.521 8
10	0.974 7	0.957 4	0.933 2	0.901 5	0.862 2	0.815 9	0.763 4	0.706 0	0.645 3
11	0.989 0	0.979 9	0.966 1	0.946 6	0.920 8	0.888 1	0.848 7	0.803 0	0.752 0
12	0.995 5	0.991 2	0.984 0	0.973 0	0.957 3	0.936 2	0.909 1	0.875 8	0.836 4
13	0.998 3	0.996 4	0.992 9	0.987 2	0.978 4	0.965 8	0.948 6	0.926 1	0.898 1
14	0.999 4	0.998 6	0.997 0	0.994 3	0.989 7	0.982 7	0.972 6	0.958 5	0.940 0
15	0.999 8	0.999 5	0.998 8	0.997 6	0.995 4	0.991 8	0.986 2	0.978 0	0.966 5
16	0.999 9	0.999 8	0.999 6	0.999 0	0.998 0	0.996 3	0.993 4	0.988 9	0.982 3
17	1.000 0	0.999 9	0.999 8	0.999 6	0.999 2	0.998 4	0.997 0	0.994 7	0.991 1
18		1.000 0	0.999 9	0.999 9	0.999 7	0.999 4	0.998 7	0.997 6	0.995 7
19			1.000 0	1.000 0	0.999 9	0.999 7	0.999 5	0.998 9	0.998 0
20					1.000 0	0.999 9	0.999 8	0.999 6	0.999 1

附表 4 t 分 布 表

$$P\{t(n)>t_\alpha(n)\}=\alpha$$

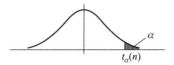

α n	0.20	0.15	0.10	0.05	0.025	0.01	0.005
1	1.376	1.963	3.077 7	6.313 8	12.706 2	31.820 7	63.657 4
2	1.061	1.386	1.885 6	2.920 0	4.302 7	6.964 6	9.924 8
3	0.978	1.250	1.637 7	2.353 4	3.182 4	4.540 7	5.840 9
4	0.941	1.190	1.533 2	2.131 8	2.776 4	3.746 9	4.604 1
5	0.920	1.156	1.475 9	2.015 0	2.570 6	3.364 9	4.032 2
6	0.906	1.134	1.439 8	1.943 2	2.446 9	3.142 7	3.707 4
7	0.896	1.119	1.414 9	1.894 6	2.364 6	2.998 0	3.499 5
8	0.889	1.108	1.396 8	1.859 5	2.306 0	2.896 5	3.355 4
9	0.883	1.100	1.383 0	1.833 1	2.262 2	2.821 4	3.249 8
10	0.879	1.093	1.372 2	1.812 5	2.228 1	2.763 8	3.169 3
11	0.876	1.088	1.363 4	1.795 9	2.201 0	2.718 1	3.105 8
12	0.873	1.083	1.356 2	1.782 3	2.178 8	2.681 0	3.054 5
13	0.870	1.079	1.350 2	1.770 9	2.160 4	2.650 3	3.012 3
14	0.868	1.076	1.345 0	1.761 3	2.144 8	2.624 5	2.976 8
15	0.866	1.074	1.340 6	1.753 1	2.131 5	2.602 5	2.946 7
16	0.865	1.071	1.336 8	1.745 9	2.119 9	2.583 5	2.920 8
17	0.863	1.069	1.333 4	1.739 6	2.109 8	2.566 9	2.898 2
18	0.862	1.067	1.330 4	1.734 1	2.100 9	2.552 4	2.878 4
19	0.861	1.066	1.327 7	1.729 1	2.093 0	2.539 5	2.860 9
20	0.860	1.064	1.325 3	1.724 7	2.086 0	2.528 0	2.845 3
21	0.859	1.063	1.323 2	1.720 7	2.079 6	2.517 7	2.831 4
22	0.858	1.061	1.321 2	1.717 1	2.073 9	2.508 3	2.818 8
23	0.858	1.060	1.319 5	1.713 9	2.068 7	2.499 9	2.807 3
24	0.857	1.059	1.317 8	1.710 9	2.063 9	2.492 2	2.796 9
25	0.856	1.058	1.316 3	1.708 1	2.059 5	2.485 1	2.787 4
26	0.856	1.058	1.315 0	1.705 6	2.055 5	2.478 6	2.778 7
27	0.855	1.057	1.313 7	1.703 3	2.051 8	2.472 7	2.770 7
28	0.855	1.056	1.312 5	1.701 1	2.048 4	2.467 1	2.763 3
29	0.854	1.055	1.311 4	1.699 1	2.045 2	2.462 0	2.756 4
30	0.854	1.055	1.310 4	1.697 3	2.042 3	2.457 3	2.750 0
31	0.853 5	1.054 1	1.309 5	1.695 5	2.039 5	2.452 8	2.744 0
32	0.853 1	1.053 6	1.308 6	1.693 9	2.036 9	2.448 7	2.738 5
33	0.852 7	1.053 1	1.307 7	1.692 4	2.034 5	2.444 8	2.733 3
34	0.852 4	1.052 6	1.307 0	1.690 9	2.032 2	2.441 1	2.728 4
35	0.852 1	1.052 1	1.306 2	1.689 6	2.030 1	2.437 7	2.723 8
36	0.851 8	1.051 6	1.305 5	1.688 3	2.028 1	2.434 5	2.719 5
37	0.851 5	1.051 2	1.304 9	1.687 1	2.026 2	2.431 4	2.715 4
38	0.851 2	1.050 8	1.304 2	1.686 0	2.024 4	2.428 6	2.711 6
39	0.851 0	1.050 4	1.303 6	1.684 9	2.022 7	2.425 8	2.707 9
40	0.850 7	1.050 1	1.303 1	1.683 9	2.021 1	2.423 3	2.704 5
41	0.850 5	1.049 8	1.302 5	1.682 9	2.019 5	2.420 8	2.701 2
42	0.850 3	1.049 4	1.302 0	1.682 0	2.018 1	2.418 5	2.698 1
43	0.850 1	1.049 1	1.301 6	1.681 1	2.016 7	2.416 3	2.695 1
44	0.849 9	1.048 8	1.301 1	1.680 2	2.015 4	2.414 1	2.692 3
45	0.849 7	1.048 5	1.300 6	1.679 4	2.014 1	2.412 1	2.689 6

附表 5 χ^2 分 布 表

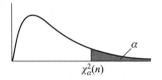

$P\{\chi^2(n) > \chi^2_\alpha(n)\} = \alpha$

α / n	0.995	0.99	0.975	0.95	0.90	0.10	0.05	0.025	0.01	0.005
1	0.000	0.000	0.001	0.004	0.016	2.706	3.841	5.025	6.637	7.879
2	0.010	0.020	0.051	0.103	0.211	4.605	5.992	7.378	9.210	10.597
3	0.072	0.115	0.216	0.352	0.584	6.251	7.815	9.348	11.344	12.837
4	0.207	0.297	0.484	0.711	1.064	7.779	9.488	11.143	13.277	14.860
5	0.412	0.554	0.831	1.145	1.610	9.236	11.070	12.832	15.085	16.748
6	0.676	0.872	1.237	1.635	2.204	10.645	12.592	14.440	16.812	18.548
7	0.989	1.239	1.690	2.167	2.833	12.017	14.067	16.012	18.474	20.276
8	1.344	1.646	2.180	2.733	3.490	13.362	15.507	17.534	20.090	21.954
9	1.735	2.088	2.700	3.325	4.168	14.684	16.919	19.023	21.665	23.587
10	2.156	2.558	3.247	3.940	4.865	15.987	18.307	20.483	23.209	25.188
11	2.603	3.053	3.816	4.575	5.578	17.275	19.675	21.920	24.724	26.755
12	3.074	3.571	4.404	5.226	6.304	18.549	21.026	23.337	26.217	28.300
13	3.565	4.107	5.009	5.892	7.041	19.812	22.362	24.735	27.687	29.817
14	4.075	4.660	5.629	6.571	7.790	21.064	23.685	26.119	29.141	31.319
15	4.600	5.229	6.262	7.261	8.547	22.307	24.996	27.488	30.577	32.799
16	5.142	5.812	6.908	7.962	9.312	23.542	26.296	28.845	32.000	34.267
17	5.697	6.407	7.564	8.682	10.085	24.769	27.587	30.190	33.408	35.716
18	6.265	7.015	8.231	9.390	10.865	25.989	28.869	31.526	34.805	37.156
19	6.843	7.632	8.907	10.117	11.651	27.203	30.143	32.852	36.190	38.580
20	7.434	8.260	9.591	10.851	12.443	28.412	31.410	34.170	37.566	39.997
21	8.033	8.897	10.283	11.591	13.240	29.615	32.670	35.478	38.930	41.399
22	8.643	9.542	10.982	12.338	14.042	30.813	33.924	36.781	40.289	42.796
23	9.260	10.195	11.688	13.090	14.848	32.007	35.172	38.075	41.637	44.179
24	9.886	10.856	12.401	13.848	15.659	33.196	36.415	39.364	42.980	45.558
25	10.519	11.524	13.120	14.611	16.473	34.382	37.652	40.646	44.314	46.925
26	11.160	12.198	13.844	15.379	17.292	35.563	38.885	41.923	45.642	48.290
27	11.807	12.878	14.573	16.151	18.114	36.741	40.113	43.194	46.962	49.642
28	12.461	13.565	15.308	16.928	18.939	37.916	41.337	44.461	48.278	50.993
29	13.120	14.256	16.147	17.708	19.768	39.087	42.557	45.722	49.586	52.333
30	13.787	14.954	16.791	18.493	20.599	40.256	43.773	46.979	50.892	53.672
31	14.457	15.655	17.538	19.280	21.433	41.422	44.985	48.231	52.190	55.000
32	15.134	16.362	18.291	20.072	22.271	42.585	46.194	49.480	53.486	56.328
33	15.814	17.073	19.046	20.866	23.110	43.745	47.400	50.724	54.774	57.646
34	16.501	17.789	19.806	21.664	23.952	44.903	48.602	51.966	56.061	58.964
35	17.191	18.508	20.569	22.465	24.796	46.059	49.802	53.203	57.342	60.272
36	17.887	19.233	21.336	23.269	25.643	47.212	50.998	54.437	58.619	61.581
37	18.584	19.960	22.105	24.075	26.492	48.363	52.192	55.667	59.891	62.880
38	19.289	20.691	22.878	24.884	27.343	49.513	53.384	56.896	61.162	64.181
39	19.994	21.425	23.654	25.695	28.196	50.660	54.572	58.119	62.426	65.473
40	20.706	22.164	24.433	26.509	29.050	51.805	55.758	59.342	63.691	66.766

注:当 $n > 40$ 时, $\chi^2_\alpha(n) \approx \frac{1}{2}(u_\alpha + \sqrt{2n-1})^2$.

附表 6　F 分 布 表

$$P\{F(n_1,n_2) > F_\alpha(n_1,n_2)\} = \alpha \quad (\alpha = 0.10)$$

n_2＼n_1	1	2	3	4	5	6	7	8	9	10	12	15	20	24	30	40	60	120	∞
1	39.86	49.50	53.59	55.83	57.24	58.20	58.91	59.44	59.86	60.19	60.71	61.22	61.74	62.00	62.26	62.53	62.79	63.06	63.33
2	8.53	9.00	9.16	9.24	9.29	9.33	9.35	9.37	9.38	9.39	9.41	9.42	9.44	9.45	9.46	9.47	9.47	9.48	9.49
3	5.54	5.46	5.39	5.34	5.31	5.28	5.27	5.25	5.24	5.23	5.22	5.20	5.18	5.18	5.17	5.16	5.15	5.14	5.13
4	4.54	4.32	4.19	4.11	4.05	4.01	3.98	3.95	3.94	3.92	3.90	3.87	3.84	3.83	3.82	3.80	3.79	3.78	3.76
5	4.06	3.78	3.62	3.52	3.45	3.40	3.37	3.34	3.32	3.30	3.27	3.24	3.21	3.19	3.17	3.16	3.14	3.12	3.10
6	3.78	3.46	3.29	3.18	3.11	3.05	3.01	2.98	2.96	2.94	2.90	2.87	2.84	2.82	2.80	2.78	2.76	2.74	2.72
7	3.59	3.26	3.07	2.96	2.88	2.83	2.78	2.75	2.72	2.70	2.67	2.63	2.59	2.58	2.56	2.54	2.51	2.49	2.47
8	3.46	3.11	2.92	2.81	2.73	2.67	2.62	2.59	2.56	2.54	2.50	2.46	2.42	2.40	2.38	2.36	2.34	2.32	2.29
9	3.36	3.01	2.81	2.69	2.61	2.55	2.51	2.47	2.44	2.42	2.38	2.34	2.30	2.28	2.25	2.23	2.21	2.18	2.16
10	3.29	2.92	2.73	2.61	2.52	2.46	2.41	2.38	2.35	2.32	2.28	2.24	2.20	2.18	2.16	2.13	2.11	2.08	2.06
11	3.23	2.86	2.66	2.54	2.45	2.39	2.34	2.30	2.27	2.25	2.21	2.17	2.12	2.10	2.08	2.05	2.03	2.00	1.97
12	3.18	2.81	2.61	2.48	2.39	2.33	2.28	2.24	2.21	2.19	2.15	2.10	2.06	2.04	2.01	1.99	1.96	1.93	1.90
13	3.14	2.76	2.56	2.43	2.35	2.28	2.23	2.20	2.16	2.14	2.10	2.05	2.01	1.98	1.96	1.93	1.90	1.88	1.85
14	3.10	2.73	2.52	2.39	2.31	2.24	2.19	2.15	2.12	2.10	2.05	2.01	1.96	1.94	1.91	1.89	1.86	1.83	1.80
15	3.07	2.70	2.49	2.36	2.27	2.21	2.16	2.12	2.09	2.06	2.02	1.97	1.92	1.90	1.87	1.85	1.82	1.79	1.76
16	3.05	2.67	2.46	2.33	2.24	2.18	2.13	2.09	2.06	2.03	1.99	1.94	1.89	1.87	1.84	1.81	1.78	1.75	1.72
17	3.03	2.64	2.44	2.31	2.22	2.15	2.10	2.06	2.03	2.00	1.96	1.91	1.86	1.84	1.81	1.78	1.75	1.72	1.69
18	3.01	2.62	2.42	2.29	2.20	2.13	2.08	2.04	2.00	1.98	1.93	1.89	1.84	1.81	1.78	1.75	1.72	1.69	1.66

续表

n_1 / n_2	1	2	3	4	5	6	7	8	9	10	12	15	20	24	30	40	60	120	∞
19	2.99	2.61	2.40	2.27	2.18	2.11	2.06	2.02	1.98	1.96	1.91	1.86	1.81	1.79	1.76	1.73	1.70	1.67	1.63
20	2.97	2.59	2.38	2.25	2.16	2.09	2.04	2.00	1.96	1.94	1.89	1.84	1.79	1.77	1.74	1.71	1.68	1.64	1.61
21	2.96	2.57	2.36	2.23	2.14	2.08	2.02	1.98	1.95	1.92	1.87	1.83	1.78	1.75	1.72	1.69	1.66	1.62	1.59
22	2.95	2.56	2.35	2.22	2.13	2.06	2.01	1.97	1.93	1.90	1.86	1.81	1.76	1.73	1.70	1.67	1.64	1.60	1.57
23	2.94	2.55	2.34	2.21	2.11	2.05	1.99	1.95	1.92	1.89	1.84	1.80	1.74	1.72	1.69	1.66	1.62	1.59	1.55
24	2.93	2.54	2.33	2.19	2.10	2.04	1.98	1.94	1.91	1.88	1.83	1.78	1.73	1.70	1.67	1.64	1.61	1.57	1.53
25	2.92	2.53	2.32	2.18	2.09	2.02	1.97	1.93	1.89	1.87	1.82	1.77	1.72	1.69	1.66	1.63	1.59	1.56	1.52
26	2.91	2.52	2.31	2.17	2.08	2.01	1.96	1.92	1.88	1.86	1.81	1.76	1.71	1.68	1.65	1.61	1.58	1.54	1.50
27	2.90	2.51	2.30	2.17	2.07	2.00	1.95	1.91	1.87	1.85	1.80	1.75	1.70	1.67	1.64	1.60	1.57	1.53	1.49
28	2.89	2.50	2.29	2.16	2.06	2.00	1.94	1.90	1.87	1.84	1.79	1.74	1.69	1.66	1.63	1.59	1.56	1.52	1.48
29	2.89	2.50	2.28	2.15	2.06	1.99	1.93	1.89	1.86	1.83	1.78	1.73	1.68	1.65	1.62	1.58	1.55	1.51	1.47
30	2.88	2.49	2.28	2.14	2.05	1.98	1.93	1.88	1.85	1.82	1.77	1.72	1.67	1.64	1.61	1.57	1.54	1.50	1.46
40	2.84	2.44	2.23	2.09	2.00	1.93	1.87	1.83	1.79	1.76	1.71	1.66	1.61	1.57	1.54	1.51	1.47	1.42	1.38
60	2.79	2.39	2.18	2.04	1.95	1.87	1.82	1.77	1.74	1.71	1.66	1.60	1.54	1.51	1.48	1.44	1.40	1.35	1.29
120	2.75	2.35	2.13	1.99	1.90	1.82	1.77	1.72	1.68	1.65	1.60	1.55	1.48	1.45	1.41	1.37	1.32	1.26	1.19
∞	2.71	2.30	2.08	1.94	1.85	1.77	1.72	1.67	1.63	1.60	1.55	1.49	1.42	1.38	1.34	1.30	1.24	1.17	1.00

($\alpha = 0.05$)

n_1 \ n_2	1	2	3	4	5	6	7	8	9	10	12	15	20	24	30	40	60	120	∞
1	161	200	216	225	230	234	237	239	241	242	244	246	248	249	250	251	252	253	254
2	18.5	19.0	19.2	19.2	19.3	19.3	19.4	19.4	19.4	19.4	19.4	19.4	19.4	19.5	19.5	19.5	19.5	19.5	19.5
3	10.1	9.55	9.28	9.12	9.01	8.94	8.89	8.85	8.81	8.79	8.74	8.70	8.66	8.64	8.62	8.59	8.57	8.55	8.53
4	7.71	6.94	6.59	6.39	6.26	6.16	6.09	6.04	6.00	5.96	5.91	5.86	5.80	5.77	5.75	5.72	5.69	5.66	5.63
5	6.61	5.79	5.41	5.19	5.05	4.95	4.88	4.82	4.77	4.74	4.68	4.62	4.56	4.53	4.50	4.46	4.43	4.40	4.36
6	5.99	5.14	4.76	4.53	4.39	4.28	4.21	4.15	4.10	4.06	4.00	3.94	3.87	3.84	3.81	3.77	3.74	3.70	3.67
7	5.59	4.74	4.35	4.12	3.97	3.87	3.79	3.73	3.68	3.64	3.57	3.51	3.44	3.41	3.38	3.34	3.30	3.27	3.23
8	5.32	4.46	4.07	3.84	3.69	3.58	3.50	3.44	3.39	3.35	3.28	3.22	3.15	3.12	3.08	3.04	3.01	2.97	2.93
9	5.12	4.26	3.86	3.63	3.48	3.37	3.29	3.23	3.18	3.14	3.07	3.01	2.94	2.90	2.86	2.83	2.79	2.75	2.71
10	4.96	4.10	3.71	3.48	3.33	3.22	3.14	3.07	3.02	2.98	2.91	2.85	2.77	2.74	2.70	2.66	2.62	2.58	2.54
11	4.84	3.98	3.59	3.36	3.20	3.09	3.01	2.95	2.90	2.85	2.79	2.72	2.65	2.61	2.57	2.53	2.49	2.45	2.40
12	4.75	3.89	3.49	3.26	3.11	3.00	2.91	2.85	2.80	2.75	2.69	2.62	2.54	2.51	2.47	2.43	2.38	2.34	2.30
13	4.67	3.81	3.41	3.18	3.03	2.92	2.83	2.77	2.71	2.67	2.60	2.53	2.46	2.42	2.38	2.34	2.30	2.25	2.21
14	4.60	3.74	3.34	3.11	2.96	2.85	2.76	2.70	2.65	2.60	2.53	2.46	2.39	2.35	2.31	2.27	2.22	2.18	2.13
15	4.54	3.68	3.29	3.06	2.90	2.79	2.71	2.64	2.59	2.54	2.48	2.40	2.33	2.29	2.25	2.20	2.16	2.11	2.07
16	4.49	3.63	3.24	3.01	2.85	2.74	2.66	2.59	2.54	2.49	2.42	2.35	2.28	2.24	2.19	2.15	2.11	2.06	2.01
17	4.45	3.59	3.20	2.96	2.81	2.70	2.61	2.55	2.49	2.45	2.38	2.31	2.23	2.19	2.15	2.10	2.06	2.01	1.96
18	4.41	3.55	3.16	2.93	2.77	2.66	2.58	2.51	2.46	2.41	2.34	2.27	2.19	2.15	2.11	2.06	2.02	1.97	1.92

续表

n_1 \ n_2	1	2	3	4	5	6	7	8	9	10	12	15	20	24	30	40	60	120	∞
19	4.38	3.52	3.13	2.90	2.74	2.63	2.54	2.48	2.42	2.38	2.31	2.23	2.16	2.11	2.07	2.03	1.98	1.93	1.88
20	4.35	3.49	3.10	2.87	2.71	2.60	2.51	2.45	2.39	2.35	2.28	2.20	2.12	2.08	2.04	1.99	1.95	1.90	1.84
21	4.32	3.47	3.07	2.84	2.68	2.57	2.49	2.42	2.37	2.32	2.25	2.18	2.10	2.05	2.01	1.96	1.92	1.87	1.81
22	4.30	3.44	3.05	2.82	2.66	2.55	2.46	2.40	2.34	2.30	2.23	2.15	2.07	2.03	1.98	1.94	1.89	1.84	1.78
23	4.28	3.42	3.03	2.80	2.64	2.53	2.44	2.37	2.32	2.27	2.20	2.13	2.05	2.01	1.96	1.91	1.86	1.81	1.76
24	4.26	3.40	3.01	2.78	2.62	2.51	2.42	2.36	2.30	2.25	2.18	2.11	2.03	1.98	1.94	1.89	1.84	1.79	1.73
25	4.24	3.39	2.99	2.76	2.60	2.49	2.40	2.34	2.28	2.24	2.16	2.09	2.01	1.96	1.92	1.87	1.82	1.77	1.71
26	4.23	3.37	2.98	2.74	2.59	2.47	2.39	2.32	2.27	2.22	2.15	2.07	1.99	1.95	1.90	1.85	1.80	1.75	1.69
27	4.21	3.35	2.96	2.73	2.57	2.46	2.37	2.31	2.25	2.20	2.13	2.06	1.97	1.93	1.88	1.84	1.79	1.73	1.67
28	4.20	3.34	2.95	2.71	2.56	2.45	2.36	2.29	2.24	2.19	2.12	2.04	1.96	1.91	1.87	1.82	1.77	1.71	1.65
29	4.18	3.33	2.93	2.70	2.55	2.43	2.35	2.28	2.22	2.18	2.10	2.03	1.94	1.90	1.85	1.81	1.75	1.70	1.64
30	4.17	3.32	2.92	2.69	2.53	2.42	2.33	2.27	2.21	2.16	2.09	2.01	1.93	1.89	1.84	1.79	1.74	1.68	1.62
40	4.08	3.23	2.84	2.61	2.45	2.34	2.25	2.18	2.12	2.08	2.00	1.92	1.84	1.79	1.74	1.69	1.64	1.58	1.51
60	4.00	3.15	2.76	2.53	2.37	2.25	2.17	2.10	2.04	1.99	1.92	1.84	1.75	1.70	1.65	1.59	1.53	1.47	1.39
120	3.92	3.07	2.68	2.45	2.29	2.17	2.09	2.02	1.96	1.91	1.83	1.75	1.66	1.61	1.55	1.50	1.43	1.35	1.25
∞	3.84	3.00	2.60	2.37	2.21	2.10	2.01	1.94	1.88	1.83	1.75	1.67	1.57	1.52	1.46	1.39	1.32	1.22	1.00

$(\alpha = 0.025)$

n_1 / n_2	1	2	3	4	5	6	7	8	9	10	12	15	20	24	30	40	60	120	∞
1	648	800	864	900	922	937	948	957	963	969	977	985	993	997	1 000	1 010	1 010	1 010	1 020
2	38.5	39.0	39.2	39.2	39.3	39.3	39.4	39.4	39.4	39.4	39.4	39.4	39.4	39.5	39.5	39.5	39.5	39.5	39.5
3	17.4	16.0	15.4	15.1	14.9	14.7	14.6	14.5	14.5	14.4	14.3	14.3	14.2	14.1	14.1	14.0	14.0	13.9	13.9
4	12.2	10.6	9.98	9.60	9.36	9.20	9.07	8.98	8.90	8.84	8.75	8.66	8.56	8.51	8.46	8.41	8.36	8.31	8.26
5	10.0	8.43	7.76	7.39	7.15	6.98	6.85	6.76	6.68	6.62	6.52	6.43	6.33	6.28	6.23	6.18	6.12	6.07	6.02
6	8.81	7.26	6.60	6.23	5.99	5.82	5.70	5.60	5.52	5.46	5.37	5.27	5.17	5.12	5.07	5.01	4.96	4.90	4.85
7	8.07	6.54	5.89	5.52	5.29	5.12	4.99	4.90	4.82	4.76	4.67	4.57	4.47	4.42	4.36	4.31	4.25	4.20	4.14
8	7.57	6.06	5.42	5.05	4.85	4.65	4.53	4.43	4.36	4.30	4.20	4.10	4.00	3.95	3.89	3.84	3.78	3.73	3.67
9	7.21	5.71	5.08	4.72	4.48	4.32	4.20	4.10	4.03	3.96	3.87	3.77	3.67	3.61	3.56	3.51	3.45	3.39	3.33
10	6.94	5.46	4.83	4.47	4.24	4.07	3.95	3.85	3.78	3.72	3.62	3.52	3.42	3.37	3.31	3.26	3.20	3.14	3.08
11	6.72	5.26	4.63	4.28	4.04	3.88	3.76	3.66	3.59	3.53	3.43	3.33	3.23	3.17	3.12	3.06	3.00	2.94	2.88
12	6.55	5.10	4.47	4.12	3.89	3.73	3.61	3.51	3.44	3.37	3.28	3.18	3.07	3.02	2.96	2.91	2.85	2.79	2.72
13	6.41	4.97	4.35	4.00	3.77	3.60	3.48	3.39	3.31	3.25	3.15	3.05	2.95	2.89	2.84	2.78	2.72	2.66	2.60
14	6.30	4.86	4.24	3.89	3.66	3.50	3.38	3.29	3.21	3.15	3.05	2.95	2.84	2.79	2.73	2.67	2.61	2.55	2.49
15	6.20	4.77	4.15	3.80	3.58	3.41	3.29	3.20	3.12	3.06	2.96	2.86	2.76	2.70	2.64	2.59	2.52	2.46	2.40
16	6.12	4.69	4.08	3.73	3.50	3.34	3.22	3.12	3.05	2.99	2.89	2.79	2.68	2.63	2.57	2.51	2.45	2.38	2.32
17	6.04	4.62	4.01	3.66	3.44	3.28	3.16	3.06	2.98	2.92	2.82	2.72	2.62	2.56	2.50	2.44	2.38	2.32	2.25
18	5.98	4.56	3.95	3.61	3.38	3.22	3.10	3.01	2.93	2.87	2.77	2.67	2.56	2.50	2.44	2.38	2.32	2.26	2.19

续表

n_2 \ n_1	1	2	3	4	5	6	7	8	9	10	12	15	20	24	30	40	60	120	∞
19	5.92	4.51	3.90	3.56	3.33	3.17	3.05	2.96	2.88	2.82	2.72	2.62	2.51	2.45	2.39	2.33	2.27	2.20	2.13
20	5.87	4.46	3.86	3.51	3.29	3.13	3.01	2.91	2.84	2.77	2.68	2.57	2.46	2.41	2.35	2.29	2.22	2.16	2.09
21	5.83	4.42	3.82	3.48	3.25	3.09	2.97	2.87	2.80	2.73	2.64	2.53	2.42	2.37	2.31	2.25	2.18	2.11	2.04
22	5.79	4.38	3.78	3.44	3.22	3.05	2.93	2.84	2.76	2.70	2.60	2.50	2.39	2.33	2.27	2.21	2.14	2.08	2.00
23	5.75	4.35	3.75	3.41	3.18	3.02	2.90	2.81	2.73	2.67	2.57	2.47	2.36	2.30	2.24	2.18	2.11	2.04	1.97
24	5.72	4.32	3.72	3.38	3.15	2.99	2.87	2.78	2.70	2.64	2.54	2.44	2.33	2.27	2.21	2.15	2.08	2.01	1.94
25	5.69	4.29	3.69	3.35	3.13	2.97	2.85	2.75	2.68	2.61	2.51	2.41	2.30	2.24	2.18	2.12	2.05	1.98	1.91
26	5.66	4.27	3.67	3.33	3.10	2.94	2.82	2.73	2.65	2.59	2.49	2.39	2.28	2.22	2.16	2.09	2.03	1.95	1.88
27	5.63	4.24	3.65	3.31	3.08	2.92	2.80	2.71	2.63	2.57	2.47	2.36	2.25	2.19	2.13	2.07	2.00	1.93	1.85
28	5.61	4.22	3.63	3.29	3.06	2.90	2.78	2.69	2.61	2.55	2.45	2.34	2.23	2.17	2.11	2.05	1.98	1.91	1.83
29	5.59	4.20	3.61	3.27	3.04	2.88	2.76	2.67	2.59	2.53	2.43	2.32	2.21	2.15	2.09	2.03	1.96	1.89	1.81
30	5.57	4.18	3.59	3.25	3.03	2.87	2.75	2.65	2.57	2.51	2.41	2.31	2.20	2.14	2.07	2.01	1.94	1.87	1.79
40	5.42	4.05	3.46	3.13	2.90	2.74	2.62	2.53	2.45	2.39	2.29	2.18	2.07	2.01	1.94	1.88	1.80	1.72	1.64
60	5.29	3.93	3.34	3.01	2.79	2.63	2.51	2.41	2.33	2.27	2.17	2.06	1.94	1.88	1.82	1.74	1.67	1.58	1.48
120	5.15	3.80	3.23	2.89	2.67	2.52	2.39	2.30	2.22	2.16	2.05	1.94	1.82	1.76	1.69	1.61	1.53	1.43	1.31
∞	5.02	3.69	3.12	2.79	2.57	2.41	2.29	2.19	2.11	2.05	1.94	1.83	1.71	1.64	1.57	1.48	1.39	1.27	1.00

（α = 0.01）

n_1 / n_2	1	2	3	4	5	6	7	8	9	10	12	15	20	24	30	40	60	120	∞
1	4 052	4 999	5 403	5 625	5 764	5 859	5 928	5 981	6 022	6 056	6 106	6 157	6 209	6 235	6 261	6 287	6 313	6 339	6 366
2	98.5	99.0	99.2	99.2	99.3	99.3	99.4	99.4	99.4	99.4	99.4	99.4	99.4	99.5	99.5	99.5	99.5	99.5	99.5
3	34.1	30.8	29.5	28.7	28.2	27.9	27.7	27.5	27.3	27.2	27.1	26.9	26.7	26.6	26.5	26.4	26.3	26.2	26.1
4	21.2	18.0	16.7	16.0	15.5	15.2	15.0	14.8	14.7	14.5	14.4	14.2	14.0	13.9	13.8	13.7	13.7	13.6	13.5
5	16.3	13.3	12.1	11.4	11.0	10.7	10.5	10.3	10.2	10.1	9.89	9.72	9.55	9.47	9.38	9.29	9.20	9.11	9.02
6	13.7	10.9	9.78	9.15	8.75	8.47	8.26	8.10	7.98	7.87	7.72	7.56	7.40	7.31	7.23	7.14	7.06	6.97	6.88
7	12.2	9.55	8.45	7.85	7.46	7.19	6.99	6.84	6.72	6.62	6.47	6.31	6.16	6.07	5.99	5.91	5.82	5.74	5.65
8	11.3	8.65	7.59	7.01	6.63	6.37	6.18	6.03	5.91	5.81	5.67	5.52	5.36	5.28	5.20	5.12	5.03	4.95	4.86
9	10.6	8.02	6.99	6.42	6.06	5.80	5.61	5.47	5.35	5.26	5.11	4.96	4.81	4.73	4.65	4.57	4.48	4.40	4.31
10	10.0	7.56	6.55	5.99	5.64	5.39	5.20	5.06	4.94	4.85	4.71	4.56	4.41	4.33	4.25	4.17	4.08	4.00	3.91
11	9.65	7.21	6.22	5.67	5.32	5.07	4.89	4.74	4.63	4.54	4.40	4.25	4.10	4.02	3.94	3.86	3.78	3.69	3.60
12	9.33	6.93	5.95	5.41	5.06	4.82	4.64	4.50	4.39	4.30	4.16	4.01	3.86	3.78	3.70	3.62	3.54	3.45	3.36
13	9.07	6.70	5.74	5.21	4.86	4.62	4.44	4.30	4.19	4.10	3.96	3.82	3.66	3.59	3.51	3.43	3.34	3.25	3.17
14	8.86	6.51	5.56	5.04	4.69	4.46	4.28	4.14	4.03	3.94	3.80	3.66	3.51	3.43	3.35	3.27	3.18	3.09	3.00
15	8.68	6.36	5.42	4.89	4.56	4.32	4.14	4.00	3.89	3.80	3.67	3.52	3.37	3.29	3.21	3.13	3.05	2.96	2.87
16	8.53	6.23	5.29	4.77	4.44	4.20	4.03	3.89	3.78	3.69	3.55	3.41	3.26	3.18	3.10	3.02	2.93	2.84	2.75
17	8.40	6.11	5.18	4.67	4.34	4.10	3.93	3.79	3.68	3.59	3.46	3.31	3.16	3.08	3.00	2.92	2.83	2.75	2.65
18	8.29	6.01	5.09	4.58	4.25	4.01	3.84	3.71	3.60	3.51	3.37	3.23	3.08	3.00	2.92	2.84	2.75	2.66	2.57
19	8.18	5.93	5.01	4.50	4.17	3.94	3.77	3.63	3.52	3.43	3.30	3.15	3.00	2.92	2.84	2.76	2.67	2.58	2.49
20	8.10	5.85	4.94	4.43	4.10	3.87	3.70	3.56	3.46	3.37	3.23	3.09	2.94	2.86	2.78	2.69	2.61	2.52	2.42

续表

n_1 / n_2	1	2	3	4	5	6	7	8	9	10	12	15	20	24	30	40	60	120	∞
21	8.02	5.78	4.87	4.37	4.04	3.81	3.64	3.51	3.40	3.31	3.17	3.03	2.88	2.80	2.72	2.64	2.55	2.46	2.36
22	7.95	5.72	4.82	4.31	3.99	3.76	3.59	3.45	3.35	3.26	3.12	2.98	2.83	2.75	2.67	2.58	2.50	2.40	2.31
23	7.88	5.66	4.76	4.26	3.94	3.71	3.54	3.41	3.30	3.21	3.07	2.93	2.78	2.70	2.62	2.54	2.45	2.35	2.26
24	7.82	5.61	4.72	4.22	3.90	3.67	3.50	3.36	3.26	3.17	3.03	2.89	2.74	2.66	2.58	2.49	2.40	2.31	2.21
25	7.77	5.57	4.68	4.18	3.85	3.63	3.46	3.32	3.22	3.13	2.99	2.85	2.70	2.62	2.54	2.45	2.36	2.27	2.17
26	7.72	5.53	4.64	4.14	3.82	3.59	3.42	3.29	3.18	3.09	2.96	2.81	2.66	2.58	2.50	2.42	2.33	2.23	2.13
27	7.68	5.49	4.60	4.11	3.78	3.56	3.39	3.26	3.15	3.06	2.93	2.78	2.63	2.55	2.47	2.38	2.29	2.20	2.10
28	7.64	5.45	4.57	4.07	3.75	3.53	3.36	3.23	3.12	3.03	2.90	2.75	2.60	2.52	2.44	2.35	2.26	2.17	2.06
29	7.60	5.42	4.54	4.04	3.73	3.50	3.33	3.20	3.09	3.00	2.87	2.73	2.57	2.49	2.41	2.33	2.23	2.14	2.03
30	7.56	5.39	4.51	4.02	3.70	3.47	3.30	3.17	3.07	2.98	2.84	2.70	2.55	2.47	2.39	2.30	2.21	2.11	2.01
40	7.31	5.18	4.31	3.83	3.51	3.29	3.12	2.99	2.89	2.80	2.66	2.52	2.37	2.29	2.20	2.11	2.02	1.92	1.80
60	7.08	4.98	4.13	3.65	3.34	3.12	2.95	2.82	2.72	2.63	2.50	2.35	2.20	2.12	2.03	1.94	1.84	1.73	1.60
120	6.85	4.79	3.95	3.48	3.17	2.96	2.79	2.66	2.56	2.47	2.34	2.19	2.03	1.95	1.86	1.76	1.66	1.53	1.38
∞	6.63	4.61	3.78	3.32	3.02	2.80	2.64	2.51	2.41	2.32	2.18	2.04	1.88	1.79	1.70	1.59	1.47	1.32	1.00

附表 7　概率统计中常用的 MATLAB 函数

读者意见反馈

为收集对教材的意见建议,进一步完善教材编写并做好服务工作,读者可将对本教材的意见建议通过如下渠道反馈至我社。

咨询电话　400-810-0598

反馈邮箱　hepsci@pub.hep.cn

通信地址　北京市朝阳区惠新东街4号富盛大厦1座

　　　　　高等教育出版社理科事业部

邮政编码　100029

防伪查询说明

用户购书后刮开封底防伪涂层,使用手机微信等软件扫描二维码,会跳转至防伪查询网页,获得所购图书详细信息。

防伪客服电话　(010)58582300